抽象代数的问题和反例

黎永锦 编著

科学出版社
北京

内 容 简 介

本书汇集了抽象代数中的大量问题和反例，主要内容有群论、环论、域和伽罗瓦理论等. 书中通过例子对抽象代数的基本概念进行了比较仔细的对比，考虑了很多重要定理在不同条件下是否成立的问题，给出了抽象代数中很多值得深入思考的问题.

本书可供高年级本科生学习抽象代数和教师教学时参考. 本书比较系统和完整，也可以看作是一本用来阅读的习题解答.

图书在版编目(CIP)数据

抽象代数的问题和反例/黎永锦编著. —北京：科学出版社，2015.5

ISBN 978-7-03-044398-4

Ⅰ. ①抽…　Ⅱ. ①黎…　Ⅲ. ①抽象代数-研究　Ⅳ. ①O153

中国版本图书馆 CIP 数据核字(2015) 第 110938 号

责任编辑：李　欣／责任校对：张凤琴
责任印制：赵　博／封面设计：陈　敬

科学出版社出版
北京东黄城根北街 16 号
邮政编码：100717
http://www.sciencep.com

保定市中画美凯印刷有限公司印刷
科学出版社发行　各地新华书店经销
*
2015 年 5 月第　一　版　开本：720 × 1000 1/16
2025 年 2 月第七次印刷　印张：13 1/4
字数：267 000

定价：78.00 元
(如有印装质量问题，我社负责调换)

前　言

抽象代数是一门比较抽象的数学学科, 因此, 在学习的过程中, 有时候只有形式上的理解, 未能深刻地理解其中很多概念和定理的数学背景, 更难以提出自己的问题.

爱因斯坦曾说:“提出一个问题往往比解决一个问题更为重要, 因为解决一个问题也许只是一个数学上或实验上的技巧问题. 而提出新的问题、新的可能性, 从新的角度看旧问题, 却需要创造性的想像力, 而且标志着科学的真正进步.”

从能否提出问题可以知道不同学生对数学的理解差异, 发现和提出自己问题的能力是非常重要的, 提出问题可以说是数学学习的核心. 学习抽象代数最好以问题为中心, 通过发现问题、提出问题、探究问题和解决问题来提高对基本概念和重要定理的理解. 教师也应该在教学过程中通过提出问题来启发和引领学生深入思考.

为了减少阅读的困难, 书中选入的例子一般都是比较容易的, 主要取材于有关的书籍、学术论文和网络上的相关资源. 对于一些基本概念和性质, 为了方便阅读, 也作为问题提出, 但这些内容在很多教科书都容易找到, 因此一般不再给出理由和证明. 书中还收录了一些公开问题, 这些问题是比较难的, 有很多数学家都在研究这些问题, 可能读者看到这些问题的时候, 有些已经解决了, 或有了新的进展, 因此, 如果对这些问题有兴趣, 在开展研究前最好查阅一些最新的相关论文.

书中的问题来源于很多不同的渠道, 有些是上课时同学帮忙找到的例子, 因此, 虽然经过了多年的试用和很多同学的阅读, 还是难免有些概念可能不统一, 这样会造成反例的错误, 也可能是我粗心大意造成的, 还请大家耐心指正, 只能在不断修改中完善, 请大家谅解. 最后, 我要感谢对本书的改进和校对做了很多工作和提出了很多建议的同学, 如杨剑锋、苏彦宏、关静怡、王洋、廖鹏程、和炳和黄景灏等. 没有他们的支持和帮忙, 本书是不可能完成的.

黎永锦

2015 年 1 月于中山大学

目　　录

前言

符号表

第 1 章　群论 …… 1

1.1　群的定义 …… 1

1.1.1　二元运算 …… 1

1.1.2　群的定义 …… 1

1.1.3　群的性质 …… 5

1.1.4　元素的阶 …… 7

1.2　子群 …… 12

1.2.1　子群的定义 …… 12

1.2.2　子群的性质 …… 15

1.2.3　中心化子 …… 16

1.2.4　由集合生成的子群 …… 16

1.2.5　子群的乘积 …… 21

1.2.6　子群的进一步思考 …… 23

1.3　置换群 …… 24

1.3.1　置换群的定义 …… 24

1.3.2　置换的性质 …… 26

1.4　陪集 …… 29

1.4.1　陪集的定义 …… 29

1.4.2　陪集的性质 …… 29

1.4.3　Lagrange 定理 …… 31

1.4.4　Lagrange 定理的应用 …… 32

1.5　正规子群 …… 35

1.5.1　正规子群的定义 …… 35

1.5.2　商群的定义 …… 38

1.5.3　正规子群的性质 …… 40

1.5.4　换位子群 …… 42

1.6　交错群 …… 45

1.6.1　交错群的性质 …… 45

1.6.2　单群的定义和例子 ······ 46
1.7　群的同态 ······ 47
1.7.1　群同态的基本概念 ······ 47
1.7.2　群同态的性质 ······ 48
1.7.3　同态和同构的定理 ······ 52
1.7.4　变换群的定义 ······ 53
1.7.5　Cayley 定理 ······ 54
1.8　群的直积 ······ 54
1.8.1　群的内直积 ······ 54
1.8.2　群的外直积 ······ 55
1.9　有限生成的交换群的结构 ······ 56
1.10　拓扑群 ······ 57
1.10.1　拓扑的定义 ······ 57
1.10.2　拓扑群的定义 ······ 58
1.10.3　拓扑群的性质 ······ 58
第 2 章　环和域 ······ 62
2.1　基本概念 ······ 62
2.1.1　环的定义 ······ 62
2.1.2　环的性质 ······ 68
2.1.3　零因子和整环 ······ 70
2.1.4　可除环 ······ 73
2.1.5　子环 ······ 74
2.1.6　子环 $R[a]$ ······ 75
2.2　理想和商环 ······ 76
2.2.1　理想的定义 ······ 76
2.2.2　理想与子环的关系 ······ 78
2.2.3　商环 ······ 79
2.2.4　单环 ······ 80
2.2.5　理想的性质 ······ 81
2.2.6　主理想 ······ 85
2.3　环的同态 ······ 87
2.3.1　环同态的定义和性质 ······ 87
2.3.2　环的同态和同构定理 ······ 90
2.4　域 ······ 92
2.4.1　域的定义 ······ 92

2.4.2 域中的理想 94
2.4.3 域的同态 95
2.4.4 分式域 95
2.4.5 极大理想 96
2.4.6 环和域的特征 98
2.4.7 素理想 101
2.4.8 准素理想 104
第 3 章 环上的多项式 106
3.1 多项式 106
3.1.1 多项式的定义 106
3.1.2 多项式的运算 106
3.1.3 多项式的性质 107
3.2 带余除法 109
3.2.1 带余除法 109
3.2.2 整除的性质 110
3.2.3 余数定理 110
3.2.4 域上多项式环的任何理想都是主理想 111
3.3 因式分解 115
3.3.1 整除、相伴、素元和不可约元 115
3.3.2 唯一因子分解环 116
3.3.3 多项式的重因式 122
3.4 本原多项式 123
3.5 唯一因子分解环上的多项式 124
3.6 非交换环上的多项式 124
第 4 章 向量空间与模 128
4.1 向量空间 128
4.1.1 向量空间的定义 128
4.1.2 向量空间的性质 128
4.1.3 向量空间的子空间 129
4.1.4 线性无关和基 132
4.1.5 线性映射 134
4.2 内积空间 134
4.2.1 内积的定义 134
4.2.2 正交和正交基 135
4.3 模 135

4.3.1 模的定义 ······ 135
4.3.2 模的性质 ······ 136
第 5 章 Sylow 定理和可解群 ······ 140
5.1 群作用 ······ 140
5.1.1 群作用的定义 ······ 140
5.1.2 群作用的轨道和稳定子群 ······ 141
5.1.3 轨道的性质 ······ 141
5.1.4 有限群的类方程 ······ 142
5.1.5 p 群的定义 ······ 144
5.2 Sylow 定理 ······ 148
5.2.1 p-Sylow 子群的定义 ······ 148
5.2.2 Sylow 定理 ······ 149
5.2.3 Sylow 定理的应用 ······ 151
5.3 可解群 ······ 161
5.3.1 合成群列的定义 ······ 161
5.3.2 合成群列的性质 ······ 163
5.3.3 可解群的定义 ······ 163
5.3.4 可解群的性质 ······ 165
第 6 章 域的扩张 ······ 170
6.1 子域和扩域 ······ 170
6.1.1 子域和扩域 ······ 170
6.1.2 域的素子域和特征 ······ 170
6.1.3 集合 S 在 F 上生成的子域 ······ 171
6.1.4 单扩域 ······ 171
6.1.5 域扩张的次数 ······ 172
6.1.6 域扩张的次数公式 ······ 173
6.2 代数扩张 ······ 176
6.2.1 代数元和超越元 ······ 176
6.2.2 极小多项式 ······ 179
6.2.3 极小多项式的性质 ······ 179
6.2.4 域的代数扩张 ······ 181
6.2.5 代数扩张的传递性 ······ 183
6.2.6 代数闭域 ······ 183
6.3 Galois 域和分裂域 ······ 187
6.3.1 Galois 域的定义 ······ 187

6.3.2　Galois 域的元素个数 ········ 187
6.3.3　多项式的分裂域的定义 ········ 188
6.3.4　多项式的分裂域的存在性和唯一性 ········ 188
6.3.5　Galois 域是其素子域的单扩域 ········ 190
6.3.6　正规扩域 ········ 190
6.4　方程的根式解 ········ 191
6.4.1　Galois 群 ········ 191
6.4.2　Galois 群的性质 ········ 192
6.4.3　Galois 群的阶 ········ 192
6.4.4　n 次多项式的 Galois 群 ········ 193
参考文献 ········ 196
索引 ········ 197

符 号 表

Q	有理数域
Q^*	非零有理数集合
R	实数域
C	复数域
Z	整数集合, 正负整数, 包含 0
Z^+	正整数集合
N	自然数集
$a \mid b$	a 整除 b
$a \equiv b \pmod m$	a 与 b 模 m同余
(a,b)	a 和 b 的最大公因子
$o(a)$	a 的阶
$\|G\|$	群 G 的阶
S_n	n 个字母的对称群
Z_n	模 n 的加法群或环
Z_p	模 p 的加法群或域 (p 为素数)
$\cong$	同构
$\mathrm{Ker}(f)$	同态 f 的核
$< H >$	由集合 H 生成的子群
$< a >$	由元素 a 生成的循环子群
aH, Ha	a 的左陪集和右陪集
$[G:H]$	子群 H 在群 G 中的指数
GH	$\{ab \mid a \in G, b \in H\}$
$\mathrm{sgn}\ \sigma$	置换 σ 的符号
A_n	n 个字母的交错群
$C_H(a)$	a 在 H 中的中心化子
$N_G(H)$	H 在 G 中的正规化子群
$C(G)$	G 的中心
G'	G 的换位子群
$G^{(n)}$	G 的第 n 次导群
$\mathrm{char}\ R$	环 R 的特征
(H)	由 H 生成的理想

(a)	由元素 a 生成的主理想
$F[x]$	F 上的多项式
$F[x_1, x_2, \cdots, x_n]$	F 上 n 个未定元的多项式环
$\deg f$	多项式的次数
$\dim V$	线性空间 V 的维数
G_f	多项式 f 的伽罗瓦群
H^{-1}	$H^{-1} = \{a^{-1} \mid a \in H\}$
$R[a]$	由 R 和 a 生成的环, 包含 R 和 a 的最小环
$F(a)$	域 F 上的单扩张
$[K : F]$	域扩张 K/F 的次数
$G_1 \oplus G_2$	交换群G_1和交换群G_2的直积
$G_1 \times G_2$	群G_1和群G_2的直积
$F \setminus \{a\}$	F除去a的所有元素

第1章 群 论

群只有一种代数运算, 因此比较容易深入讨论. 群的左右单位元和逆元的相关问题应该仔细讨论, 元素的阶对揭示群的结构起着重要的作用, 通过群的阶可以给出群的一些重要性质, 但一般来说, 两个不同元素的阶无法决定它们的乘积的阶, 元素的阶是研究群的一个重要工具. 子群继承了群的一些重要性质, 通过子群可以了解群的很多性质, 但群与子群的关系是复杂而密切的. 正规子群是一个重要的概念, 具有很好的性质. 对称群是一类性质比较清楚的群, 它给群提供了很多重要而简明的反例. 群的同态和同构让不同的群可以比较, 使得群的分类简单明了.

1.1 群的定义

1.1.1 二元运算

问题 1.1.1 *二元运算是什么?*

从 $S\times S$ 到 S 的一个映射 $\cdot$ 称为 S 上的一个二元运算.

问题 1.1.2 *$S\times S$ 上的映射 $\cdot$ 都是 S 上的一个二元运算吗?*

不一定. 设 $S=\{(a_1,a_2,a_3)\mid a_1,a_2,a_3$ 都是实数$\}$是 3 维欧氏空间, 则内积不再是向量, 因此内积不是二元运算.

1.1.2 群的定义

问题 1.1.3 *什么是群?*

设 G 是一个非空集合, 若在 G 上定义一个二元运算 $\cdot$, 满足

(1) 结合律: 对任何 $a,b,c\in G$, 有 $(a\cdot b)\cdot c=a\cdot(b\cdot c)$, 则称 G 是一个半群 (semigroup), 记作 $(G,\cdot)$. 若 $(G,\cdot)$ 还满足

(2) 存在单位元 $e\in G$, 使对任何 $a\in G$ 有 $e\cdot a=a\cdot e=a$.

(3) 对任何 $a\in G$, 有 $a^{-1}\in G$, 使得 $a^{-1}\cdot a=a\cdot a^{-1}=e$, 则称 $(G,\cdot)$ 是一个群 (group).

如果半群中也有单位元, 则称为幺半群 (monoid).

如果群 $(G,\cdot)$ 适合交换律: 对任何 $a,b\in G$ 有 $a\cdot b=b\cdot a$, 则称 G 为交换群或 Abel 群.

群中的乘法运算一般简记为 ab.

问题 1.1.4　*什么是群的可逆元?*

如果 $ab = ba = e$, 那么就称 a 为一个可逆元 (invertible element), 并称 b 为 a 的逆元 (inverse element). 可逆元 a 的逆元通常记作 a^{-1}.

问题 1.1.5　*从 $S \times S$ 到 S 的二元运算都满足结合律吗?*

不一定. 取 S 为实数全体所构成的集合, 将映射 $\cdot$

$$\cdot : S \times S \to S$$

定义为

$$a \cdot b = a + b^2,$$

则二元运算 $\cdot$ 不满足结合律.

问题 1.1.6　*若 $S \times S$ 到 S 的二元运算满足交换律, 则它一定满足结合律吗?*

不一定. 设 R 为实数, 在 $R \times R$ 上, 定义

$$\cdot : (a,\ b) \quad \mapsto \quad |a - b|,$$

则运算 $\cdot$ 满足交换律, 但它不满足结合律.

问题 1.1.7　*幺半群一定是群吗?*

不一定. 整数集 Z 对于乘法是一个幺半群, 但它不是群.

问题 1.1.8　*什么是左单位元和右单位元?*

设 G 是一个半群, 若存在 $a \in G$, 使对任何 $c \in G$ 有 $ac = c$, 则称 a 为 G 的左单位元.

设 G 是一个半群, 若存在 $b \in G$, 使对任何 $c \in G$ 有 $cb = c$, 则称 b 为 G 的右单位元.

问题 1.1.9　*半群 G 的左单位元一定是半群 G 的右单位元吗? 若半群 G 有左单位元和右单位元, 则它们一定相等吗?*

左单位元不一定是半群 G 的右单位元, 若半群 G 有左单位元和右单位元, 则它们也不一定相等.

设 $G = \{a, b\}, a \neq b$, 定义 $aa = a, ab = b, ba = a$, $bb = b$, 则 G 是一个半群, 并且 a 是 G 的左单位元, 但 $ba \neq b$, 因此 a 不是 G 的右单位元. 明显地, b 是 G 的右单位元.

问题 1.1.10　*什么是左逆元和右逆元?*

设 G 是一个有单位元的半群, 若 $a, b \in G$, 满足 $ab = e$, 则称 b 为 a 的右逆元, a 为 b 的左逆元.

问题 1.1.11 若 G 是一个有单位元的半群, 则 G 的左逆元一定是右逆元吗?

不一定. 设 G 是所有正整数 Z^+ 到 Z^+ 的映射, 则在复合作为乘法的运算下, G 是一个半群, 并且单位元 e 为恒等映射, 令 $a: Z^+ \to Z^+$ 为 $a(n) = 2n$, 定义 Z^+ 到 Z^+ 的映射 b 为: 当 n 为偶数时, $b(n) = \frac{n}{2}$; 当 n 为奇数时, $b(n) = 1$, 则容易验证 $ba = e$; 但 ab 不等于 e, 因此, a 的左逆元 b 不是它的右逆元.

问题 1.1.12 若 G 是一个有单位元的半群, 若 $a \in G$ 的左逆元 b 和右逆元 c 都存在, 则 a 的逆元一定存在吗?

是的. 若 $a \in G$ 的左逆元 b 和右逆元 c 都存在, 则 $ba = e$, $ac = e$, 因此, $(ba)c = ec = c$, 并且 $(ba)c = b(ac) = be = b$, 故 $b = c$, 所以, a 的逆元为 b.

问题 1.1.13 若 G 是一个有单位元的半群, 则 $a \in G$ 有右逆元 b 和左逆元 c, 则 a 一定是可逆元吗?

是的. 由于 $ab = e$, 所以, $c(ab) = ce = c$, 故 $(ca)b = eb = b$, 从而 $b = c$, 因此, a 是可逆元.

问题 1.1.14 若半群 G 有左单位元 e, 并且任意 $a \in G$, 存在 $b \in G$, 使得 $ab = e$, 则 G 一定是群吗?

不一定. 设 $G = \{e, a\}, e \neq a$, 定义 $ea = a, ae = e, aa = a, ee = e$, 则 G 是半群, e 是左单位元, 并且 $ee = e$, $ae = e$, 但 a 没有左逆元, 否则的话, 由 $aa = a$ 可得 $a = e$, 矛盾. 所以, G 不是群.

问题 1.1.15 若半群 G 有右单位元 e, 并且任意 $a \in G$, 存在 $b \in G$, 使得 $ab = e$, 则 G 一定是群吗?

是的. 存在 $e \in G$, 使得对任意 $a \in G$, 有 $ae = a$. 对于 $a \in G$, 有 $b \in G$, 使得 $ab = e$. 对 $b \in G$, 存在 $c \in G$, 使得 $bc = e$, 因此 $bab = be = b$, 故 $ba = (ba)e = (ba)(bc) = (bab)c = e$. 另外, $ea = (ab)a = a(ba) = ae = a$, 因此, e 是 G 的单位元, 并且 b 是 a 的逆元, 所以, G 是群.

问题 1.1.16 若半群 G 有右单位元 e, 并且任意 $a \in G$, 存在 $b \in G$, 使得 $ba = e$, 则 G 一定是群吗?

不一定. 设 $G = \{e, a\}, e \neq a$, 定义 $ae = a, ea = e, aa = a, ee = e$, 则 G 是半群, e 是右单位元, 但 a 没有右逆元, 否则的话, 由 $aa = a$ 可得 $a = e$, 矛盾. 所以, G 不是群.

问题 1.1.17 若半群 G 有左单位元 e, 并且任意 $a \in G$, 存在 $b \in G$, 使得 $ba = e$, 则 G 一定是群吗?

是的. 证明与前面问题类似.

容易知道, 若 e 是群 G 的单位元, 则 $e^2 = e$.

问题 1.1.18　*设 G 是群, $a \in G$, 满足 $a^2 = a$, 则 a 一定是单位元吗?*

是的. 由于 $a^2 = a$, 故 $a^{-1}a^2 = a^{-1}a = e$, 所以, $a = e$.

问题 1.1.19　*设 G 是半群, 若对于任意 $a, b \in G$, 都存在 $x, y \in G$, 使得 $xay = b$, 则 G 一定是群吗?*

不一定. 设 $G = \{e, a\}, e \neq a$, 定义 $ea = a, ae = e, aa = a, ee = e$, 则 G 是半群, 存在 a, e, 使得 $aae = e$, 并且 $eaa = a, aea = a, eee = e$, 但 a 没有逆元, 否则的话, 由 $aa = a$ 可得 $a = e$, 矛盾. 所以, G 不是群.

问题 1.1.20　*设 G 是半群, 若对于任意 $a, b \in G$, 方程 $xa = b, ay = b$ 都有解, 则 G 一定是群吗?*

是的. 取定 $a \in G$, 则由 $ay = a$ 有解可知存在 $e_1 \in G$, 使得 $ae_1 = a$. 对于任意 $b \in G$, 由 $xa = b$ 有解可知存在 $g \in G$, 使得 $ga = b$, 故 $be_1 = (ga)e_1 = g(ae_1) = ga = b$ 对任意 $b \in G$ 成立, 因此 e_1 为 G 的右单位元.

类似地, 由 $xa = a$ 有解可知存在 $e_2 \in G$, 使得 $e_2a = a$. 对于任意 $b \in G$, 由 $ay = b$ 有解可知存在 $g \in G$, 使得 $ag = b$, 故 $e_2b = e_2(ag) = (e_2a)g = ag = b$ 对任意 $b \in G$ 成立, 因此 e_2 为 G 的左单位元. 从而, 由 $e_2e_1 = e_1, e_2e_1 = e_2$ 可知 e_1 为 G 的单位元, 不妨记 $e = e_1 = e_2$.

对于任意 $a \in G$, 由方程 $xa = e, ay = e$ 都有解, 可得 $x = xe = x(ay) = (xa)y = ey = y$, 因此, $x = y$, 从而 x 是 a 的逆元, 所以, G 是群.

明显地, 在交换群中, 对于 $a, b \in G$, $(ab)^n = a^nb^n$ 是一定成立的.

问题 1.1.21　*设 G 是群, $a, b \in G$, 则 $(ab)^n = a^nb^n$ 一定成立吗?*

不一定. 在非交换群 S_3 中, 设 $a = (12), b = (123)$, 则 $ab = (12)(123) = (23)$, 故 $(ab)^2 = (23)(23) = (1)$, 并且 $a^2b^2 = (12)^2(123)^2 = (1)(132) = (132)$, 因此, $(ab)^2 \neq a^2b^2$.

问题 1.1.22　*存在 1, 2, 3 阶的非循环交换群吗?*

不存在. 设 $K_4 = \{e, a, b, c\}$, 乘法表为

$\cdot$	e	a	b	c
e	e	a	b	c
a	a	e	c	b
b	b	c	e	a
c	c	b	a	e

则 K_4 是克莱因四元群 (Klein four-group), K_4 是阶最小的非循环交换群.

1.1.3 群的性质

问题 1.1.23 群中的消去律成立吗?

成立. 设群 G 中的元素 a, b, c 满足 $ab = ac$ 或 $ba = ca$, 则 $b = c$.

问题 1.1.24 若 G 是一个半群, 并且在 G 中消去律成立, 则 G 一定是群吗?

不一定. 设 G 为所有非零整数, 则 G 在整数的乘法下是一个半群, 并且在 G 中消去律成立, 但 G 的元素不一定有逆元, 因此 G 不是群.

问题 1.1.25 若 G 是一个有单位元的有限半群, 并且在 G 中消去律成立, 则 G 一定是群吗?

是的. 对于任意 $a \in G$, 由于 G 是有限的, 故一定存在正整数 $m > n > 0$, 使得 $a^m = a^n$, 故由 $a^{m-n}a^n = a^m = a^n = ea^n$ 可得 $a^{m-n} = e$, 因而, $a^{-1} = a^{m-n-1}$, 所以, G 是群.

问题 1.1.26 群中的元素 a, b 的乘积的逆是什么?

设 a, b 是群 G 中的两个元素, 则 $(ab)^{-1} = b^{-1}a^{-1}$.

明显地, 若 G 是交换群, 则对任意 $a, b \in G$, 都有 $(ab)^{-1} = a^{-1}b^{-1}$.

问题 1.1.27 若群 G 中的任意两个元素 $a, b \in G$, 都有 $(ab)^{-1} = a^{-1}b^{-1}$, 则 G 一定是交换群吗?

是的. 对任意 $a, b \in G$, 都有 $(a^{-1}b^{-1})^{-1} = (a^{-1})^{-1}(b^{-1})^{-1} = ab$, 另外, 由 $(a^{-1}b^{-1})^{-1} = (b^{-1})^{-1}(a^{-1})^{-1} = ba$, 可知 $ab = ba$ 对任意 $a, b \in G$ 都成立, 因此, G 一定是交换群.

明显地, 若 G 是交换群, 则对任意 $a, b \in G$, 都有 $(ab)^n = a^n b^n$, 反过来呢?

问题 1.1.28 若群 G 中的任意两个元素 $a, b \in G$, 都有 $(ab)^2 = a^2b^2$, 则 G 一定是交换群吗?

是的. 由于 $(ab)^2 = a^2b^2$, 并且 $(ab)^2 = abab$, 故 $a^2b^2 = abab$, 所以, $ab = ba$ 对任意 $a, b \in G$ 成立, 所以, G 是交换群.

问题 1.1.29 若群 G 中的任意两个元素 $a, b \in G$, 都有 $(ab)^3 = a^3b^3$ 和 $(ab)^5 = a^5b^5$, 则 G 一定是交换群吗?

是的. 由 $(ab)^3 = a^3b^3$ 可知 $ababab = aaabbb$, 故 $baba = aabb$. 类似地, 由 $(ab)^5 = a^5b^5$ 知道 $ababababab = aaaaabbbbb$, 故 $babababa = aaaabbbb$, 因此, $(baba)(baba) = (aabb)(aabb)$, 因而, $bbaa = aabb$, 再根据 $baba = aabb$ 可知 $bbaa = baba$, 所以, 对于任意 $a, b \in G$, 都有 $ba = ab$.

问题 1.1.30　若群 G 中的任意两个元素 $a, b \in G$, 都有 $(ab)^3 = a^3b^3$, 则 G 一定是交换群吗?

不一定. 设 G 为所有满足 $a_{ii} = \bar{1}$, 当 $i < j$ 时, 有 $a_{ij} = 0$, $a_{ij} \in Z_3$ 的 3×3 矩阵, 则容易验证, 对于任意 $a \in G$, 有 $a^3 = e$ 是单位矩阵, 因此, 对于任意 a, $b \in G$, 都有 $(ab)^3 = a^3b^3$, 但 G 不是交换群.

问题 1.1.31　设 G 是群, 若任意非单位元 $a \in G$, a 的阶都是 2, 则 G 一定是交换群吗?

是的. 由于 $a^2 = e$, 故 $a^{-1} = a$ 对于任意 $a \in G$ 都成立. 因此对于任意 $a, b \in G$, 有 $ba = (ba)^{-1} = a^{-1}b^{-1} = ab$, 所以, G 是交换群.

问题 1.1.32　设 G 是群, 若任意非单位元 $a \in G$, a 的阶都是 3, 则 G 一定是交换群吗?

不一定. 设 $x, y, z \in Z_3$, 则所有形如

$$a = \begin{bmatrix} 1 & x & y \\ 0 & 1 & z \\ 0 & 0 & 1 \end{bmatrix}$$

的矩阵在矩阵乘法下构成一个 27 阶的群 G, 并且对于任意 $a \in G$, a 的阶都是 3, 但对于

$$b = \begin{bmatrix} 1 & 1 & 0 \\ 0 & 1 & 0 \\ 0 & 0 & 1 \end{bmatrix}, \quad c = \begin{bmatrix} 1 & 0 & 0 \\ 0 & 1 & 1 \\ 0 & 0 & 1 \end{bmatrix},$$

则

$$bc = \begin{bmatrix} 1 & 1 & 1 \\ 0 & 1 & 1 \\ 0 & 0 & 1 \end{bmatrix}, \quad cb = \begin{bmatrix} 1 & 1 & 0 \\ 0 & 1 & 1 \\ 0 & 0 & 1 \end{bmatrix},$$

故 $bc \neq cb$, 所以, G 不是交换群.

问题 1.1.33　元素个数最少的非交换群是什么?

容易验证, 1, 2, 3, 4, 5 阶群都一定是交换群, 对称群 S_3 是 6 阶的非交换群, 因此阶最小的非交换群的阶是 6.

问题 1.1.34　设 G 是群, $a, b \in G$, 若 $a^2 = b^2$, 则 $a = b$ 一定成立吗?

不一定. 在克莱因四元群 $K_4 = \{e, a, b, ab\}$ 中, $a^2 = b^2 = e$, 但 $a \neq b$.

问题 1.1.35　设 G 是群, $a \in G$, a 一定有平方根吗? 即一定存在 $b \in G$, 使得 $a = b^2$ 吗?

不一定. 设 G 为 2 阶循环群 $\{e,a\}$, 则对于 $a\in G$, 有 $a\neq e^2$, 并且 $a\neq a^2$.

问题 1.1.36 是否存在群 G, 对于任意 $a\in G$, 都存在 $b\in G$, 使得 $a=b^2$?

是的. 设 $G=<c>$ 为 6 阶循环群, $H=\{e,c^2,c^4\}$, 则对于 H 中的任意元都有平方根.

问题 1.1.37 设 G 是群, 若 $a\in G$, 存在 $b\in G$, 使得 $a=b^2$, 则 b 一定是唯一的吗?

不一定. 设 G 为 2 阶循环群 $\{e,a\}$, 则对于 $a\in G$, 有 $e=e^2$, 并且 $e=a^2$.

问题 1.1.38 设群 G 的阶是奇数, 则任意 $a\in G$, a 都一定有平方根吗?

是的. 对于任意的 $a\in G$, 由于 $o(a)$ 整除 $|G|$, 故 a 的阶一定是奇数, 若 a 的阶为 1, 则明显地存在唯一单位元 $e\in G$, 使得 $a=e^2$. 若 $o(a)=2k+1, k\in N$, 则 $a^{2k+1}=e$, 从而 $a=a^{-2k}=(a^{-k})^2$, 令 $b=a^{-k}$, 则 $a=b^2$.

假设还存在 $c\in G$, 使得 $a=c^2$, 则 c 的阶一定是奇数, 故由 $2k+1=o(c^2)$ 可知 $o(c)=2k+1$. 类似可证, $o(b)=2k+1$, 因而

$$a^k=c^{2k}=c^{-1},\quad a^k=b^{2k}=b^{-1},$$

所以, 由 $b^{-1}=c^{-1}$ 可得, $b=c$.

问题 1.1.39 设 H 是交换群 G 的子群, 若 G/H 和 H 中的任意元都一定存在平方根, 则 G 中的任意元一定存在平方根吗?

是的. 对于任意 $g\in G$, 由于 gH 有平方根, 故存在 aH, 使得 $aHaH=gH$, 既然 H 是交换群 G 的子群, 因此, $a^2H=gH$, 故存在某个 $h,k\in H$, 满足 $a^2h=gk$. 由于 h 和 k 在 H 中存在平方根 b 和 c, 故 $a^2b^2=gc^2$, 因此, $g=a^2b^2c^{-2}=(abc^{-1})^2$. 所以, G 中的任意元一定存在平方根.

1.1.4 元素的阶

问题 1.1.40 什么是有限群?

由有限多个元素构成的群 G 称为有限群 (finite group), 其中元素的个数记作 $|G|$, 称为 G 的阶 (order). 用 $|G|=\infty$ 表示 G 是无限群.

G 是有限群, 则对于任意 $a\in G, a\neq e$, a 与自身不断相乘时, 一定会回到 a. 实际上, 由于 G 中只有有限个元素, 故 $a,a^2,a^3,\cdots,a^n,\cdots$ 中一定有一样的元素, 即一定存在正整数 $m,n,m>n$, 使得 $a^m=a^n$, 从而, $a^{m-n}=e$.

问题 1.1.41 群中元素的阶是什么?

若 a 是群 G 的一个元, 则使得 $a^n=e$ 的最小的正整数 n 称为 a 的阶或周期, 记为 $o(a)$. 若这样的正整数 n 不存在, 则称 a 的阶为无穷.

问题 1.1.42　对于 $a \in G$, 若 $a^n = e$, 则 a 的阶一定是 n 吗?

不一定. 这是一个很容易的问题, 但在做题时, 容易出错. 如 $G = \{1, -1\}$ 在乘法下是群, 对于 -1, 有 $(-1)^4 = 1$, 但 $o(-1) = 2$.

问题 1.1.43　有限群 G 中的每个元素的阶一定是有限的吗?

是的. 如果 G 有无穷阶的元素 a, 则 G 一定包含 $a, a^2, a^3, \cdots, a^n, \cdots$ 无穷个互不相同的元素, 但这与 G 是有限群矛盾.

问题 1.1.44　每个元素的阶都是无限的群存在吗?

不存在. 这是由于对于任意群, 它的单位元的阶一定是 1.

问题 1.1.45　除了单位元, 每个元素的阶都是无穷的群存在吗?

存在. 整数加法群 Z 除了 1, 其他所有元素的阶都是无穷.

问题 1.1.46　每个元素的阶都是有限的群一定是有限群吗?

不一定. Z_3 上的所有多项式在加法下是一个群, 它的每个元素的阶都小于或等于 3, 但它包含无穷多个元素, 不是有限群.

问题 1.1.47　若群 G 是有限群, $a, b \in G$, 则 ab 和 ba 的阶是一样的吗?

是的. 若 ab 的阶是 n, 则 $(ab)^n = e$. 由于 $(ba)^n = a^{-1}(ab)^n a = e$, 故 ba 的阶一定小于等于 n. 同样可以证明 ab 的阶一定小于等于 ba 的阶, 因而 ba 的阶一定也是 n.

实际上, 对于非交换群 G, 一定存在 $a, b \in G$, 使得 $ab \neq ba$, 但 $o(ab) = o(ba)$.

容易验证. 若群 G 是有限群, $a, b, c \in G$, 则 abc 和 bca 的阶是一样.

问题 1.1.48　若群 G 是有限群, $a, b, c \in G$, 则 abc 和 bac 的阶一定是一样的吗?

不一定. 在 S_3 中, 取

$$e = \begin{pmatrix} 1 & 2 & 3 \\ 1 & 2 & 3 \end{pmatrix}, \quad a = \begin{pmatrix} 1 & 2 & 3 \\ 1 & 3 & 2 \end{pmatrix},$$

$$b = \begin{pmatrix} 1 & 2 & 3 \\ 3 & 1 & 2 \end{pmatrix}, \quad c = \begin{pmatrix} 1 & 2 & 3 \\ 3 & 2 & 1 \end{pmatrix},$$

则 $abc = b, bac = e$, 因此, $o(abc) = 3$, 但 $o(bac) = 1$, 所以, $(abc) \neq o(bac)$.

问题 1.1.49　若 G 是群, $a, b \in G$, 则 $o(ab) = o(a)o(b)$ 一定成立吗?

不一定. 设 G 为实数 2 阶满秩方阵全体在矩阵乘法下构成的群, 对于

$$a = \begin{bmatrix} 1 & -1 \\ 0 & -1 \end{bmatrix}, \quad b = \begin{bmatrix} 1 & 1 \\ 0 & -1 \end{bmatrix}$$

都是 G 的 2 阶元, 但

$$ab=\begin{bmatrix}1&2\\0&1\end{bmatrix},\quad (ab)^n=\begin{bmatrix}1&2n\\0&1\end{bmatrix}.$$

故 ab 的阶是无穷, 所以, $o(ab)=o(a)o(b)$ 不成立.

问题 1.1.50 若 G 是有限群, $a,b\in G$, 则 $o(ab)=o(a)o(b)$ 一定成立吗?

不一定. 若 $a,b\in G, ab=ba, o(a)=6, o(b)=4$, 则容易知道 $o(ab)\leqslant 12$.

问题 1.1.51 设 G 是群, $a,b\in G$, 若 $ab=ba, o(a)$ 与 $o(b)$ 互素, 则 $o(ab)=o(a)o(b)$ 一定成立吗?

是的. 容易验证.

问题 1.1.52 设 G 是群, $a,b\in G$, 若 $o(a)$ 与 $o(b)$ 互素, 则 $o(ab)=o(a)o(b)$ 一定成立吗?

不一定. 当 $ab\neq ba$ 时, 若 $o(a)$ 与 $o(b)$ 互素, 则 $o(ab)=o(a)o(b)$ 不一定成立. 在对称群 S_5 中, $a=(123)$ 的阶为 3, $b=(15342)$ 的阶是 5, 但 $ab=(123)(15342)=(15)(34)$ 的阶为 2, 而不是 15.

问题 1.1.53 若 G 是群, $a,b\in G$, $o(a)=\infty, o(b)<\infty$, 则 $o(ab)=\infty$ 一定成立吗?

不一定. 2×2 可逆矩阵 $GL(2,R)$ 群中, 对于

$$a=\begin{bmatrix}1&1\\0&1\end{bmatrix},$$

有

$$a^n=\begin{bmatrix}1&n\\0&1\end{bmatrix}.$$

因此 a 的阶是无限的.

取 $b=\begin{bmatrix}1&-1\\0&-1\end{bmatrix}$, 则 $b^2=\begin{bmatrix}1&-1\\0&-1\end{bmatrix}\begin{bmatrix}1&-1\\0&-1\end{bmatrix}=\begin{bmatrix}1&0\\0&1\end{bmatrix}$, 因此 b 的阶为 2. 并且

$$ab=\begin{bmatrix}1&1\\0&1\end{bmatrix}\begin{bmatrix}1&-1\\0&-1\end{bmatrix}=\begin{bmatrix}1&-2\\0&-1\end{bmatrix},$$

故

$$(ab)^2=\begin{bmatrix}1&-2\\0&-1\end{bmatrix}\begin{bmatrix}1&-2\\0&-1\end{bmatrix}=\begin{bmatrix}1&0\\0&1\end{bmatrix}.$$

所以, a 的阶为无穷, 并且 b 的阶为 2, 但是 ab 的阶是 2.

问题 1.1.54　若 G 是群, $a,b\in G, a\neq b$, 则 $o(a)\neq o(b)$ 一定成立吗?

不一定. 在对称群 S_3 中, 有 $a=(12), b=(13)\in S_3, a\neq b$, 但 a 和 b 的阶都是 2.

问题 1.1.55　若 G 是群, $a\in G$, 则 $o(a)=o(a^{-1})$ 一定成立吗?

是的. 由 $a^{o(a)}=e$ 可知 $a^{-o(a)}a^{o(a)}=a^{-o(a)}e=a^{-o(a)}$, 故 $(a^{-1})^{o(a)}=a^{-o(a)}=e$, 因此, $o(a^{-1})\leqslant o(a)$. 同理可证, $o(a)=o(a^{-1})^{-1}\leqslant o(a^{-1})$, 因此, $o(a)\leqslant o(a^{-1})$, 所以, $o(a)=o(a^{-1})$ 一定成立.

问题 1.1.56　若 G 是群, $a,b\in G$, 则 $o(ab)=o(a^{-1}b^{-1})$ 一定成立吗?

是的. 这是由于 $o(ab)=o((ab)^{-1})=o(b^{-1}a^{-1})$, 并且 $o(b^{-1}a^{-1})=o(a^{-1}b^{-1})$, 故 $o(ab)=o(a^{-1}b^{-1})$.

问题 1.1.57　群中元素 a 在 n 与 a 的阶有什么关系时, 有 $a^n=e$?

若 a 的阶为 m, 则 $a^n=e$ 当且仅当 m 整除 n.

问题 1.1.58　设群 G 中元素 a 的阶为 n, k 为小于等于 n 的正整数, 则下面结论成立吗?

(1) 若 k 整除 n, 则 a^k 的阶一定是 $\dfrac{n}{k}$.

(2) 若 k 与 n 互素, 则 a^k 的阶一定是 n.

(3) a^k 的阶一定是 $\dfrac{n}{\gcd(k,n)}$, 这里 $\gcd(k,n)$ 为 k 和 n 的最大公因子.

是的. 容易验证.

问题 1.1.59　在群 Z_m 中, 元素 $a\in Z_m$ 的阶是多少?

对于 $a\in Z_m$, a 的阶为 $\dfrac{m}{\gcd(a,m)}$, 这里 $\gcd(a,m)$ 是 a 和 m 的最大公因子. 如对于 $\overline{3}\in Z_{30}$, 有 $o(\overline{3})=\dfrac{30}{3}=10$.

问题 1.1.60　设 G 是群, $g\in G$, a 的阶为 $n=n_1n_2$, 并且 n_1 与 n_2 互素, 则一定存在 n_1 阶元素 g_1 和 n_2 阶元素 g_2, 使得 $g=g_1g_2$ 吗?

是的. 既然 n_1 与 n_2 互素, 因此存在整数 p 和 q, 使得 $pn_1+qn_2=1$, 并且容易知道 $pn_1\equiv 1 \pmod{n_2}$ 和 $qn_2\equiv 1 \pmod{n_1}$, 故

$$g=g^{pn_1}g^{qn_2}.$$

不难验证 g^{n_1} 的阶为 n_2, g^{n_2} 的阶为 n_1. 令 $g_1=g^{n_1}, g_2=g^{n_2}$, 则 $g=g_1g_2$, 并且 $g_1g_2=g_2g_1$.

问题 1.1.61 设 G 是群, $g \in G$, a 的阶为 $n = n_1 n_2$, 并且 n_1 与 n_2 互素, 则使得 $g = g_1 g_2$ 的 n_1 阶元素 g_1 和 n_2 阶元素 g_2, 并满足 $g_1 g_2 = g_2 g_1$ 的 g_1 和 g_2 一定是唯一的吗?

是的. 假设 $g_1', g_2' \in G, o(g_1') = n_2, o(g_2') = n_1, g = g_1' g_2'$, 并且 $g_1' g_2' = g_2' g_1'$. 既然 $g_1 g_2 = g_1' g_2'$, 因此 $(g_1 g_2)^{n_1} = (g_1' g_2')^{n_1}$, 故 $g_2^{n_1} = (g_2')^{n_1}$, 从而, $g_2^{pn_1} = (g_2')^{pn_1}$. 由于 g_2 和 g_2' 的阶都是 n_2, 并且 $pn_1 \equiv 1 \pmod{n_2}$, 因而, $g_2 = g_2'$. 所以, 由 $g_1 g_2 = g_1' g_2'$ 可得 $g_1 = g_1'$. 即唯一性得证.

问题 1.1.62 设 G 是群, $g \in G$, a 的阶为 $n = n_1 n_2$, 并且 n_1 与 n_2 互素, 则使得 $g = g_1 g_2$ 的 n_1 阶元素 g_1 和 n_2 阶元素 g_2 一定是唯一的吗?

不一定. 在对称群 S_9 中, 对于 $g = (124)(35)(6789)$, 由于 3 个轮换都是不相交的, 故 g 的阶为 3, 2 和 4 的最小公倍数 12. 容易验证 $12 = 3 \times 4$, 并且 g 可以有两种不同的方式写成 3 阶元素和 4 阶元素的乘积.

$$g_1 = (124), \quad g_2 = (35)(6789)$$

和

$$g_1' = (123), \quad g_2' = (2435)(6789).$$

另外, 明显地, 有 $g_1 g_2 \neq g_2 g_1$.

问题 1.1.63 对任意自然数 n, 是否存在一个群 G, G 的阶就是 n?

是的. 在加法下, Z_n 是一个 n 阶的 Abel 群.

问题 1.1.64 若G是有限群, 则G中阶为 3 的元素个数一定是偶数 (包括 0) 吗?

是的. 若 $a \in G, o(a) = 3$, 则 $a^3 = e$, 因此 $a^{-1} = a^2$, 并且 $a^{-1} \neq a$, 故在 G 中, 3 阶的元素总是成对出现的.

问题 1.1.65 若G是有限群, 则G中阶为 4 的元素个数一定是偶数 (包括 0) 吗?

是的. 若 $a \in G, o(a) = 4$, 则 $a^4 = e$, 因而 $a^{-1} = a^3$, 并且 $a^{-1} \neq a$, 故在 G 中, 4 阶的元素总是成对出现的.

问题 1.1.66 若 G 是有限群, 则 G 中阶大于 2 的元素个数一定是偶数 (包括 0) 吗?

是的. 理由同上.

明显地, 任意群都包含阶为奇数的元素, 实际上, 单位元 e 的阶就是奇数. 但如果考虑下面的问题呢?

问题 1.1.67 若 G 是奇数阶 (大于 1) 的有限群, 则除了 G 的单位元, G 一定包含阶为奇数的元素吗?

是的. 如果 G 的阶是大于 1 的奇数, 则存在 $a \in G, a \neq e$. 由 Lagrange 定理可知, a 的阶一定整除 G 的阶, 因此, a 的阶一定是奇数.

问题 1.1.68　*若 G 是偶数阶的有限群, 则 G 一定包含阶为 2 的元素吗?*

是的. 设 $H = \{a \in G \mid a \neq a^{-1}\}$, 则容易知道 H 的阶为偶数. 由于 G 是偶数阶的有限群, 故 G 中满足 $a = a^{-1}$ 的元素个数也是偶数, 由 $e = e^{-1}$ 可知一定还有至少一个不是单位元的元素 b, 满足 $b = b^{-1}$, 所以, b 为 G 中的 2 阶元素.

问题 1.1.69　*设 G 是 n 阶的有限群, 则一定存在从 G 到一个 n 阶循环群的双射 f, 使得对任意 $x \in G$, 都有 x 的阶整除 $f(x)$ 的阶吗?*

不知道, 这是 I. M. Isaacs 给出的公开问题. F. Ladisch 已经证明当 G 是可解群时结论成立.

1.2　子　　群

1.2.1　子群的定义

问题 1.2.1　*什么是子群?*

设 H 是群 G 的满足下面两个条件的一个非空子集:

(1) (乘法封闭) 对 H 中的任意元 a 和 b 都有 $ab \in H$;

(2) (求逆封闭) 对 H 中的任意元 a 都有逆元 $a^{-1} \in H$.

则称 H 为 G 的一个子群.

问题 1.2.2　*设 H 是群 G 的子集, 对 H 中的任意元 a 和 b 都有 $ab \in H$, 则 H 一定是 G 的子群吗?*

不一定. 对于全体非零有理数 Q^*, 在乘法下是群, 全体非零整数 Z 是 Q^* 的子集, 对 Z 中的任意元 a 和 b 都有 $ab \in Z$, 但 Z 不是 Q^* 的子群.

问题 1.2.3　*设 H 是有限群 G 的子集, 对 H 中的任意元 a 和 b 都有 $ab \in H$, 则 H 一定是 G 的子群吗?*

是的. 这是由于对任意 $a \in H$, 有 $a^n \in H$ 对任意正整数 n 都成立, 但 G 是有限群, 故一定存在 n, 使得 $a^n = e$, 因此, $e \in H$, 并且 $a^{-1} = a^{n-1}$, 所以, H 一定是 G 的子群.

问题 1.2.4　*空集是群 G 的子群吗?*

不是. G 的子群一定是 G 的非空子集.

问题 1.2.5　*任意一个群都一定有子群吗?*

是的. 每个群 G 一定有两个子群 $\{e\}$ 和 G, 称为 G 的平凡子群.

问题 1.2.6 任意一个包含 3 个元素以上的群都一定有非平凡子群吗?

不一定. 设 $Z_3 = \{\bar{0}, \bar{1}, \bar{2}\}$, 则 Z_3 是一个加法群, 但 Z_3 没有非平凡子群.

问题 1.2.7 若群 G 包含 3 个以上元素, 并且群 G 没有非平凡子群, 则群 G 一定是有限群, 并且它的阶一定是素数吗?

是的. 如果 G 不是有限群, 由于存在 $a \in G, a \neq e$, 故一定有 $G =< a >$, 不然的话, $< a >$ 就是 G 的非平凡子群.

由 $G =< a >$ 可知, G 有非平凡子群 $< a^3 >$, 矛盾. 所以, G 一定是有限群. 明显地, 若 G 的阶不是素数, 则对于 $|G|$ 的每个因子 k, G 一定有非平凡子群 $< a^k >$, 所以, G 的阶一定是素数.

问题 1.2.8 任意一个无限群都一定有非平凡子群吗?

是的. 设 G 是无限群, 取 $a \in G, a \neq e$, 如果 $o(a) = n < \infty$, $< a >$ 是 n 阶有限群, 则 $H = \{e, a, a^2, \cdots, a^{n-1}\}$ 是 G 的真子群. 若 a 的阶是无穷, 则 $K =< a^3 >$ 是 G 的真子群.

问题 1.2.9 非交换群的真子群都一定是非交换群吗?

不一定. S_3 是非交换群, 但 S_3 的真子群 $H = \{(1), (23)\}$ 是交换群.

问题 1.2.10 交换群 G 的 n 阶元素全体和单位元 e 记为 H, 则 H 一定构成 G 的子群吗?

不一定. 设 $o(a) = 8, G =< a >$, 记所有 4 阶元素和单位元 e 为 H, 则 $a^2 \in H$, 但 $a^2 \cdot a^2$ 的阶为 2. 因此 a^4 不属于 H, 所以, H 不是 G 的子群.

问题 1.2.11 非交换群 G 的 n 阶元素全体和单位元 e 记为 H, 则 H 一定构成 G 的子群吗?

不一定. 设 G 为实数 2 阶满秩方阵全体在矩阵乘法下构成的群, G 的 2 阶元素全体和单位元 e 记为 H, 对于

$$a = \begin{bmatrix} 1 & -1 \\ 0 & -1 \end{bmatrix}, \quad b = \begin{bmatrix} 1 & 1 \\ 0 & -1 \end{bmatrix}$$

都是 G 的 2 阶元, 因此 $a, b \in H$. 但

$$ab = \begin{bmatrix} 1 & 2 \\ 0 & 1 \end{bmatrix}, \quad (ab)^n = \begin{bmatrix} 1 & 2n \\ 0 & 1 \end{bmatrix}.$$

故 ab 的阶是无穷, 从而 ab 不属于 H, 所以, H 不是 G 的子群.

问题 1.2.12 交换群 G 的有限阶元素全体 H 一定构成 G 的子群吗?

是的. 由于 $a, b \in H$ 时, 容易验证 $ab \in H$, 并且 $a^{-1} \in H$, 所以, H 是 G 的子群.

问题 1.2.13　非交换群 G 的有限阶元素全体一定构成 G 的子群吗?

不一定. 设 G 为实数 2×2 可逆矩阵全体在矩阵乘法下构成的群, 令 H 为 G 中所有阶有限的元素全体, 则

$$a = \begin{bmatrix} 1 & -1 \\ 0 & -1 \end{bmatrix}, \quad b = \begin{bmatrix} 1 & 1 \\ 0 & -1 \end{bmatrix}$$

都是 G 的 2 阶元, 因此, $a, b \in H$, 但

$$ab = \begin{bmatrix} 1 & 2 \\ 0 & 1 \end{bmatrix}, \quad (ab)^n = \begin{bmatrix} 1 & 2n \\ 0 & 1 \end{bmatrix}.$$

故 ab 的阶是无穷, 因而, H 不是 G 的子群.

问题 1.2.14　若 H 是群 G 的子群, $g \in G$, 则 gHg^{-1} 一定是 G 的子群吗?

是的. 不难按子群的定义验证.

问题 1.2.15　二面体群 D_n 有哪些子群?

D_n 的每个子群是循环群或者二面体群, 它们有:

(1) 循环子群 $< r^d >$, 这里 d 整除 n. 子群 $< r^d >$ 在 D_n 中的指数为 $2d$;

(2) 二面体群子群 $< r^d, r^i s >$, 这里 d 整除 $n, 0 \leqslant i \leqslant d-1$. 子群 $< r^d, r^i s >$ 在 D_n 中的指数为 d.

问题 1.2.16　设 R 是实数加法群, 若 H 是 R 的子群, 则一定存在某个 $a \in R$, 使得 $H = \{na \mid n = 0, \pm 1, \pm 2, \cdots\}$ 或者 H 一定在 R 中稠密吗?

是的. 若 H 存在最小的正实数 a, 则容易知道 $H = \{na \mid n = 0, \pm 1, \pm 2, \cdots\}$. 如果 H 中没有最小的正实数 a, 那么一定存在正实数 $z_n \to 0$, 故 H 一定包含 $a_n Z$, 因此, 对任意 $b \in R$ 和任意小的 $\varepsilon > 0$, 都一定存在某个 n 和 a_m, 使得 $|b - na_m| < \varepsilon$, 所以, H 在 R 中稠密. 这里的稠密是指实变函数论中的稠密.

问题 1.2.17　一个无限群都一定有一个无限交换子群吗?

不一定. 这是 Kargapolov 提出的问题. 实际上, $m \geqslant 2$ 和奇数的 $n \geqslant 4381$ 时, Burnside 群 $B(m, n)$ 就是一个反例. 参见: Novikov P S, Adyan S I. On abelian subgroups and the conjugacy problem in free periodic groups of odd order. Math. USSR Izv., 1968, 2(15): 1131–1144.

问题 1.2.18　有限群 G 的极大子群个数最多只有 $|G| - 1$ 吗?

不知道. 这是 Griess 提出的公开问题.

问题 1.2.19　设 A,B 是无限群 G 的子集, 若存在 G 的无限子集 X, 使得 $e\in X, X=X^{-1}$, 并且 $XAX\bigcap B=\varnothing$, 则称 A 和 B 在 G 中是分离的 (separated). 若 G 的两个不相交的子集 A 和 B 满足 $|A|<|G|,|B|<|G|$, 则 A 和 B 一定是分离的吗?

不知道. 这是 Protasov 给出的公开问题. 已经知道当 A 和 B 是有限子集, 或 G 是交换群时, 结论是成立的.

1.2.2　子群的性质

问题 1.2.20　子群有哪些判别法?

设 H 是群 G 的一个非空子集, 若 $ab^{-1}\in H$ 对任意 $a,b\in H$ 成立, 则 H 是 G 的一个子群.

问题 1.2.21　群 G 的子群的交集是子群吗?

是的. 设 $\{H_\alpha\}_{\alpha\in I}$ 是群 G 的任意多个子群, 则 $H=\bigcap_{\alpha\in I}H_\alpha$ 是 G 的一个子群.

问题 1.2.22　任意一个群的两个子群的并集都一定是子群吗?

不一定. Z_{12} 是一个加法群, $H_1=\{\overline{0},\overline{3},\overline{6},\overline{9}\}$ 和 $H_2=\{\overline{0},\overline{4},\overline{8}\}$ 是 Z_{12} 的两个子群, 但 $H_1\bigcup H_2$ 不是 Z_{12} 的子群.

问题 1.2.23　对群 G 的子群 H, 一定有 $HH=H$ 吗?

是的. 由于 H 是子群, 故容易知道 $HH\subseteq H$. 反过来, 由 $e\in H$ 可知 $H=eH\subseteq HH$, 所以, $HH=H$.

问题 1.2.24　设 H 是群 G 的非空子集, 并且 $HH=H$, 则 H 一定是 G 的子群吗?

不一定. 设 G 是非零的有理数全体, 则 G 在乘法下是群, 若 H 是所有整数, 则 $HH=H$, 但 H 不是 G 的子群.

问题 1.2.25　设 H 是有限群 G 的非空子集, 并且 $HH=H$, 则 H 一定是 G 的子群吗?

是的. 由于 $HH=H$, 故 H 对于乘法封闭, 因此对于任意 $a\in H$, 有 $a^n\in H$ 对任意正整数 n 都成立.

由 G 是有限的可知, 对 a, 有 $a^{|G|}=e$. 由于对任意正整数 n, H 包含所有的 a^n, 故 $e\in H$.

由于对任意正整数 n, H 包含所有的 a^n, 而 H 是有限集合, 故一定存在正整数 $m>n$, 使得 $a^m=a^n$, 从而, $aa^{m-n-1}=e$, 因此 a 的逆存在, $a^{-1}=a^{m-n-1}\in H$, 所以, H 一定是 G 的子群.

1.2.3 中心化子

问题 1.2.26 什么是群 G 的中心化子?

设 g 是群 G 的一个元素, 则集合 $C(g)=\{a\in G \mid ag=ga\}$ 称为 g 在 G 中的中心化子 (centralizer), 设 $S\subseteq G$, 则集合 $C(S)=\{a\in G \mid ag=ga \text{ 对所有 } g\in S\}$ 称为 S 在 G 中的中心化子. $C(G)$ 称为 G 的中心 (center).

问题 1.2.27 $g\in G$ 在群 G 中的中心化子一定是交换群吗?

不一定. 若 G 是非交换群, 则对于单位元 e, 它的中心化子一定不是交换群.

问题 1.2.28 群 G 只有唯一的 2 阶元素 a, 则 a 一定属于 G 的中心 $C(G)$ 吗?

是的. 对于任意 $g\in G$, 由于 $(gag^{-1})^2=e$, 故 $gag^{-1}=a$, 因而, $ga=ag$ 对任意 $g\in G$ 都成立, 所以, $a\in C(G)$.

问题 1.2.29 G 的中心 $C(G)$ 有什么性质?

容易验证中心 $C(G)$ 具有下面性质:

(1) G 的中心 $C(G)$ 是 Abel 群.

(2) G 是 Abel 群当且仅当 G 的中心 $C(G)$ 就是 G.

问题 1.2.30 设 G 是群, G 的中心 $Z(G)=\{a \mid ab=ba \text{ 对任意 } b\in G\text{都成立}\}$, 若 $x,y\in G$, $xy\in Z(G)$, 则一定有 $xy=yx$ 吗?

是的. 由于 $xy\in Z(G)$, 因此, $(xy)x=x(xy)$, 故 $xyx=xxy$, 因此, $x^{-1}xyx=x^{-1}xxy$, 所以, $xy=yx$.

问题 1.2.31 设 G 是群, G 的中心 $Z(G)$, 若 f 是 G 到 G 自同构, 则 $Z(G)$ 一定包含 $f(Z(G))$ 吗?

是的. 设 $a\in Z(G)$, $b\in G$, 则由 f 是 G 到 G 自同构可知存在 $b_1\in g$, 使得 $f(b_1)=b$, 故

$$b\cdot f(a)=f(b_1)f(a)=f(b_1a)=f(ab_1)=f(a)f(b_1)=f(a)b.$$

因此, $f(a)\in Z(G)$, 所以, $f(Z(G))\subseteq Z(G)$.

问题 1.2.32 若 $n\geqslant 3$, 则二面体群 D_n 的中心是什么?

若 $n\geqslant 3$ 是奇数, 则 D 的中心是 $\{e\}$. 若 $n\geqslant 3$ 是偶数, 则 D 的中心是 $\{e,r^{\frac{n}{2}}\}$.

1.2.4 由集合生成的子群

问题 1.2.33 什么是群 G 的子集 S 生成的子群?

设 S 为群 G 的一个子集, 令 $<S>$ 为所有包含 S 的子群的交, 那么 $<S>$ 为

包含 S 的最小子群, 称为 S 生成的子群. 若 $G=<S>$, 则称 G 由 S 生成. 此时, 称 S 为 G 的生成元.

问题 1.2.34 什么情况下称 G 是有限生成的? 什么叫循环群?

若群 G 由一个有限子集生成, 则称 G 是有限生成的. 若 G 可以由一个元素 a 生成, 则称 G 为循环群 (cyclic group). 记为 $G=<a>$.

问题 1.2.35 若 G 是有限群, 则容易知道 G 是有限生成的. 反过来, 若 G 是有限生成的, 则 G 一定是有限群吗?

不一定. 如整数加法群 $Z=<1>$ 是有限生成的, 但 Z 不是有限群. 剩余类整数加法群 $Z_3=<\bar{1}>$ 是有限生成的, Z_3 是有限群.

问题 1.2.36 有理数加法群 Q 是有限生成的吗?

不是. 假如 $Q=<\dfrac{b_1}{a_1},\cdots,\dfrac{b_n}{a_n}>$, 则对于 $\dfrac{1}{2a_1a_2\cdots a_n}\in Q$, 存在整数 $c_1,c_2,\cdots,c_n$, 使得

$$c_1\frac{b_1}{a_1}+c_1\frac{b_2}{a_2}+\cdots+c_n\frac{b_n}{a_n}=\frac{1}{2a_1a_2\cdots a_n}.$$

从而

$$\frac{2m}{a_1a_2\cdots a_n}=\frac{1}{a_1a_2\cdots a_n},$$

这里 m 为整数, 矛盾. 所以, 有理数加法群 Q 不是有限生成的.

问题 1.2.37 有理数加法群 Q 的任意有限生成的子群一定是循环群吗?

是的. 实际上, 若 H 是有理数加法群 Q 的子群, 并且 H 是有限生成的, 则存在 $p_i,q_i\in Z,q_i>0$, 使得 $H=<\dfrac{p_1}{q_1},\dfrac{p_2}{q_2},\cdots,\dfrac{p_k}{q_k}>$. 故

$$\begin{aligned}H&=\left\{n_1\frac{p_1}{q_1}+n_2\frac{p_2}{q_2}+\cdots+n_k\frac{p_k}{q_k}\;\middle|\;n_i\in Z\right\}\\&=\left\{\frac{n_1p_1q_2\cdots q_k+n_2p_2q_1q_3\cdots q_k+\cdots+n_kp_kq_1q_2\cdots q_{k-1}}{q_1q_2\cdots q_k}\;\middle|\;n_i\in Z\right\}\\&\subseteq\left\{\frac{n}{q_1q_2\cdots q_k}\;\middle|\;n\in Z\right\}=<\frac{1}{q_1q_2\cdots q_k}>.\end{aligned}$$

因此, H 是循环群的子群, 所以, H 一定是循环群.

问题 1.2.38 有限生成的群的子群都一定是有限生成的吗?

不一定. 设 G 是由实数矩阵

$$a=\begin{bmatrix}2&0\\0&1\end{bmatrix},\quad b=\begin{bmatrix}1&1\\0&1\end{bmatrix}$$

$0 \leqslant r < n$. 由于 $r = m - qn \in H$, 根据 n 的最小性推得 $r = 0$, 故 $m \in nZ$, 从而 $H \subseteq nZ$. 明显地, $nZ \subseteq H$, 因而 $nZ = H$, 所以, Z 一定没有其他子群.

问题 1.2.55 若群 $G =< a >$ 是循环群, $s > 0$, 子群 $H =< a^s >$, 则 a^s 一定是子群 H 中正整数幂最小的元素吗?

不一定. 对于 12 阶的循环群 $G =< a >$, 它的子群 $H =< a^8 >= \{e, a^4, a^8\}$, 因此, a^8 不是子群 H 中正整数幂最小的元素, a^4 才是 H 中正整数幂最小的元素.

问题 1.2.56 设 G 为群, H, K 是 G 的循环子群, 若 $|H| = |K|$, 但是 $H \neq K$, 则是否一定有 $H \bigcap K = \{e\}$ 呢?

不一定. 设

$$G = Z_2 \times Z_4,\ H =< (\overline{1}, \overline{3}) >= \{(\overline{0}, \overline{0}), (\overline{1}, \overline{3}), (\overline{0}, \overline{2}), (\overline{1}, \overline{1})\},$$

$$K =< (\overline{0}, \overline{1}) >= \{(\overline{0}, \overline{0}), (\overline{0}, \overline{1}), (\overline{0}, \overline{2}), (\overline{0}, \overline{3})\},$$

则 $|H| = |K|$, 但 $H \bigcap K = \{(\overline{0}, \overline{0}), (\overline{0}, \overline{2})\}$.

问题 1.2.57 若群 G 的所有子群的交不等于 $\{e\}$, 则 G 有没有阶是无穷的元素呢?

没有. 设 K 是群 G 的所有子群的交, $a \in G$, 并且 $a \neq e$, 令 $H_i =< a^i >$, 这里 $i = 1, 2, 3, \cdots$. 则对于每个满足 $H_i \neq \{e\}$ 的 i, 一定有 K 是 H_i 的子群. 由 K 是循环群的子群可知 K 一定是循环群, 故存在某个固定的正整数 n, 使得 $K =< a^n >$. 由于 $< a^n >$ 是 $< a^i >$ 的子群当且仅当 $a^n = a^{ik}$, 故 i 整除 n 对每个满足 $H_i \neq \{e\}$ 的 i 都成立. 由 n 是固定的可知它的因子只有有限个, 因而只有有限个 $H_i \neq \{e\}$, 故一定存在某个 j, 使得 $H_j = \{e\}$, 因此, 由 $H_j =< a^j >$ 可知 $a^j = e$, 所以, a 的阶是有限的.

问题 1.2.58 二面体群 D_n 是两个非交换元生成的非交换群, 反过来, 任意由两个 2 阶元生成的非交换有限群一定与二面体群同构吗?

是的. 设 $G =< x, y >, x^2 = e, y^2 = e$, 既然 G 不是交换群, 因此, $xy \neq yx$.

由于 G 是有限群, 故 xy 的阶是有限的, 记为 n. 设 $a = xy, b = y$, 则 $G =< x, y >=< xy, y >=< a, b >$, 并且 $a^n = e, b^2 = e$.

由 a 的阶为 n 可知 n 整除 G 的阶, 既然 $b \notin < a >$, 因此, $|G| > n$, 又因为 b 的阶为 2, 故 2 整除 $|G|$, 因此 $|G| \geqslant 2n$. 假如 $n \leqslant 2$, 则 $a^2 = e$, 故 $xyxy = e$. 既然 x 和 y 的阶都是 2, 因而, $xy = y^{-1}x^{-1} = yx$, 但这与 x 和 y 不交换矛盾. 故 $n > 2$.

既然 x 和 y 的阶都是 2, 故 $bab^{-1} = yxyy = yx, a^{-1} = y^{-1}x^{-1} = yx$, 因此, $bab^{-1} = a^{-1}$. 记 $D_n =< r, s \mid r^n = e, s^2 = e, srs = r^{-1} >$, 定义 $f(r^j s^k) = a^j b^k$, 则 f 为 D_n 到 G 的满同态, 故 $|G| \leqslant 2n$, 从而, $|G| = 2n$, 所以, G 与 D_n 同构.

问题 1.2.59 *若有限生成的群 G 有 $n < \infty$ 个极大子群, 则 G 一定是有限群吗? 若 $n=3$ 呢?*

不知道. 这是 G. M. Bergman 给出的公开问题.

1.2.5 子群的乘积

问题 1.2.60 *若 H_1 和 H_2 是群 G 的子群, 则 H_1H_2 一定是 G 的子群吗?*

不一定. 设 $H_1 = \{(1),(12)\}, H_2 = \{(1),(23)\}$, 则 H_1 和 H_2 都是 S_3 的子群, 并且 $H_1H_2 = \{(1),(12),(23),(123)\}$, 但容易验证 $(123)^2 = (132)$ 不属于 H_1H_2, 因此 H_1H_2 不是 S_3 的子群.

问题 1.2.61 *设 H_1 和 H_2 是群 G 的子群, H_1H_2 是 G 的子群的充要条件是什么?*

设 H_1 和 H_2 是群 G 的子群, 则 H_1H_2 是 G 的子群的充要条件为 $H_1H_2 = H_2H_1$.

实际上, 若 $H_1H_2 = H_2H_1$, 则容易验证 H_1H_2 对于乘法和求逆都封闭, 因此, H_1H_2 是 G 的子群.

反过来, 若 H_1H_2 是 G 的子群, 则对任意的 $a \in H_1, b \in H_2$, 有

$$ba = (eb)(ae) \in (H_1H_2)(H_1H_2) \subseteq H_1H_2,$$

从而 $H_2H_1 \subseteq H_1H_2$.

由于 $a \in H_1, b \in H_2$ 时, 据 H_1H_2 是 G 的子群可知 $(ab)^{-1} \in H_1H_2$, 故

$$ab = ((ab)^{-1})^{-1} \in (H_1H_2)^{-1} \subseteq H_2^{-1}H_1^{-1} \subseteq H_2H_1,$$

因而, $H_1H_2 \subseteq H_2H_1$, 所以, $H_1H_2 = H_2H_1$.

问题 1.2.62 *若 H_1 和 H_2 是群 G 的子群, 并且 $H_1H_2 = H_2H_1$, 则 $h_1h_2 = h_2h_1$ 一定对任意 $h_1 \in H_1, h_2 \in H_2$ 都成立吗?*

不一定. 在四元数群 G 中, 取 $H = \{1,-1,i,-i\}, K = \{1,-1,j,-j\}$, 则它们都是 G 的子群, 并且 $HK = KH = G$, 但明显地, 对于 $i \in H, j \in K$, 有 $ij \neq ji$.

问题 1.2.63 *若 H 和 K 是群 G 的子群, 则 KH 是 G 的子群当且仅当 HK 是 G 的子群吗?*

是的. 若 HK 是 G 的子群, 则对于任意 $g \in KH$, 有 $h \in H, k \in K$, 使得 $g = kh$. 由于 H 和 K 是群 G 的子群, 故 $g^{-1} = h^{-1}k^{-1} \in HK$. 由 HK 是 G 的子群可知 $g \in HK$, 所以, $KH \subseteq HK$.

由于 $KH \subseteq HK$, H 和 K 都是 G 的子群, 故对于任意 $h \in H, k \in K$, 有 $k^{-1}h^{-1} \in KH \subseteq HK$, 因此存在 $h_1 \in H, k_1 \in K$, 使得 $k^{-1}h^{-1} = h_1k_1 \in HK$, 因而, $hk = k_1^{-1}h_1^{-1} \in KH$, 即 $HK \subseteq KH$, 所以, $KH = HK$, 故 HK 是 G 的子群.

问题 1.2.64 设 H 和 K 是有限群 G 的两个子群, 并且 $|H|+|K|>|G|$, 则一定有 $G=HK$ 吗?

一定. 明显地, 对于任意 $g\in G$, 由于 H 是子群, 故 $H^{-1}=H$, 因此 $|H^{-1}|=|H|$, 由 $|H^{-1}g|=|H^{-1}|$ 有 $|H^{-1}g|=|H|$. 由于 $|H|+|K|>|G|$, 故 $H^{-1}g\bigcap K$ 不是空集, 因此存在 $b\in H^{-1}g\bigcap K$, 所以, 有某个 $a\in H$, 使得 $b=a^{-1}g$, 因而, $g=ab$, 即 $G=HK$ 成立.

问题 1.2.65 设 H 和 K 是有限群 G 的两个子群, 并且 $G=HK$, 则一定有 $|H|+|K|>|G|$ 吗?

不一定. 设 a 的阶为 6, 则 $G=<a>$ 是 6 阶循环群, 对于 G 的子群 $H=\{e,a^2,a^4\}$ 和 $K=\{e,a^3\}$, 有 $G=HK$, 但 $|H|+|K|=5<|G|$.

问题 1.2.66 设 H 和 K 是有限群 G 的两个子群, 并且 $|H|^2>|G|,|K|^2>|G|$, 则一定有 $|H\bigcap K|\geqslant 2$ 吗?

是的. 由于 $|HK|=\dfrac{|H||K|}{|H\bigcap K|}$, 故 $|H\bigcap K|^2=\dfrac{|H|^2|K|^2}{|HK|^2}>\dfrac{|G|^2}{|HK|^2}>\dfrac{|G|^2}{|G|^2}>1$, 所以, $|H\bigcap K|\geqslant 2$.

问题 1.2.67 设 H,K_1 和 K_2 是群 G 的子集, 则一定有 $H(K_1\bigcup K_2)=HK_1\bigcup HK_2$ 吗?

是的. 对于任意 $a\in H(K_1\bigcup K_2)$, 有 $h\in H,k\in K_1\bigcup K_2$, 使得 $a=hk$.

若 $k\in K_1$, 则 $a=hk\in HK_1$, 从而 $a\in HK_1\bigcup HK_2$.

若 $k\in K_2$, 则 $a=hk\in HK_2$, 从而 $a\in HK_1\bigcup HK_2$.

因此, $H(K_1\bigcup K_2)\subseteq HK_1\bigcup HK_2$.

反过来, 对于任意 $a\in HK_1\bigcup HK_2$, 有 $a\in HK_1$ 或 $a\in HK_2$, 若 $a\in HK_1$, 则存在 $h\in H,k\in K_1$, 使得 $a=hk$, 于是 $k\in K_1\bigcup K_2$, 因此, $a\in H(K_1\bigcup K_2)$.

若 $a\in HK_2$, 则类似可证 $a\in H(K_1\bigcup K_2)$. 因而 $HK_1\bigcup HK_2\subseteq H(K_1\bigcup K_2)$.

问题 1.2.68 设 H,K_1 和 K_2 是群 G 的子集, 则一定有 $H(K_1\bigcap K_2)=HK_1\bigcap HK_2$ 吗?

不一定. 在对称群 S_4 中, 取

$$H=\{(1),(12)\},K_1=\{(1),(34)\},$$

$$K_2=\{(1),(12)(34),(13)(24),(14)(23)\},$$

则

$$H(K_1\bigcap K_2)=\{(1),(12)\}.$$

但

$$HK_1\bigcap HK_2=\{(1),(12),(34),(12)(34)\},$$

所以, $H(K_1\bigcap K_2)=HK_1\bigcap HK_2$ 不成立.

1.2.6 子群的进一步思考

问题 1.2.69 群可能是它的两个真子群的并集吗?

不可能. 反证法. 假设 H 和 K 是群 G 的两个真子群, 并且 $G=H\bigcup K$. 则一定存在 $a\notin H, b\notin K$, 由 $G=H\bigcup K$ 可知, 一定有 $a\in K, b\in H$. 由于 $ab\in G=H\bigcup K$, 故 $ab\in K$ 或 $ab\in H$. 如果 $ab\in K$, 那么由 $a\in K$ 可得 $a^{-1}\in K$, 因此 $b\in K$, 但这与前面的 $b\notin K$ 矛盾. 如果 $ab\in H$, 那么由 $b\in H$ 可得 $b^{-1}\in H$, 因此 $a\in H$, 但这也与前面的 $a\notin H$ 矛盾. 所以, 由反证法原理可知群 G 不可能是它的两个真子群 H 和 K 的并集.

问题 1.2.70 群可能是它的三个或四个真子群的并集吗?

有可能. 一个群可能是它的三个或四个真子群的并集. 实际上, 对群 $K_4=\{(1),(12)(34),(13)(24),(14)(23)\}$, 取

$$H_1=\{(1),(12)(34)\},\quad H_2=\{(1),(13)(24)\},\quad H_3=\{(1),(14)(23)\}.$$

则它们都是 K_4 的真子群, 并且 $K_4=H_1\bigcup H_2\bigcup H_3$.

另外, 对于对称群 $S_3=\{(1),(12),(13),(23),(123),(132)\}$, 取

$$H_1=\{(1),(12)\},\quad H_2=\{(1),(13)\},\quad H_3=\{(1),(23)\},\quad H_4=\{(1),(123),(132)\},$$

则它们都是 K_4 的真子群, 并且 $S_3=H_1\bigcup H_2\bigcup H_3\bigcup H_4$.

问题 1.2.71 若群 G 只有有限多个子群, 则 G 一定是有限群吗?

是的. 既然群 G 只有有限多个子群, 因此 G 中所有元素的阶都是有限的, 否则, G 一定有无穷阶的元 a, 从而 G 有无穷多个子群, 矛盾.

任取 $a_1\in G$, 则 $H_1=<a_1>$ 是 G 的一个有限子群. 取 $a_2\in G\backslash <a_1>$, 则 $H_2=<a_2>$ 是 G 的一个与 H_1 不同的有限子群. 再取 $a_3\in G\backslash(<a_1>\bigcup<a_2>)$, 则 $H_3=<a_3>$ 是 G 的一个与 H_1 和 H_2 都不同的有限子群. 由于群 G 只有有限多个子群, 故上述过程只能做有限次, 因而一定存在某个正整数 n, 使得

$$G=H_1\bigcup H_2\bigcup\cdots\bigcup H_n.$$

因为每个 H_i 都是有限的, 所以 G 一定是有限群.

问题 1.2.72 若循环群 $G=<a>$ 是无限群, 则 G 一定有无限多个子群吗?

是的. 实际上, 对于任意素数 p, $H_p=<a^p>$ 都是 G 的子群, 因此, G 有无穷多个子群.

问题 1.2.73 若群 G 是无限群, 则 G 一定有无限多个子群吗?

是的. 若 G 只有有限多个子群, 前面已经证明 G 一定是有限群.

问题 1.2.74　*若群 G 有且只有 3 个子群, 则 G 一定是循环群吗?*

是的. 明显地, 若群 G 的阶是无穷, 则 G 一定不止只有 3 个子群, 因此, G 一定是有限群. 对于 G 中的非单位元 a, $H=<a>$ 是 G 的子群, 若 $G=<a>$, 则 G 是循环群. 若 $G\neq<a>$, 则对于 $b\in G\ \ <a>$, 有 $G=<b>$, 否则的话, $K=<b>$ 是 G 的另一个子群, 但这与 G 只有子群 $\{e\}, H$ 和 G 矛盾, 所以, G 一定是循环群.

问题 1.2.75　*如果群 G 是有限生成的, G 中的元素的阶都是有限的, 那么 G 是否一定是有限群?*

不一定. 实际上, 这是 Burnside①在 1902 年提出的著名的猜想. Golod 在 1964 年给出了否定的答案②.

容易看出, Abel 群的子群仍然是 Abel 群.

问题 1.2.76　*若群 G 的所有 (真) 子群都是交换群, 则 G 一定是交换群吗?*

不一定. 所有真子群都是交换群的非交换群称为内交换群, 如 S_3 就是内交换群. Miller 和 Moreno 在 1903 年就研究了内交换群③.

1.3 置　换　群

1.3.1　置换群的定义

问题 1.3.1　*什么是置换?*

设 n 是一个自然数, 从集合 $\{1,2,3,\cdots,n\}$ 到它自身的一个双射称为 n 个文字的一个置换 (permutation), n 个文字的置换全体记为 S_n.

用列表法可把一个一般的置换 σ 表示为

$$\begin{pmatrix} 1 & 2 & 3 & \cdots & n \\ \sigma(1) & \sigma(2) & \sigma(3) & \cdots & \sigma(n) \end{pmatrix}.$$

这里的 $1,2,3,\cdots,n$ 并没有数量上的意义, 只是 n 个符号而已.

设 $\sigma,\tau\in S$, 规定 $\sigma\tau$ 为这两个映射的复合, 复合的次序是先 τ 后 σ, 即 $\sigma\tau$ 是这样的映射, 它把 i 映成 $\sigma[\tau(i)]$. 很明显, $\sigma\tau$ 仍然是 $\{1,2,3,\cdots,n\}$ 到其自身的一个双射.

---

① Burnside W. On an unsettled question in the theory of discontinuous groups. Quart. J. Pure Appl. Math., 1902, 33: 230–238.

② Golod E S. On nil-algebras and finitely approximable p-groups. Izv. Akad. Nauk SSSR Ser. Mat., 1964, 28: 273–276.

③ Miller G A, Moreno H C. Non-abelian groups in which every subgroup is abelian. Trans. Amer. Math. Soc., 1903, 4: 398–404.

问题 1.3.2 什么是对称群和置换群?

S_n 称为 n 个文字的对称群 (symmetric group), S_n 的任何一个子群称为一个置换群 (permutation group).

问题 1.3.3 什么是轮换和对换?

设 $i_1, i_2, \cdots, i_d$ 是 $\{1,2,3,\cdots,n\}$ 中的 d 个两两不同的文字, 若 $\sigma \in S_n$ 满足

$$\sigma(i_1) = i_2, \sigma(i_2) = i_3, \cdots, \sigma(i_d) = i_1,$$

并且 $\sigma(i) = i$ 对 $\{1,2,3,\cdots,n\}$ 中的所有其他文字 i 成立, 则称 σ 为一个 d 轮换 (cycle), 记成 $(i_1 i_2 \cdots i_d)$, d 称为该轮换的长度. 特别地, 2 轮换 $(i_1 i_2)$ 称为对换 (transposition).

问题 1.3.4 置换群中循环的表示唯一吗?

每个循环的表达方法不唯一. 在 S_5 中, 有

$$(14235) = (23514) = (51423).$$

习惯上, 总是将循环置换中出现的最小文字置在首位.

问题 1.3.5 什么情况下称两个轮换是不相交的?

若第一个轮换中的任何一个文字在第二个轮换中都不出现, 则称这两个轮换是不相交的.

问题 1.3.6 轮换 $(a_1 a_2 \cdots a_n)$ 的逆元是什么?

容易验证: $(a_1 a_2 \cdots a_n)^{-1} = (a_n a_{n-1} \cdots a_2 a_1) = (a_1 a_n \cdots a_2)$.

问题 1.3.7 若轮换 σ 和 ϕ 是不相交的, 则一定有 $\sigma\phi = \phi\sigma$ 吗?

是的. 容易验证.

问题 1.3.8 若轮换 σ 和 ϕ 满足 $\sigma\phi = \phi\sigma$, 则轮换 σ 和 ϕ 一定是不相交的吗?

不一定. 在对称群 S_3 中, 若 $\sigma = (123), \phi = (321)$, 则 $\sigma\phi = \phi\sigma = (1)$, 但 σ 与 ϕ 是相交的.

问题 1.3.9 置换 σ 的轨道是什么?

设 σ 是一个置换, 若存在整数 n, 使得 $\sigma^n(a) = b$, 则称 a, b 在同一个轨道上, 容易验证这是一个等价关系, 每个等价类都称为 σ 的一个轨道. 不难证明, 对于任意 a, 包含 a 的轨道为 $\{\sigma^n(a) \mid n \in Z\}$.

问题 1.3.10 置换 σ 的不同轨道一定不相交吗?

是的. 容易验证.

1.3.2 置换的性质

问题 1.3.11 任何一个置换都一定可以表示成若干个对换的乘积吗?

是的. 明显地, 只需证明任意轮换都可以表示成若干个对换的乘积. 设 $i_1, i_2, \cdots, i_d$ 是不同的文字, 则容易验证 $(i_1 i_2 \cdots i_d) = (i_1 i_2)(i_2 i_3)\cdots(i_{d-2} i_{d-1})(i_{d-1} i_d)$. 如 $(254) = (25)(54)$.

问题 1.3.12 置换表示成若干个对换的乘积的形式唯一吗?

不一定. $\begin{pmatrix} 1 & 2 & 3 & 4 & 5 & 6 \\ 1 & 5 & 6 & 2 & 4 & 3 \end{pmatrix} = (25)(54)(36) = (23)(25)(54)(43)(36)$.

问题 1.3.13 设 $i_1, i_2, \cdots, i_d$ 是不同的文字, 则轮换 $(i_1 i_2 \cdots i_d)$ 的阶是多少?

容易验证轮换 $(i_1 i_2 \cdot s i_d)^d = (1)$, 因此, 轮换 $(i_1 i_2 \cdots i_d)$ 的阶是 d.

问题 1.3.14 对换 $(i_1 i_2)$ 的阶一定是 2 吗?

是的.

问题 1.3.15 对换 $(i_1 i_2)(i_3 i_4)$ 的阶一定是 4 吗?

不一定. 如 $(25)(54) = (254)$ 的阶是 3.

问题 1.3.16 两个轮换 σ 和 ρ 的乘积 $\sigma\rho$ 的阶一定是 σ 的阶与 ρ 的阶的最小公倍数吗?

不一定. 在对称群 S_5 中, 3-轮换 $\sigma = (123)$ 和 $\rho = (241)$ 的阶都是 3, 但 $\sigma\rho = (13)(24)$ 的阶不是 3, 而是 2.

问题 1.3.17 两个不相交轮换 σ 和 ρ 的乘积 $\sigma\rho$ 的阶一定是 σ 的阶与 ρ 的阶的最小公倍数吗?

是的.

问题 1.3.18 如何求置换 σ 的阶?

将置换 σ 写成不相交的循环的乘积, 则置换 σ 的阶为其不相交的循环的长度的最小公倍数.

如 σ 为 $\begin{pmatrix} 1 & 2 & 3 & 4 & 5 & 6 \\ 1 & 5 & 6 & 2 & 4 & 3 \end{pmatrix} = (254)(36)$. 因此, σ 的阶为 6.

问题 1.3.19 设 $n \geqslant 2$, S_n 有两个元素的生成元吗?

有. 设 $\sigma = (12)$ 和 $\tau = (12\cdots n)$, 则 σ 和 τ 生成 S_n. 实际上, 只需证明任意对换都可以写成 σ, τ 以及它们的逆的复合, 如 $\tau\sigma\tau^{-1}, \tau^2\sigma\tau^{-2}, \cdots$.

问题 1.3.20 若 $n \geqslant 3$, 则 S_n 的中心 $C(S_n)$ 是什么?

容易验证, S_n 的中心 $C(S_n)$ 是 (1). 对于 $\sigma \in S_n, \sigma \neq (1)$, 则存在 $i \neq j$, 使得

$\sigma(i)=j$, 由于置换都是单射, 故 $\sigma(j)\neq j$. 既然 $n\geqslant 3$, 故存在 $k\neq j,k\neq\sigma(j)$ 和对换 $\rho\in S_n$, ρ 交换 j 和 k, 并且其他的都不变. 若 $\sigma(j)=m$, 则 $m\neq j,m\neq k$, 故由 ρ 的定义可知 ρ 保持 m 不变. 因此, $\rho\sigma(j)=\rho(m)=m=\sigma(j)$. 由 ρ 的定义可知 $k=\rho(j)$, 故 $\sigma(k)=\sigma\rho(j)$. 但 $\sigma(j)\neq\sigma(k)$, 因而, 任意不是 (1) 的置换都不在 S_n 的中心 $C(S_n)$, 所以, $C(S_n)=\{(1)\}$.

问题 1.3.21 什么是偶置换? 什么是奇置换?

设 $\sigma\in S_n$, 令 $\mathrm{sgn}(\sigma)=(-1)^k$, 其中 k 是集合

$$\{(i,j)\mid 1\leqslant i<j\leqslant n,\sigma(i)>\sigma(j)\}$$

中元素的个数. 把以上集合中的每个元素对 (i,j) 称为 σ 的逆序, 因此 k 就是 σ 的逆序数. 若 $\mathrm{sgn}(\sigma)=1$, 则称 σ 为一个偶置换, 否则称为一个奇置换.

问题 1.3.22 若 n 是奇数, 则 n 轮换一定是奇置换吗?

不是. n 轮换一定可以写成 $n-1$ 个对换的乘积, 因此, 它一定是偶置换.

问题 1.3.23 若 n 是偶数, 则 n 轮换一定是偶置换吗?

不是. n 轮换一定可以写成 $n-1$ 个对换的乘积, 因此, 它一定是奇置换. 特别地, 对换一定是奇置换.

问题 1.3.24 判断置换 σ 的奇偶性的常用方法是什么?

可将置换 σ 写成对换的乘积, 若一共有 k 个对换, 则 σ 的奇偶性可由 $(-1)^k$ 来确定.

问题 1.3.25 若置换 σ 的阶是奇数, 则 σ 一定是奇置换吗?

不是. 若置换 σ 的阶是奇数, 则 σ 一定是偶置换. 这是由于 $\mathrm{sgn}\ (\sigma^{o(\sigma)})=[\mathrm{sgn}\ (\sigma)]^{o(\sigma)}$, 故 $[\mathrm{sgn}\ (\sigma)]^{o(\sigma)}=1$, 故若置换 σ 的阶是奇数, 则 σ 一定是偶置换.

问题 1.3.26 若置换 σ 的阶是偶数, 则 σ 一定是偶置换吗?

不一定. 若 $\sigma=(12)$, 则 $\mathrm{sgn}\ (\sigma)=-1$, 故 σ 是奇置换, 并且 σ 的阶是偶数 2.

问题 1.3.27 置换 σ 的奇偶性与 σ^{-1} 一定一样吗?

是的. 若 σ 是置换, 则 $\mathrm{sgn}\ (\sigma\sigma^{-1})=\mathrm{sgn}\ (\sigma)\mathrm{sgn}\ (\sigma^{-1})$, 由 $\mathrm{sgn}\ (\sigma\sigma^{-1})=\mathrm{sgn}((1))=1$ 可知, 置换 σ 的奇偶性与 σ^{-1} 一样.

问题 1.3.28 若循环 σ 的长度是奇数, 则 σ^2 一定是循环吗?

是的. 不难验证, 若循环 $\sigma=(a_1a_2\cdots a_{ak+1})$, 则 $\sigma^2=(a_1a_3a_5\cdots a_{2k+1}a_2a_4a_6\cdots a_{2k})$. 因此, σ^2 一定是循环.

问题 1.3.29 若 ρ 和 τ 是对称群 S_n 的元, 则 $\sigma\tau\sigma^{-1}\tau^{-1}$ 一定是偶置换吗?

是的. 若 σ 可以写成 r 个对换的乘积, τ 可以写成 s 个对换的乘积, 则 σ^{-1} 也可以写成 r 个对换的乘积, τ^{-1} 也可以写成 s 个对换的乘积, 因此, $\sigma\tau\sigma^{-1}\tau^{-1}$ 可以写成 $r+s+r+s=2(r+s)$ 个对换的乘积, 所以, $\sigma\tau\sigma^{-1}\tau^{-1}$ 一定是偶置换.

问题 1.3.30 什么是交错群?

S_n 所有偶置换构成 S_n 的子群, 称为 n 次交错群 (alternating group), 记作 A_n.

问题 1.3.31 S_n 所有奇置换构成 S_n 的子群吗?

不能. 这是由于奇置换与奇置换的乘积是偶置换.

问题 1.3.32 对于 $n \geqslant 3$, A_n 包含所有的 3 轮换吗?

是的.

问题 1.3.33 设 H 是 S_n 的子群, 若 H 包含奇置换, 则 H 有多少偶置换?

H 一定有 $\dfrac{|H|}{2}$ 个偶置换. 这是由于 H 包含奇置换 σ, 故对于任意奇置换 α, $\sigma\alpha$ 一定是 H 中的偶置换, 并且, 对于 H 中的奇置换 $\alpha, \beta \in H, \alpha \neq \beta$ 时, 一定有 $\sigma\alpha \neq \sigma\beta$, 因而, H 中奇置换与偶置换的个数是一样的, 所以, H 一定有 $\dfrac{|H|}{2}$ 个偶置换.

问题 1.3.34 设 $H = \{\sigma \mid \sigma \in S_n, \sigma(1) = 1\}$, 则 H 一定是 S_n 的子群吗?

是的. 容易验证.

问题 1.3.35 设 H 是 S_n 的真子群, 则一定存在 $1 \leqslant m \leqslant n$, 使得 $H = \{\sigma \mid \sigma \in S_n, \sigma(m) = m\}$ 吗?

不一定. 对于对称群 S_3 的真子群 $H = \{(1), (132), (123)\}$, 不存在 $1 \leqslant m \leqslant 3$, 使得 $H = \{\sigma \mid \sigma \in S_3, \sigma(m) = m\}$.

问题 1.3.36 二面体群 D_{2n} 是什么?

平面上的正 n 边形 $(n \geqslant 3)$ 的全体对称的集合 D_{2n}, 它包含 n 个旋转和 n 个反射 (沿 n 条不同的对称轴). D_{2n} 对于变换的乘法构成一个群, 称为二面体群 D_{2n}, 它包括 $2n$ 个元素.

用 a 表示绕这个正 n 边形的中心沿逆时针方向旋转 $\dfrac{2\pi}{n}$ 的变换, 用 b 表示沿某一预先指定的对称轴 l 所作的仿射变换, 则

$$D_{2n} = <a, b \mid a^n = 1, b^2 = 1, b^{-1}ab = a^{-1}>.$$

问题 1.3.37 二面体群 D_4 与对称群 S_4 的子群同构吗?

是的. 二面体群 $D_4 = <r, f>$, 并且 $f^2 = 1, r^4 = 1, fr = r^{-1}f$, D_4 可用 S_4 的 8 阶子群来表示, 可记为

$$D_4 = \{(1), (1234), (12)(24), (1432), (24), (14)(23), (13), (12)(34)\}.$$

令 $r = (1234), f = (24)$, 则容易验证 $D_4 =< r, f >$.

问题 1.3.38 二面体群 D_4 有哪些子群?

二面体群 D_4 有 8 个真子群, 分别为

$$H_1 = \{(1), (13)\}, \quad H_2 = \{(1), (24)\}, \quad H_3 = \{(1), (12)(34)\},$$

$$\{(1), (14)(23)\}, \quad Z = \{(1), (13)(24)\}, \quad C = \{(1), (1234), (13)(24), (1432)\},$$

$$N_1 = \{(1), (13), (24), (13)(24)\}, \quad N_2 = \{(1), (12)(34), (13)(24), (14)(23)\}.$$

1.4 陪　集

1.4.1 陪集的定义

问题 1.4.1 什么叫陪集?

设 H 是 G 的一个子群, a 是 G 中的一个元素, 记 $aH = \{ah \mid h \in H\}$ 和 $Ha = \{ha \mid h \in H\}$, 则 aH 和 Ha 分别称为 H 在 G 中的左陪集 (left coset) 和右陪集 (right coset).

问题 1.4.2 设 H 是 G 的一个子群, 则 G 的左陪集 aH 和右陪集 Ha 是 G 的子群吗?

不一定. 设 $H = \{(1), (13)\}$, 则 H 为 S_3 的子群, 但 $(12)H = \{(12), (132)\}$, 因此陪集 $(12)H$ 不是 S_3 的子群.

问题 1.4.3 设 H 是 G 的一个子群, 则 G 的左陪集 aH 和右陪集 Ha 一定相等吗?

不一定. $H = \{e, (123), (132)\}$ 是 S_3 的子群, $(12)H = \{(12), (23), (13)\}$ 是 H 的一个左陪集, 但 $H(12) = \{(12), (13), (23)\}$.

问题 1.4.4 设 H 是 G 的一个子群, 则 G 的互不相同的左陪集的个数与互不相同的右陪集个数一定相等吗?

是的. 对于 $a \in G$, 定义 $\varphi : aH \mapsto Ha^{-1}$, 则不难验证 φ 的定义是合理的, 即 $aH = bH$ 时, 一定有 $\varphi(aH) = \varphi(bH)$. 容易证明 φ 是一个一一对应, 所以, G 的互不相同的左陪集的个数与互不相同的右陪集个数一定相等.

1.4.2 陪集的性质

问题 1.4.5 设 $a, b \in G$, H 是 G 的子群, 则 H, aH 和 bH 有相同的元素个数吗?

是的. 这是由于对任意 $a, b \in G$, 映射 $f: aH \to bH, g \mapsto ba^{-1}g$ 是双射, 因此, aH 和 bH 有相同的元素个数.

问题 1.4.6 设 H 是 G 的一个子群, $a, b \in G$, 若 $aH = bH$, 则一定有 $a = b$ 吗?

不一定. 在 S_3 中, 对子群 $H = \{(1), (132), (123)\}$, 有

$$(13)H = \{(13), (23), (12)\},$$
$$(23)H = \{(23), (12), (13)\},$$

因此, $(13)H = (23)H$, 但 $(12) \neq (23)$.

问题 1.4.7 设 H 是 G 的一个子群, $a \notin H$, 则 G 的左陪集 aH 和 H 有公共的元素吗?

没有. 假如 $h \in H \bigcap aH$, 则存在 $h_1 \in aH$, 使得 $h = ah_1$, 故 $a = hh_1^{-1} \in H$, 但这与 $a \notin H$ 矛盾, 所以 $H \bigcap aH$ 是空集.

问题 1.4.8 设 H 是 G 的一个子群, $a, b \in G$, 若 b 不是 aH 中的元素, 则 G 的左陪集 aH 和 bH 有公共的元素吗?

没有. 从下面问题的证明容易看出.

问题 1.4.9 $aH = bH$ 当且仅当 $a^{-1}b \in H$ 吗?

是的. 设 $aH = bH$, $b \in aH$, 因此存在 $h \in H$, 使得 $b = ah$, 所以 $a^{-1}b = h \in H$.

反过来, 设 $a^{-1}b \in H$, 令 $h = a^{-1}b$, 则 $h \in H$, 故 $b = ah \in aH$. 从而 $bH \subseteq aH$. 另外, $b^{-1}a = (a^{-1}b)^{-1} \in H$, 因此, $aH \subseteq bH$, 所以 $aH = bH$.

问题 1.4.10 若 $aH \bigcap bH$ 不是空集, 则 $aH = bH$ 成立吗?

是的. 设 $c \in aH \bigcap bH$, 则存在 $h_a, h_b \in H$, 使得 $c = ah_a = bh_b$, 故对于任意 $ah \in aH$, 有 $ah = a(h_a h_a^{-1})h = ah_a(h_a^{-1}h) = (bh_b)(h_a^{-1}h) = b(h_b h_a^{-1}h) \in bH$, 因此, $aH \subseteq bH$. 同理可知 $bH \subseteq aH$, 所以, $aH = bH$.

问题 1.4.11 设 H 是 G 的一个子群, $a, b \in G$, 若 $aH = bH$, 则一定有 $a^2H = b^2H$ 吗?

不一定. 设 D_4 为二面体群, D_4 的 8 个元素如下:

$$\rho_0 = (1), \quad \rho_1 = (1234),$$
$$\rho_2 = (13)(24), \quad \rho_3 = (1432),$$
$$\mu_1 = (12)(34), \quad \mu_2 = (14)(23),$$
$$\delta_1 = (13), \quad \delta_2 = (24).$$

令 $H = \{\rho_0, \mu_2\}$, 则 $\rho_1 H = \delta_2 H = \{\rho_1, \delta_2\}$, 并且 $\rho_1^2 H = \rho_2 H = \{\rho_2, \mu_1\}$, 但 $\delta_2^2 H = \rho_0 H = H = \{\rho_0, \mu_2\}$.

问题 1.4.12 设 H 是 G 的一个子群, $a,b \in G$, 若 $Ha = bH$, 则一定有 $aH = bH$, 并且 $Ha = Hb$ 吗?

是的. 由于 $bH = Ha$, 故 $b \in bH = Ha$, 因此, $b \in Ha$, 因而存在 $h \in H$, 使得 $b = ha$. 容易知道 $Hb = H(ha) = (Hh)a = Ha$. 同理可以证明 $aH = bH$.

问题 1.4.13 设 H 和 K 是 G 的子群, $a,b \in G$, 若 $aH = bK$, 则一定有 $H = K$ 吗?

是的. 由于 $aH = bK$, 故 $H = a^{-1}bK$, 因此 $a^{-1}b = a^{-1}be \in a^{-1}bK = H$.

令 $h = a^{-1}b$, 则 $H = hK$, 因此 $h^{-1}H = K$, 从而 $h^{-1}H = h^{-1}(hK) = K$. 由 H 是子群和 $h = a^{-1}b \in H$ 可知 $h^{-1}H = H$, 所以, $H = K$.

1.4.3 Lagrange 定理

问题 1.4.14 什么是子群 H 在 G 中的指数?

群 G 的子群 H 的陪集个数称为 H 在 G 中的指数 (index), 记作 $[G:H]$, 这里的 $[G:H]$ 可以是某个自然数或 ∞.

问题 1.4.15 若 $|G| = \infty$, 则对于 G 的任意非平凡子群 H, 指数 $[G:H]$ 一定无穷吗?

不一定. 对于整数加法群 Z 和它的子群 $3Z$, 有 $[Z:3Z] = 3$.

问题 1.4.16 存在群 $|G| = \infty$, 对于 G 的任意非平凡子群 H, 指数 $[G:H]$ 一定有限吗?

存在. 设 $G =< a >$ 为无限循环群, 则对 G 的任意非平凡子群 $H =< a^m >$, 这里 m 为 H 中所含元素的最小正指数. 不难验证 $G = aH \bigcup aH \bigcup \cdots a^{m-1}H$, 并且对于任意 $i \neq j$, 有 $a^iH \bigcap a^jH$ 是空集, 所以, 指数 $[G:H]$ 一定是 m.

问题 1.4.17 存在无限群 $|G|$, 对于 G 的任意真子群 H, 指数 $[G:H]$ 都是无穷吗?

是的. 有理数加法群对于 G 的任意真子群 H, 指数 $[G:H]$ 都是无穷.

问题 1.4.18 什么是 Lagrange 定理?

Lagrange 定理: 设 H 是有限群 G 的一个子群, 则 $|G| = |H|[G:H]$.

问题 1.4.19 设 G 是一个 n 阶有限群, $a \in G$, 则 a 的阶整除 $|G|$ 吗?

是的. 明显地, 对于 $a \in G$, 有 $| < a > |$ 整除 $|G|$, 因此, $o(a) = | < a > |$ 一定整除 $|G|$.

问题 1.4.20 设 G 是一个 n 阶有限群, m 整除 n, 则一定存在 m 阶的元素 $a \in G$ 吗?

不一定. 交错群 A_4 的阶为 12, 6 整除 12, 但 $A_4=\{(1),(12)(34),(13)(24),(14)(23),(123),(132),(124),(142),(134),(143),(234),(243)\}$, A_4 有 3 个 2 阶元素 $(12)(34)$, $(13)(24)$ 和 $(14)(23)$, 有 8 个 3 阶元素 $(123),(132),(124),(142),(134),(143),(234)$ 和 (243), A_4 没有 6 阶的元素.

问题 1.4.21　设 G 是有限循环群, 对于任意整除 $|G|$ 的 m, G 一定有阶为 m 的子群吗?

是的. 设 $G=<a>$, 则 $a^{|G|}=e$, 若 m 整除 $|G|$, 则存在整数 k, 使得 $|G|=km$, 因此, 对于 $b=a^k$, 有 $b^m=e$, 所以, $H=<b>$ 为 G 的 m 阶子群.

问题 1.4.22　Lagrange 定理的逆命题成立吗?

不成立. 给定一个有限群 G 和一个整除 G 的阶的整数 m, G 并不一定有阶数为 m 的子群. 对称群 S_4 中所有偶置换所构成的群 A_4, 它的阶是 12, 但对于 12 的因数 6, A_4 没有 6 阶的子群.

问题 1.4.23　什么样的群是 Lagrange 的?

设 G 为有限群, 若每个整除 G 的阶的整数 m, G 一定有阶数为 m 的子群, 则称群 G 是 Lagrange 的.

这类群的研究可见 McLain D H①和 Humphreys J F②的文章.

问题 1.4.24　设 G 是有限群, 若对于任意整除 $|G|$ 的 m, G 最多只有一个阶为 n 的子群, 则 G 一定是循环群吗?

是的. 定义 Euler 函数 $\phi(h)$ 为 $\{1\leqslant a\leqslant h\mid \gcd(a,h)=1\}$ 的元素个数, 则 n 与 m 互素时, 有 $\phi(mn)=\phi(m)\phi(n)$, 并且 $n=\sum_{d|n}\phi(d)$.

对于 $g\in G, o(g)=n$, 子群 $<g>$ 有 $\phi(n)$ 个生成元. 由于 G 对每个 n 都只有唯一的 n 阶子群, 故证明任意 n 阶元都一定属于 $<g>$, 从而, $<g>$ 一定包含 $\phi(n)$ 个阶为 n 的元素, 因而 G 也一定包含 $\phi(n)$ 个 n 阶的元素. 故 $=\sum_{d|n}G$ 中 n 阶的元素个数 $=\sum_{d|n}\phi(d)\varepsilon(d)$, 这里当 G 有 d 阶元时, $\varepsilon(d)=1$; 否则 $\varepsilon(d)=0$. 另一方面, 由于 $n=\sum_{d|n}\phi(d)$, 故 $\varepsilon(n)=1$, 从而, G 一定包含 n 阶的元素, 所以, G 是循环群.

1.4.4　Lagrange 定理的应用

问题 1.4.25　素数阶的有限群是循环群吗?

---

① McLain D H. The existence of subgroups of given order in finite groups. Proc. Cambridge Philos. Soc., 1957, 53: 278–285.

② Humphreys J F. On groups satisfying the converse of Lagrange's theorem. Proc. Cambridge Philos. Soc., 1974, 75: 25–32.

是的. 若 G 的阶为素数 p, 则对于 $a \in G, a \neq e$, 有 $o(a)$ 整除 p, 因此, $o(a) = p$, 所以, $G =< a >$ 是循环群.

问题 1.4.26 有限循环群的阶一定是素数阶吗?

不一定. Z_8 是循环群, 但它的阶不是素数.

问题 1.4.27 若有限群 G 的阶为两个素数 p 和 q 的乘积, 则 G 的真子群一定是循环群吗?

是的. 若 H 是 G 的真子群, 则 $|H|$ 整除 pq, 因此, $|H| = 1$, 或 $|H| = p$, 或 $|H| = q$, 所以, H 一定是循环群.

问题 1.4.28 若有限群 G 的阶为 8, 则 G 一定有 2 阶的元素吗?

是的. 对于任意 $a \in G$, 有 $o(a) \mid 8$, 因此, $o(a)$ 只能是 $1, 2, 4$ 或 8. 如果 a 是 8 阶元, 那么 $b = a^4$ 是 G 的 2 阶元素; 如果 a 是 4 阶元素, 那么 $b = a^2$ 是 G 的 2 阶元素; 如果 G 没有 4 阶和 2 阶元素, 则 G 只有 1 阶和 2 阶元素, 从而一定有 7 个 2 阶元素.

问题 1.4.29 若群 G 只有 11 个真子群, 则 G 的阶是多少?

含有 11 个真子群的群只有阶为 p^{12} 的循环群, 这里 p 是素数, 这是 Miller G A 在 1939 年证明的. ①

问题 1.4.30 任意 6 阶群 G 有且只有一个 3 阶子群吗?

是的. 假如 G 中所有非单位元都是 2 阶元, 则 G 是交换群, 对于非单位元 $a, b \in G, a \neq b$, 由于 ab 是 2 阶元, 故 $abab = (ab)^2 = e$, 因此 $H = \{e, a, b, ab\}$ 是 G 的一个 4 阶子群, 但这与 Lagrange 定理矛盾. 因而, G 一定有 3 阶元或 6 阶元 g, 因此, $K_1 =< g >= \{e, g, g^2\}$ 或 $K_2 = \{e, g^2, g^4\}$ 是 G 的 3 阶子群. 如果 G 有两个不同的 3 阶子群 H 和 K, 那么, $H \bigcap K$ 是 G 的子群, 并且由 Lagrange 定理可知只能是 1 阶的, 故 $H \bigcap K = \{e\}$. 因而 $|G| \geqslant |HK| = \dfrac{|H| \cdot |K|}{|H \bigcap K|} = 9$, 与 G 是 6 阶群矛盾, 所以, G 有且只有一个 3 阶子群.

问题 1.4.31 设 H, K 是群 G 的两个有限子群, HK 一定是 G 的子群吗?

不一定. 在 $S_3 = \{(1), (12), (13), (23), (123), (132)\}$ 中, $H = \{(1), (12)\}$, $K = \{(1), (13)\}$ 是 S_3 的子群, 则 HK 不是 S_3 的子群. 这是由于 $H \bigcap K = \{(1)\}, |H| = 2, |K| = 2$, 故

$$|HK| = \frac{|H||K|}{|H \bigcap K|} = 4,$$

① Miller G A. Groups which contain ten or eleven proper subgroups. Proc. Nat. Acad. Sci. U. S. A., 1939, 25: 540-543.

问题 1.5.41　设 H 是群 G 的子群, 若对于 G 的任意子群 K, HK 都是 G 的子群, 则 H 一定是 G 的正规子群吗?

不一定. 若对于 G 的任意子群 K, HK 都是 G 的子群, 则称 H 为 G 的拟正规子群 (quasinormal subgroup) 或置换子群 (permutable subgroup). 容易知道正规子群一定是拟正规子群, 但拟正规子群不一定是正规子群. 设 p 是奇素数, G 是 a 和 b 生成的群, a 和 b 满足 $a^{p^2}=b^p=e$, 并且 $ab=ba^{p+1}$, 则 G 是 p^3 阶群, 并且 b 生成的子群 $H=<b>$ 是 G 的拟正规子群, 但 H 不是 G 的正规子群. 例子和拟正规子群的性质还可参考: Stewart E S. Old, recent and new results on quasinormal subgroups. Irish Math. Soc. Bulletin, 2005, 56: 125-133.

问题 1.5.42　若 H, K 都是群 G 的子群, 并且 $H \subseteq K \subseteq G$, H 是 G 的正规子群, 若 K/H 是 G/H 的正规子群, 则 K 一定是 G 的正规子群吗?

是的. 对任意 $g \in G, k_1 \in K$, 由 K/H 是 G/H 的正规子群可知 $\overline{g}\cdot\overline{k_1}\cdot\overline{g}^{-1}=\overline{k_2}\in K/H$, 故 $\overline{gk_1g^{-1}}=\overline{k_2}$, 从而, $gk_1g^{-1}=k_2h$ 对某个 $h\in H$ 成立, 因此, $gk_1g^{-1}\in K$, 所以, K 是 G 的正规子群.

1.5.4　换位子群

问题 1.5.43　什么叫换位子群?

群 G 中可以写成 $a^{-1}b^{-1}ab$ 形式的元素称为换位子, 所有 G 的有限个换位子的乘积构成 G 的正规子群, 称为 G 的换位子群 (commutataor subgroub) 或导群 (derived group), 记为 $[G,G]$ 或 G'.

问题 1.5.44　设 $u=aba^{-1}b^{-1}$ 是群 G 的换位子, 则 u 的共轭元 cuc^{-1} 也一定是 G 的一个换位子吗?

是的. 实际上, 容易知道 $cuc^{-1}=caba^{-1}b^{-1}c=(cac^{-1})(cbc^{-1})(cac^{-1})^{-1}(cbc^{-1})^{-1}$, 因此, cuc^{-1} 也是一个换位子.

问题 1.5.45　设 G 是群, 则 G 的换位子全体构成一个子群吗?

不一定. 任意两个换位子的乘积不一定是换位子, 例子参见 MacDonald I D. Commutators and their products. The American Mathematical Monthly, 1986, 93(6): 440-444.

存在两个换位子的乘积不是换位子的群的最小阶是 96.

问题 1.5.46　是否存在一个阶大于 2 的有限群 G, G 有并且只有一个元不是换位子呢?

不知道, 这是 MacHale 给出的公开问题.

问题 1.5.47　交错群 A_4 的换位子群是什么?

由于 $A_4=\{(1),(12)(34),(13)(24),(14)(23),(123),(132),(124),(142),(134),(143),(234),(243)\}$, 故不难验证, A_4 的换位子群$[A_4,A_4]=\{(1),(12)(34),(13)(24),(14)(23)\}$.

问题 1.5.48 若 $n\geqslant 3$, 则二面体群 D_n 的换位子群是什么?

设 $D_n=<a,b\mid a^n=e,b^2=e,bab=a^{-1}>$, 则二面体群 D_n 的换位子群是 $<r^2>$. 由于 $rsr^{-1}s^{-1}=rrss^{-1}=r^2$, 故 r^2 是一个换位子. 另外, $r^isr^{-i}s^{-1}=r^ir^iss^{-1}=r^{2i}$, 因此 $<r^2>$ 中的元素都是换位子. 还可以分开几种情形, 分别验证:

(1) 若 $g=r^i,h=r^j$, 则容易知道 $ghg^{-1}h^{-1}=e\in<r^2>$.

(2) 若 $g=r^i,h=r^js$, 则 $h^{-1}=h$, 故

$$ghg^{-1}h^{-1}=ghg^{-1}h=r^ir^jsr^{-i}r^js=r^{i+j}r^{-(j-i)}ss=r^{2i}.$$

(3) 若 $g=r^is,h=r^j$, 由于 $(ghg^{-1}h^{-1})^{-1}=hgh^{-1}g^{-1}$, 故由 (2) 可知 $ghg^{-1}h^{-1}$ 是 r^2 的幂. 因此 $ghg^{-1}h^{-1}\in<r^2>$.

(4) 若 $g=r^is,h=r^jh$, 则 $g^{-1}=g$, 并且 $h^{-1}=h$, 故

$$ghg^{-1}h^{-1}=ghgh=(gh)^2=(r^isr^js)^2=(r^{i-j}ss)^2=r^{2(i-j)}.$$

从而, $ghg^{-1}h^{-1}\in<r^2>$.

综合上述, 换位子一定都在 $<r^2>$ 中, 所以, D_n 的换位子群是 $<r^2>$.

问题 1.5.49 若 H 是群 G 的子群, 则 $H'\subseteq G'$ 吗?

是的. 容易验证.

问题 1.5.50 若 H,K 是群 G 的子群, 若 $H'\subseteq K'$, 则 $H\subseteq K$ 吗?

不一定. 在对称群 S_3 中, 取 $H=\{(1),(12)\}$, $K=\{(1),(123),(132)\}$, 则 H 和 K 都是交换群, 因此, $H'=K'=\{(1)\}$, 但 H 和 K 没有包含关系.

问题 1.5.51 设 H 是群 G 的子群, 若 H 的换位子群与 G 的换位子群一样, 则是否一定有 $H=G$?

不一定, 其实不难看出, 当 G 是交换群时, 对于 G 的任意真子群 H, 都有 $H'=G'=\{e\}$.

问题 1.5.52 若 H 是 G 的正规子群, G/H 是交换群当且仅当 H 包含 G 的换位子群吗?

是的. 若 H 包含 G 的换位子群, 则对于任意 $a,b\in G$, 有 $aba^{-1}b^{-1}\in H$, 因此, $aHbH=bHaH$, 所以, G/H 是交换群.

反过来, 若 G/H 是交换群, 则对于任意 $a,b\in G$, 有 $aHbH=bHaH$, 因此 $abH=baH$, 故 $(ba)abH=H$, 因而 $a^{-1}b^{-1}abH=H$, 所以, $a^{-1}b^{-1}ab\in H$, 即 H 包含 G 的换位子群.

问题 1.6.3　交错群 A_n 一定与对称群 S_n 不同吗?

不一定. 当 $n = 1$ 时, 有 $A_n = S_n$. 对于任意 $n > 1$, 由于 S_n 一定包含对换 (12) 是奇置换, 故一定有 $A_n \neq S_n$.

问题 1.6.4　对称群 S_n 的换位子群是什么?

对称群 S_n 的换位子群是交错群 A_n.

问题 1.6.5　当 $n \geqslant 5$ 时, 交错群 A_n 的换位子群是什么?

当 $n \geqslant 5$ 时, 交错群 A_n 的换位子群是 A_n.

1.6.2　单群的定义和例子

问题 1.6.6　什么叫单群?

一个不包含非平凡正规子群的群称为单群 (simple group).

问题 1.6.7　当 $n > 2$ 时, 对称群 S_n 是单群吗?

当 $n > 2$ 时, 对称群 S_n 不是单群.

问题 1.6.8　交错群 A_5 是单群吗?

交错群 A_5 是单群.

问题 1.6.9　阶是合成数的最小单群是 60 阶的群吗?

是的. 阶是合成数的最小单群是 60 阶的群就是 A_5.

问题 1.6.10　当 $n \geqslant 5$ 时, 交错群 A_n 是单群吗?

是的.

问题 1.6.11　交错群 A_4 是单群吗?

不是.

问题 1.6.12　若 p 是素数, 则 Z_p 是单群吗?

是的. 容易验证.

问题 1.6.13　若 p 是素数, 则 p 阶循环群是单群吗?

是的. 容易验证.

问题 1.6.14　若群的阶小于等于 1000, 则单群的阶有哪些?

若群的阶小于等于 1000, 则单群的阶只有 5 种: 60, 168, 360, 504, 660.

问题 1.6.15　存在阶是无穷的单群吗?

存在. 无限的交错群 A_∞ 是单群. 将交错群 A_n 利用标准的嵌入映射 $A_n \to A_{n+1}$ 看作 A_{n+1} 的子群, 将 A_∞ 看作所有 $A_n(n = 1, 2, 3, \cdots, n, \cdots)$ 的并集, 则 A_∞ 是一个无限的单群.

问题 1.6.16 一个群能不能等于它的一个真的有限非交换单群的共轭的并?

不知道, 这是 Cutolo 给出的公开问题.

问题 1.6.17 有限单群的每个交换子群都与它的正规化子不同吗?

不知道, 这是 Busarkin 给出的公开问题.

1.7 群的同态

1.7.1 群同态的基本概念

问题 1.7.1 什么叫群同态?

设 G_1, G_2 为两个群, 映射 $f: G_1 \to G_2$, 若 $f(ab) = f(a)f(b)$ 对任意 $a, b \in G_1$ 成立, 则称 f 为同态 (homomorphism).

设 G_1, G_2 为两个群, 分别以 e_1 和 e_2 为单位元, f 为 G_1 到 G_2 的同态, 记 $\mathrm{Ker}(f) = \{a \in G_1 \mid f(a) = e_2\}$, 称为 f 的核 (kernel). f 是单射当且仅当 $\mathrm{Ker}(f) = \{e_1\}$, 这时称 f 为一个单同态 (monomorphism).

记 $\mathrm{Im}(f) = \{f(a) \mid a \in G_1\}$, 这是 G_2 的一个子群, 称为 f 的像 (image). f 是满射当且仅当 $\mathrm{Im}(f) = G_2$, 这时 f 称为一个满同态 (epimorphism).

明显地, 两个群 G_1 和 G_2 之间一定存在群同态 $f: G_1 \to G_2$, 对于任意 $a \in G_1$, 定义 $f(a) = e_2$, 此时称 f 为平凡的群同态.

问题 1.7.2 设 f 是群 G_1 到群 G_2 的同态, 若 f 是单射, 则对于任意 $a \in G$, $o(a) = o(f(a))$ 一定成立吗?

是的. 设 $o(a) = n, o(f(a)) = m$, 则 $(f(a))^n = f(a^n) = f(e_1) = e_2$, 故 m 一定整除 n. 由于 $(f(a))^m = e_2$, 故 $f(a^m) = e_2$, 由于 f 是单射, 并且 $f(e_1) = e_2$, 故 $a^m = e_1$, 因此 n 一定整除 m, 因而一定有 $m = n$, 所以, $o(a) = o(f(a))$.

问题 1.7.3 设 G_1, G_2 是群, $f: G_1 \to G_2$ 是群同态, 若 G_2 是交换群, f 是满射, 则 G_1 一定是交换群吗?

不一定. 设 G_1 是 2×2 可逆矩阵全体, 在矩阵乘法下 G_1 是非交换群. G_2 为所有非零实数在乘法下的交换群, 定义 $f: G_1 \to G_2$ 为 $f(a)$ 等于 a 对应的行列式的值, 则 f 是满射, 但 G_1 不是交换群.

问题 1.7.4 设 G_1, G_2 是群, $f: G_1 \to G_2$ 是群同态, 若 G_1 是交换群, f 是单射, 则 G_2 一定是交换群吗?

不一定. 设 $f: Z/3Z \to S_3$, 为 $f(\overline{0}) = (1), f(\overline{1}) = (123), f(\overline{2}) = (132)$, 则不难验证 f 是群同态, 并且 f 是单射, 但 G_2 不是交换群.

问题 1.7.5 有限群到无限群可能存在非平凡群同态吗?

可能. 对任意正整数 n, 所有 1 的 n 次根全体在乘法下构成群 G_1, 若 G_2 为所有非零复数在乘法下构成的群, 则 $f: G_1 \to G_2, a \mapsto a$ 是群同态.

问题 1.7.6　S_5 到整数加法群 Z 可能存在非平凡群同态吗?

不可能. 若 $f: S_5 \to Z$ 是非平凡群同态, 则 $f(S_5)$ 一定是 Z 的有限子群, 因此, $f(S_5)$ 只能是 $\{0\}$, 所以, f 是平凡群同态.

1.7.2　群同态的性质

容易证明, 若 f 为 G_1 到 G_2 的同态, 则 f 的核是 G_1 的一个正规子群.

问题 1.7.7　设 f, g 是群 G_1 到交换群 G_2 的群同态, 则 $H = \{a \mid a \in G, f(a) = g(a)\}$ 是 G_1 的正规子群吗?

是的. 定义 $\varphi(a) = f(a)g(a)^{-1}$, 则不难验证 φ 是 G_1 到 G_2 的群同态, 因此, φ 的核 $H = \{a \mid a \in G, f(a) = g(a)\}$ 是 G_1 的正规子群.

问题 1.7.8　设 f, g 是群 G_1 到群 G_2 的群同态, 则 $H = \{a \mid a \in G, f(a) = g(a)\}$ 是 G_1 的正规子群吗?

不一定. 设 $f: S_3 \to S_3$ 为 $f(\sigma) = \sigma, g: S_3 \to S_3$ 为 $f(\sigma) = (12)\sigma(12)$, 则不难验证, $H = \{\sigma \mid \sigma \in S_3, f(\sigma) = g(\sigma)\} = \{(1), (12)\}$, 但 H 不是 S_3 的正规子群.

问题 1.7.9　设 G_1, G_2 为两个群, 分别以 e_1 和 e_2 为单位元, $f: G_1 \to G_2$ 是一个群同态, 则下列结论成立吗?

(1) f 将 G_1 的单位元映为 G_2 的单位元;

(2) f 将 $a \in G_1$ 的逆元映为 G_2 中 $f(a)$ 的逆元, 即 $f(a^{-1}) = f(a)^{-1}$;

(3) 若 $a \in G_1$ 的阶是有限的, 则 $f(a)$ 的阶 $o(f(a))$ 一定整除 a 的阶 $o(a)$.

是的. (1) 由于对任意的 $a \in G_1$, 有 $e_1 a = a$, 故

$$f(e_1 a) = f(e_1)f(a) = f(a) = e_2 f(a),$$

因而 $e_2 = f(e_1)$.

(2) 由于对任意的 $a \in G_1$, 有 $f(a^{-1})f(a) = f(a^{-1}a) = f(e_1) = e_2$, 故 $f(a^{-1}) = f(a)^{-1}$.

(3) 由于对任意的 $a \in G_1$, 有 $f(a)^{o(a)} = f(a^{o(a)}) = f(e_1) = e_2$, 故 $f(a)$ 的阶一定整除 a 的阶 $o(a)$.

问题 1.7.10　设 $f: a \mapsto a^3$ 是群 G 到群 G 的单同态, 则 G 一定是交换群吗?

是的. 由 $f(ab) = f(a)f(b)$ 可知 $(ab)^3 = a^3 b^3$, 故 $(ba)^2 = a^2 b^2$. 同理可证 $(ab)^2 = b^2 a^2$. 因此

$$(ba)^4 = [(ba)^2]^2 = (a^2 b^2)^2 = (b^2)^2 (a^2)^2 = b^4 a^4,$$

并且

$$(ba)^4 = (ba)^3(ba) = b^3a^3ba.$$

因而, $b^4a^4 = b^3a^3ba$, 故 $ba^3 = a^3b$. 因此 $f(ab) = (ab)^3 = (ab)^2(ab) = b^2a^2ab = b^2a^3b = b^2ba^3 = b^3a^3 = (ba)^3 = f(ba)$. 于是容易知道, $f(ab) = f(ba)$. 由 f 是单同态可知 $ab = ba$, 所以 G 一定是交换群.

问题 1.7.11　什么叫自然同态?

设 H 是 G 的正规子群, 则 $\pi : G \to G/H, a \mapsto \bar{a}$ 是一个满同态, 称为 G 到 G/H 的自然同态.

问题 1.7.12　什么叫群同构?

如果 f 既是单同态又是满同态, 即是双射, 则 f 称为同构 (isomorphism). 如果两个群 G_1, G_2 之间存在一个同构, 则称这两个群是同构的, 记作 $G_1 \cong G_2$. 群 G 到它自身的一个同构称为自同构 (automorphism).

同构的群具有相同群性质, 因此只用群的性质是没有办法区别的, 同构的群可以看成是相同的群.

问题 1.7.13　若群 G_1 和群 G_2 同构, 则 G_1 到 G_2 的同构 f 一定是唯一的吗?

不一定. 明显地, 模 5 的加法群 Z_5 与它自身 Z_5 是同构的, 但 $f_1 : n \mapsto n$ 和 $f_2 : n \mapsto -n$ 都是同构的.

问题 1.7.14　若群 G 是交换群, 则 $f : a \mapsto a^{-1}$ 一定是同构吗?

是的. 容易验证.

问题 1.7.15　若群 G 不是交换群, 则 $f : a \mapsto a^{-1}$ 是同构吗?

不是. 若群 G 不是交换群, 则存在 $a, b \in G$, 使得 $ab \neq ba$, 因此, $f(a^{-1})f(b^{-1}) = ab$, 另外, $f(a^{-1}b^{-1}) = (a^{-1}b^{-1})^{-1} = ba$, 因此, $f(a^{-1}b^{-1}) \neq f(a^{-1})f(b^{-1})$, 所以, f 不是同构.

问题 1.7.16　若 G 是交换群, 则 G 到 G 的自同构群一定是交换群吗?

不一定. 设 $G = Z_2 \times Z_2$, 则交换群 G 到 G 的自同构群与 S_3 同构, 因此, 它不是交换群.

问题 1.7.17　容易知道所有 5 阶群都同构, 所有的 4 阶群都一定同构吗? 所有的 6 阶群都一定同构吗?

不一定. K_4 和 4 阶循环群不是同构的, 对称群 S_3 和 6 阶循环群不是同构的.

问题 1.7.18　有理数加法群 $(Q, +)$ 和非零有理数乘法群 $(Q^*, \cdot)$ 同构吗?

不同构. 假设有理数加法群 $(Q, +)$ 和非零有理数乘法群 $(Q^*, \cdot)$ 同构, f 为同

构映射, 则存在 $q \in Q$, 使得 $f(q) = -1$, 故

$$\left[f\left(\frac{q}{2}\right)\right]^2 = f\left(\frac{q}{2}\right)f\left(\frac{q}{2}\right) = f\left(\frac{q}{2}+\frac{q}{2}\right) = f(q) = -1.$$

从而有理数 $f\left(\frac{q}{2}\right)$ 的平方为 -1, 矛盾, 所以有理数加法群 $(Q,+)$ 和非零有理数乘法群 $(Q^*,\cdot)$ 一定不同构.

问题 1.7.19　*若 l,m,n 都是正整数, 则一定存在 $Z_m \times Z_n$ 到 $Z_m \times Z_l$ 的非平凡群同态吗?*

是的. 只需定义 $f: Z_m \times Z_n \to Z_m \times Z_l$ 为 $f(a,b) = (a,0)$, 则 f 为非平凡群同态.

问题 1.7.20　*存在 Z_3 到 S_3 的非平凡群同态吗?*

是的. 由于 $\rho_1 = (1234)$ 为 S_3 的 3 阶元素, 故 $f: Z_3 \to S_3, f: n \mapsto \rho_1^n$ 为 Z_3 到 S_3 的非平凡群同态.

问题 1.7.21　*存在 S_3 到 S_4 的非平凡群同态吗?*

是的. 对每个 $\sigma \in S_3$, 令 $f(\sigma) = \mu$, 对于 $i = 1,2,3$, 取 $\mu(i) = \sigma(i)$, 并且 $\mu(4) = 4$, 则 f 为 S_3 到 S_4 的非平凡群同态.

问题 1.7.22　*存在 S_4 到 S_3 的非平凡群同态吗?*

是的. 对每个偶置换 $\sigma \in S_4$, 令 $f(\sigma) = (12)$, 对每个奇置换 $\sigma \in S_4$, 令 $f(\sigma) = \sigma$, 则 f 为 S_4 到 S_3 的非平凡群同态.

问题 1.7.23　*任意素数阶群 G_1 到另一个群 G_2 的非平凡群同态 f 一定是单射吗?*

是的. 容易知道, $\mathrm{Ker}(f)$ 是 G_1 的子群, 因此, $|\mathrm{Ker}(f)|$ 一定整除 p, 但 f 是非平凡群同态, 故 $\mathrm{Ker}(f) \neq G_1$, 所以, $\mathrm{Ker}(f) = \{e_1\}$, 即 f 一定是单射.

问题 1.7.24　*S_n 到 A_{n+2} 存在非平凡群同态吗?*

是的. 只需定义 $f: S_n \to A_{n+2}$ 如下:

(1) 当 σ 为偶置换时, $f(\sigma) = \sigma$;

(2) 当 σ 为奇置换时, $f(\sigma) = \sigma((n+1)(n+2))$.

则 f 为 S_n 到 A_{n+2} 的非平凡群同态.

问题 1.7.25　*若 f 是交换群 G_1 到另一个群 G_2 的满的群同态, 则 G_2 一定是交换群吗? 反过来成立呢?*

是的. 容易验证. 若 f 是群 G_1 到另一个群 G_2 的满的群同态, G_2 是交换群时, G_1 不一定是交换群. 设 f 是 2×2 可逆矩阵全体在矩阵乘法下构成的群 G_1 到非

零实数全体在乘法下构成的群 G_2 的映射, $f(a)$ 为矩阵对应的行列式的值, 则 f 是群 G_1 到交换群 G_2 的满的群同态, 但 G_1 不是交换群.

问题 1.7.26 若 f 是循环群 G_1 到另一个群 G_2 的满的群同态, 则 G_2 一定是循环群吗? 反过来成立呢?

是的. 容易验证. 若 f 是群 G_1 到另一个群 G_2 的满的群同态, G_2 是循环群时, G_1 不一定是循环群. 设 f 是 $Z_2 \times Z_2$ 到群 Z_2 的映射, $f(x,y)=x$, 则 f 是群 $Z_2 \times Z_2$ 到循环群 Z_2 的满的群同态, 但 $Z_2 \times Z_2$ 不是循环群.

问题 1.7.27 若 f 是群 G_1 到群 G_2 的群同态, N 是 G_1 的正规子群, 则 $f(N)$ 一定是群 $f(G_1)$ 的正规子群吗?

是的. 只需按正规子群的定义验证即可.

问题 1.7.28 若 H 是群 G 的生成元, 即 $G=<H>$, f 和 g 是 G 上的群同态, 若 $f(a)=g(a)$ 对任意 $a \in H$ 成立, 则 $f=g$ 吗?

是的. 由于 $G=<H>$, 故对于任意 $b \in G$, 有 $s_i \in H, k_i$ 为整数, 使得

$$b = s_1^{k_1} s_2^{k_2} \cdots s_n^{k_n}.$$

从而, $f(b) = f(s_1)^{k_1} f(s_2)^{k_2} \cdots f(s_n)^{k_n} = g(s_1)^{k_1} g(s_2)^{k_2} \cdots g(s_n)^{k_n} = g(b)$, 所以, $f=g$.

问题 1.7.29 整数加法群 Z 到 Z 的同构一定是唯一的吗?

是的. 这是由于 f 是 Z 到 Z 的同构时, 一定有 $f(1)=1$, 所以, 对于任意 $n \in Z$, 都有 $f(n)=n$.

问题 1.7.30 整数加法群 Z 到 Z 的同态一定是唯一的吗?

不是. Z 到 Z 的同态有零同态和同构两个.

问题 1.7.31 模 12 的整数加法群 Z_{12} 到 Z_{12} 的同构有多少个?

有 4 个. 这是由于 Z_{12} 有 4 个生成元 $\overline{1}, \overline{5}, \overline{7}, \overline{11}$, 并且同构只能将 Z_{12} 的生成元映为生成元, 所以, Z_{12} 到 Z_{12} 的同构有 4 个.

问题 1.7.32 在同构的意义下, 4 阶群有哪些?

将同构的看作一样, 则 4 阶群有 4 阶循环群和克莱因四元群 K_4.

问题 1.7.33 在同构的意义下, 6 阶群有哪些?

将同构的看作一样, 则 6 阶群有 6 阶循环群和对称群 S_3.

问题 1.7.34 设 G 是所有非零实数构成的乘法群, $N=\{-1,1\}$, 则 G/N 一定与所有非零正实数构成的乘法群 R^+ 同构吗?

是的. 定义 $f: G \to R^+$ 为 $f(a) = a^2$, 则不难验证 f 是 G 到 R^+ 的满同态, 因此, $G/\mathrm{Ker}(f) \cong R^+$, 所以, $G/N \cong R^+$.

问题 1.7.35 是否有群 G, 存在 G 到 G 的满同态 f, 但 f 不是单同态?

是的. 例如设 G 为满足 $b^{-1}a^2b = a^3$ 的 a 和 b 生成的群, 则存在 G 到 G 的满同态 f 不是单同态, 具有这种性质的群称为非 Hopfian 群, 它可以与它自己的一个 "真" 的商群同构, 这是由于 $f: G \to G$ 是满同态, 但不是单同态, 因此, $\mathrm{Ker}(f) \neq \{0\}$, 并且 $G/\mathrm{Ker}(f)$ 与 G 同构.

问题 1.7.36 Z_{17} 中的非零元全体构成的乘法群 Z_{17}^* 与 Z_{16} 同构吗?

是的. 只需定义 $f: Z_{17}^* \to Z_{16}$ 为 $f(1) = 3$, 则 $f(m) = f(1)^m$ 对任意 $m \in Z_{17}^*$ 成立, 不难验证 f 是同构.

问题 1.7.37 Z_6 到 $Z_2 \times Z_3$ 有多少个不同的群同构?

两个. 这是由于 $Z_2 \times Z_3$ 有两个生成元 $(\overline{1}, \overline{2})$ 和 $(\overline{1}, \overline{1})$.

问题 1.7.38 Z_6 到 Z_3 有多少个不同的群同态?

有 3 个不同的群同构. 实际上, $f(\overline{1}) = \overline{0}, g(\overline{1}) = \overline{1}, h(\overline{1}) = \overline{2}$ 确定了 Z_6 到 Z_3 的 3 个不同群同态.

1.7.3 同态和同构的定理

问题 1.7.39 什么叫同态基本定理?

同态基本定理: 设 $f: G_1 \to G_2$ 是一个群同态, 则

(1) f 的核 $\mathrm{Ker}(f)$ 是 G_1 的正规子群;

(2) 商群 $G_1/\mathrm{Ker}(f)$ 与 f 的像 $\mathrm{Im}(f)$ 同构.

问题 1.7.40 设 G_1, G_2 为两个群, $f: G_1 \to G_2$ 为同态, 若 G 是有限群, 则一定有 $|f(G_1)|$ 整除 $|G_1|$ 吗?

是的. 这是由于 $|f(G_1)| \leqslant |G_1|$, 并且 $f: G_1 \to G_2$ 为同态时, $G_1/\mathrm{Ker}(f)$ 与 $f(G_1)$ 同构, 因此, $|f(G_1)| = |G_1/\mathrm{Ker}(f)| = \dfrac{|G_1|}{|\mathrm{Ker}(f)|}$. 所以, $|f(G_1)|$ 整除 $|G_1|$.

问题 1.7.41 所有同阶的有限循环群同构吗?

是的. 设 G 是一个 n 阶循环群, 以 a 为生成元. 作映射

$$f: Z \to G, \ m \mapsto a^m.$$

则 f 是一个满同态, 并且以 nZ 为核. 由同态基本定理得知

$$Z/nZ \cong G.$$

因此, 任意 n 阶循环群都与 Z_n 同构, 所以, 所有同阶的有限循环群同构.

问题 1.7.42 所有同阶的有限群同构吗?

不一定. 容易验证 Z_4 和 $Z_2 \times Z_2$ 都是 4 阶群, 但它们不同构.

问题 1.7.43 设 $f: G_1 \to G_2$ 是一个群同态, H_2 是 G_2 的一个子群, 则 $f^{-1}(H_2) = \{a \in G_1 \mid f(a) \in H_2\}$ 是 G_1 的一个包含 $\mathrm{Ker}(f)$ 的子群吗?

是的. 容易验证.

问题 1.7.44 什么是第一同构定理?

第一同构定理: 设 H 和 N 都是 G 的正规子群, 且 $H \subseteq N$, 则

$$(G/H)\,/\,(N/H) \cong G/N.$$

问题 1.7.45 什么是第二同构定理?

第二同构定理: 设 H 是 G 的正规子群, K 是 G 的一个子群. 令

$$KH = \{ab | a \in K, b \in H\},$$

则 KH 是 G 的子群, 且

$$KH/H \cong K/K \bigcap H.$$

问题 1.7.46 一个群有可能与它的真子群同构吗?

可以的. 整数加法群 Z 和它的偶数子群 H 之间存在同构 $\varphi: Z \to H, \varphi(n) = 2n$, 因此整数群 Z 与它真子群 H 同构.

问题 1.7.47 设群 G 是有限群, N_1 和 N_2 是 G 的正规子群, 若 $N_1 \cong N_2$, 则 $G/N_1 \cong G/N_2$ 一定成立吗?

不一定. 对群 $Z_4 \times Z_2$, 取 $N_1 = \{\overline{0}, \overline{2}\} \times \{\overline{0}\}, N_2 = \{0\} \times Z_2$, 则 $N_1 \cong N_2$, 并且, $G/N_1 \cong Z_2 \times Z_2, G/N_2 \cong Z_4$, 因此, $G/N_1 \cong G/N_2$ 不成立.

问题 1.7.48 设群 G 是交换群, 若 N 为 G 中所有阶有限的元素构成的子群, 则 G/N 中的非单位元的阶都一定是无穷吗?

是的. 若 aN 是有限阶的元素, 记 $o(aN) = n$, 则 $(aN)^n = N$, 故 $a^nN = N$, 因此, $a^n \in N$, 因而, a^n 是 G 的有限阶元素, 所以, a 也是有限阶元素, 从而, $a \in N$, 故 $aN = N$ 是单位元.

1.7.4 变换群的定义

问题 1.7.49 什么叫变换群?

非空集合 A 的所有可逆变换关于变换的合成所构成的群, 称为 A 的对称群 (symmetric group), 记为 S_A, S_A 的一个子群称为 A 的一个变换群 (transformation group).

容易看出, 当 A 为有限集时, 如 $A = \{1, 2, 3, \cdots, n\}$, 则 S_A 就是对称群 S_n.

1.7.5 Cayley 定理

问题 1.7.50 什么叫 Cayley 定理?

Cayley 定理 每一个群都与一个变换群同构.

实际上. 设 G 是一个群, 则对任意的 $a \in G$, 定义 G 到 G 的变换为

$$f_a : x \to ax, \quad 任意\ x \in G,$$

则容易知道 f_a 是 G 到 G 的可逆变换, 因此不难验证 $H = \{f_a \mid a \in G\}$ 关于变换的合成构成 S_G 的一个子群.

令 $\varphi : a \to f_a$, 则容易知道 φ 是满射, 对于 G 中两个不同的元素 a 和 b, 有 $f_a(e)$ 与 $f_b(e)$ 不相等, 因此 f_a 与 f_b 不相等, 从而 φ 是单射, 故 φ 为 G 到 H 的一一对应.

由于 $\varphi(ab) = f_{ab} = f_a f_b = \varphi(a)\varphi(b)$, 故是 G 到 H 的同构, 所以任意一个群都与一个变换群同构.

问题 1.7.51 若 G 是 n 阶有限群, 则 G 一定与 S_n 的一个子群同构吗?

是的. 实际上, 设 $G = \{a_1, a_2, \cdots, a_n\}$ 是一个 n 阶有限群, 则对任意的 $a_i \in G$, 定义 G 到 G 的变换为

$$f_{a_i} \mid x \to a_i x, \quad 任意\ x \in G,$$

则容易知道 f_{a_i} 可以看作 n 个文字的一个置换, 并且不难验证 $H = \{f_{a_i} \mid a_i \in G\}$ 关于变换的合成构成一个群, 它可以看作 S_n 的一个子群.

问题 1.7.52 对任何给定的正整数 n, 互不同构的 n 阶群一定只有有限个吗?

是的. 由于任何 n 阶群都与 n 次对称群 S_n 的一个子群同构, 但 S_n 是 $n!$ 阶有限群, 它只能有有限个子群, 故互不同构的 n 阶群只有有限个.

1.8 群的直积

1.8.1 群的内直积

问题 1.8.1 什么叫群的内直积?

设 G 是一个群, $N_i(i=1,2,\cdots,n)$ 是 G 的 n 个正规子群且适合下列条件:

(1) $G=N_1N_2\cdots N_n$;

(2) $N_i\bigcap N_1\cdots N_{i-1}N_{i+1}\cdots N_n=\{e\}$ 对一切 $i=1,2,\cdots,n$ 成立,

则称 G 是 $N_i(i=1,2,\cdots,n)$ 的内直积.

问题 1.8.2　如何判别内直积?

判断方法一　设 $N_i(i=1,2,\cdots,n)$ 是群 G 的正规子群, 则 G 是 $N_i(i=1,2,\cdots,n)$ 的内直积的充要条件是:

(1) $G=N_1N_2\cdots N_n$;

(2) G 中元素用 N_i 中元的乘积表示唯一, 即若

$$g=g_1g_2\cdots g_n=h_1h_2\cdots h_n,$$

则必有 $g_i=h_i(i=1,2,\cdots,n)$.

判断方法二　设 $N_i(i=1,2,\cdots,n)$ 是群 G 的正规子群, 则 G 是 $N_i(i=1,2,\cdots,n)$ 的内直积的充要条件是:

(1) $G=N_1N_2\cdots N_n$;

(2) 若 $g_1g_2\cdots g_n=e, g_i\in N_i$, 则 $g_i=e(i=1,2,\cdots,n)$.

1.8.2　群的外直积

问题 1.8.3　群的外直积是什么?

设 G 是群, $G_i(i=1,2,\cdots,n)$ 是 n 个群, $G=G_1\times G_2\times\cdots\times G_n$, 定义 G 中的乘法:

$$(g_1,g_2,\cdots,g_n)(h_1,h_2,\cdots,h_n)=(g_1h_1,g_2h_2,\cdots,g_nh_n),$$

则 G 在该乘法下构成的群称为 $G_i(i=1,2,\cdots,n)$ 的外直积.

问题 1.8.4　设 G_1,G_2 是群 G 的子群, 则 $G_1\times G_2$ 一定与 $G_2\times G_1$ 同构吗?

是的. 对任意 $a_1\in G_1, a_2\in G_2$, 定义

$$f: G_1\times G_2\to G_2\times G_1,$$

$$(a_1,a_2)\mapsto(a_2,a_1).$$

则不难验证 f 为 $G_1\times G_2$ 到 $G_2\times G_1$ 的同构, 所以 $G_1\times G_2\cong G_2\times G_1$.

问题 1.8.5　内直积和外直积在同构的意义下是一致的吗?

设群 G 是它的正规子群 $N_i(i=1,2,\cdots,n)$ 的内直积, 又 $T=N_1\times N_2\times\cdots\times N_n$ 是 $N_i(i=1,2,\cdots,n)$ 的外直积, 则 G 与 T 同构.

基于上面的结论, 有时不再区分外直积与内直积, 统称为群的直积.

问题 1.8.6 设 G 是 pq 阶循环群且 p 和 q 是互素的正整数, 则 G 可分解为 p 阶循环子群与 q 阶循环子群的直积吗?

是的. 设 $G=<a>$, 由于 p 和 q 互素, 故存在整数 s 和 t 使得 $sp+tq=1$, 于是

$$a=a^{ps}a^{qt}=(a^p)^s(a^q)^t.$$

令 $G_1=<a^p>, G_2=<a^q>$, 则 $G=G_1G_2$. 若 $b\in G_1\bigcap G_2$, 则 $o(b)$ 整除 $|G_1\bigcap G_2|$, 从而 $o(b)|p, o(b)|q$. 但 $(p,q)=1$, 故 $o(b)=1$, 从而 $b=e$, 因此 $G=G_1\times G_2$. 明显地, a^p 周期为 q, a^q 的周期为 p, 所以 G 可分解为 p 阶循环子群 G_1 与 q 阶循环子群 G_2 的直积.

问题 1.8.7 6 阶循环群是 2 阶循环群和 3 阶循环群的直积吗?

是的. 令 $G=Z/6Z$, 则 G 有 2 阶子群 $H_1=\{\bar{0},\bar{3}\}$ 和 3 阶子群 $H_2=\{\bar{0},\bar{2},\bar{4}\}$, 所以, G 是 2 阶循环群 H_1 和 3 阶循环群 H_2 的内直积.

问题 1.8.8 无限循环群 G 可以同构于它的两个非平凡群的直积吗?

不可以. 反证法. 假设无限循环群 $G=<a>$, 它有两个非平凡子群 $H=<a^m>$ 和 $K=<a^n>$, 使得 G 是它们的内直积, 则

$$H\bigcap K=\{e\}.$$

但这与 $a^{mn}\in H\bigcap K$ 矛盾, 所以由反证法原理可知, G 不同构于它的两个非平凡群的直积.

问题 1.8.9 若 G 和 H 是群, 并且 $G\times H$ 是循环群, 则容易知道 G 和 H 都是循环群. 反过来, 若 G 和 H 都是循环群, 则 $G\times H$ 一定是循环群吗?

不一定. Z_2 是循环群, 但 $Z_2\times Z_2$ 中没有 4 阶元, 因此, $Z_2\times Z_2$ 不是循环群.

问题 1.8.10 若 H, G_1 和 G_2 都是有限群, 并且 $H\times G_1\cong H\times G_2$, 则一定 $G_1\cong G_2$ 吗?

是的. 这是 Remak, Krull 和 Schmidt 证明的结果, 是 Krull-Remak-Schmidt 定理的推论.

1.9 有限生成的交换群的结构

问题 1.9.1 有限生成的交换群的基本定理是什么?

任意有限生成的交换群 G 一定与某个具有下面形式的循环群直积是同构的.

$$Z_{p_1^{r_1}}\times Z_{p_2^{r_2}}\times\cdots\times Z_{p_n^{r_n}}\times Z\times Z\times\cdots\times Z.$$

问题 1.9.2 群 $Z_m \times Z_n$ 是循环群, 并且与 Z_{mn} 同构吗?

不一定. 群 $Z_m \times Z_n$ 是循环群, 并且与 Z_{mn} 同构的充要条件是 m, n 互素.

问题 1.9.3 Lagrange 定理的逆命题是不成立的, 但若 n 整除有限生成的交换群 G 的阶, 则 G 一定有 n 阶子群吗?

是的. 由有限生成的交换群的基本定理, 不难验证结论成立.

问题 1.9.4 若 G 是有限交换群, 则 G 不是循环群当且仅当 G 有子群与 $Z_p \times Z_p(p$ 为素数) 同构吗?

是的. 由于循环群的子群一定是循环群, 故若 G 有子群与 $Z_p \times Z_p(p$ 为素数) 同构, 则由 $Z_p \times Z_p$ 不是循环群可知 G 不是循环群.

反过来, G 是有限交换群 G, G 不是循环群, 则由有限生成的交换群的基本定理可知 G 有子群与 $Z_{p^r} \times Z_{p^s}$ 同构, 因为否则的话, 则 G 就是循环群了. 明显地, $Z_{p^r} \times Z_{p^s}$ 有子群与 $Z_p \times Z_p$ 同构. 所以, G 有子群与 $Z_p \times Z_p$.

问题 1.9.5 能用有限生成的交换群的基本定理判断 $(Z_4 \times Z_8)/ < (1,2) >$ 与什么群同构吗?

明显地, 有 $< (1,2) >= \{(0,0), (1,2), (2,4), (3,6)\}$. 故 $(Z_4 \times Z_8)/ < (1,2) >$ 的阶为

$$[Z_4 \times Z_8 :< (1,2) >] = \frac{Z_4 \times Z_8|}{|< (1,2) >|} = \frac{32}{4} = 8.$$

由有限生成的交换群的基本定理可知 $(Z_4 \times Z_8)/ < (1,2) >$ 与 $Z_8, Z_2 \times Z_4$, 或者 $Z_2 \times Z_2 \times Z_2$ 同构, 容易知道元素 $(0,1)+ < (1,2) >= \{(1,3), (2,5), (3,7), (0,1)\}$ 是 8 阶的. 所以, $(Z_4 \times Z_8)/ < (1,2) >$ 是循环群, 它一定与 Z_8 同构.

1.10 拓 扑 群

1.10.1 拓扑的定义

问题 1.10.1 拓扑是如何定义的?

设 G 是一个非空集合, τ 是 G 的一族子集, 若 τ 满足下面的三个公理, 则称 (G, τ) 是拓扑空间.

(1) $\varnothing \in \tau$, $G \in \tau$;

(2) τ 中任意个集合的并集属于 τ;

(3) τ 中任意有限个集合的交集属于 τ.

此时称 τ 中每一个集合为开集, 称 τ 为拓扑. 若 H 的补集 H^C 是开集, 则称 H 为闭集.

不一定. 设 R^2 是平面上的所有实数对构成的加法拓扑群, 则子群 $H = R\times\{0\}$ 是 R^2 的闭集, 但明显地, H 不是开集.

问题 1.10.16　若 (G,τ) 是拓扑空间, H 是 G 的子集, 则称包含 H 的最小闭集为 H 的闭包, 记为 $\overline{H}$. 拓扑群 (G,τ) 的子群 H 的闭包 $\overline{H}$ 也是子群吗?

是的. 设 $g,h\in\overline{H},U$ 是包含 gh 的开集, 由于 $\mu: G\times G\to G$ 的乘法映射是连续的, 故 $\mu^{-1}(U)$ 是 $G\times G$ 中包含 (g,h) 的开集, 因此存在包含 g 的开集 V_1 和包含 h 的开集 V_2, 使得 $V_1\times V_2\subseteq\mu^{-1}(U)$. 既然 $g,h\in\overline{H}$, 因此存在 $x\in V_1\bigcap H$ 和 $y\in V_2\bigcap H$. 由于 $x,y\in U$, 故 $xy\in H$. 既然 $(x,y)\in\mu^{-1}(U)$, 因此, $xy\in U$. 故 $xy\in U\bigcap H$. 由于 U 是包含 gh 的任意开集, 故 $gh\in\overline{H}$. 记 $\tau: G\to G$ 为逆映射, W 为包含 h^{-1} 的开集, 则 $\tau^{-1}(W)=W^{-1}$ 是包含 h 的开集, 故存在 $z\in H\bigcap W^{-1}$, 因而, $z^{-1}\in H\bigcap W$, 所以, $h^{-1}\in\overline{H}$, 故 H 的闭包 $\overline{H}$ 也是子群.

问题 1.10.17　拓扑群 (G,τ) 是 Hausdorff 的充要条件是 $\{e\}$ 是闭集吗?

是的. 若拓扑群 (G,τ) 是 Hausdorff 的, 则每个单点集都是闭集, 因此, $\{e\}$ 是闭集. 反过来, 若 $\{e\}$ 是闭集, 则对于任意 $a\in G$, 由 $\{a\}=L_a(\{e\})$ 可知对于每个 $a\in G,\{a\}$ 都是闭集.

对于任意 $a\neq e$, 由于 $\{a\}$ 是闭集, 因此存在开集 U, 使得 $e\in U$, 但 $a\notin U$. 故存在开集 $V=V^{-1}$, 满足 $e\in V$, 并且 $V\cdot V\subseteq U$, 故 $a\in aV$. 下面证明 V 与 aV 的交是空集. 假如 $h\in V\bigcap aV$, 则 $h=ah_1,h_1\in V$, 故 $a=hh_1^{-1}\in V\cdot V\subseteq U$. 但这与 $a\notin U$ 矛盾, 所以, $V\bigcap aV$ 是空间, 故 (G,τ) 是 Hausdorff 的.

问题 1.10.18　若 H 是 G 的正规子群, 则 H 的闭包 $\overline{H}$ 也是 G 的正规子群吗?

是的. 不难验证.

问题 1.10.19　设 G 是拓扑群, H 是 G 的正规子群, 则商群 G/H 一定是拓扑群吗?

是的. 不难验证.

问题 1.10.20　设 G_1 和 G_2 都是拓扑群, $f: G_1\to G_2$ 是在单位元 e 连续的同态, 则 f 一定是连续的吗?

是的. 对于任意 $a\in G_1$, 记 $b=f(a)$, 则对于包含 b 的任意开集 U, 存在开集 O, 使得 $U=Ob$. 由于 f 在 e 连续, 因此, 存在包含 e 的开集 V, 使得 $f(V)\subseteq O$, 因而, $f(Va)\subseteq f(V)f(a)\subseteq Ob$, 所以, f 在 a 连续, 故 f 是连续的.

问题 1.10.21　拓扑群之间的同构是什么?

设 G,H 是拓扑群, 若映射 $f: G\to H$ 是群同态, 并且是连续映射, 则称 f 为连续同态. 若 f 的逆映射 f^{-1} 存在, 并且 f^{-1} 也是连续同态, 则称 f 是一个同构. 此时, 称拓扑群 G 和 H 是同构的.

问题 1.10.22 实数加法拓扑群 $(R,+)$ 和非零正实数乘法拓扑群 $(R_+^*,\cdot)$ 是同构的吗?

是的. 只需定义 $f:R\to R_+^*$ 为 $f:a\mapsto e^a$, 则不难验证 f 是同构.

问题 1.10.23 群的同态基本定理对拓扑群一定成立吗? 即 f 是拓扑群 G_1 到拓扑群 G_2 的连续的群同态, 则一定有 $G_1/\mathrm{Ker}(f)$ 与 $\mathrm{Im}(f)$ 同构吗?

不一定. 设 G_1 为实数全体在加法和离散拓扑下构成的拓扑群, G_2 为实数全体在加法和一般拓扑下构成的拓扑群, 若 $f:G_1\to G_2$ 为恒等映射, 则 f 是连续的群同态, 并且 $\mathrm{Ker}(f)=\{0\}$, 但 $G_1/\mathrm{Ker}(f)$ 就是 G_1, 它与 G_2 不是同构的.

问题 1.10.24 设 G 是拓扑群, 则对于任意包含 e 的开集 U 和任意 G 的紧子集 K, 都存在包含 e 的开集, 使得 $aVa^{-1}\subseteq U$ 对于任意 $a\in K$ 都成立吗?

是的. 对于任意包含 e 的开集 U, 根据 $G\times G\to G,(a,b)\mapsto aba^{-1}$ 在 (a,e) 是连续的可知存在包含 a 的开集 O_a 和包含 e 的开集 V_a, 使得 $ubu^{-1}\subseteq U$ 对任意 $u\in O_a$ 和任意 $b\in V_a$ 都成立. 由于 K 是紧集, 故存在有限子集 $F\subseteq K$, 使得 $K\subseteq\bigcup_{i\in F}O_{a_i}$. 令 $V=\bigcap_{i\in F}V_{a_i}$, 则 $aVa^{-1}\subseteq U$ 对于任意 $a\in K$ 都成立.

问题 1.10.25 设 G 是交换的拓扑群, H_1 和 H_2 是 G 的闭子群, 则 H_1+H_2 一定是 G 的闭子群吗?

不一定. 设 G 是实数全体构成的加法交换群 $R, H_1=Z$ 和 $H_2=\alpha Z,\alpha$ 是给定的无理数, 则 H_1 和 H_2 是 G 的闭子群. 不难证明 H_1+H_2 在 R 中是稠密的 (实际上, 不妨设 $\alpha=\sqrt{2}$, 令 $\varepsilon_1=\sqrt{2}-1=0.414213\cdots,\varepsilon_2=1-\varepsilon_1=2-\sqrt{2}=0.585786\cdots,\varepsilon_3=\varepsilon_2-\varepsilon_1=3-\sqrt{2}=0.171572\cdots$, 这样就可以得到一个收敛到 0 的序列 $\varepsilon_n\in H_1+H_2$, 因此, H_1+H_2 在 R 中是稠密的), 但 H_1+H_2 是可数的, 因此, H_1+H_2 是 R 的真子群, 所以, 它不是 G 的闭子群. 否则的话, 必有由 H_1+H_2 是闭集和 H_1+H_2 在 R 稠密可知 $H_1+H_2=R$, 矛盾.

第2章 环和域

环具有加法和乘法两种代数运算, 但环的结构和性质并不是很复杂. 由于环有零因子, 故没有了消去律, 零因子会影响环的性质, 因此零因子得到了比较细致的探讨. 理想是环论的重要概念, 理想的性质是重要的一部分. 素理想和极大理想与环和域的性质有着密切的关系.

2.1 基本概念

2.1.1 环的定义

问题 2.1.1 *环定义在很多书都不同吗?*

在不同的书中, 环的定义有所不同, 有的书的环不要求含有单位元 1, 但由于这种没有单位元的 "环" 一定可以嵌入到有单位元的环内, 并且很多环的主要结果都只对有单位元的环才成立, 故有的书中的环要求含有单位元. 但环定义的不同不会对环的理论本身有影响, 只是有些定理的表达会有些区别.

问题 2.1.2 *环是什么?*

设 R 是一个非空集合, 如果在 R 中有两种二元运算 $+, \cdot$ 满足以下条件:

(1) R 是加法 Abel 群和乘法半群;

(2) $a\cdot(b\cdot c)=(a\cdot b)\cdot c$ 对任何 $a, b, c\in R$ 成立;

(3) $(a+b)\cdot c=a\cdot c+b\cdot c$ 和 $a\cdot(b+c)=a\cdot b+a\cdot c$ 对任何 $a,b,c\in R$ 成立.

则称 R 为一个环 (ring).

若存在 $e\in R$, 使 $e\cdot a=a\cdot e=a$ 对任何 $a\in R$ 成立, e 称为 R 中的单位元.

问题 2.1.3 *对于任意一个加法交换群 G, 都可以定义乘法, 使之成为一个环吗?*

是的. 只需对于任意 $a,b\in G$, 定义 $ab=0$, 则 G 在加法和乘法下构成一个环.

问题 2.1.4 *若 R 是有单位元的环, 则一定可以定义 R 上的另外一种加法 $\bigoplus$ 和乘法 $\bigotimes$, 使 $(R,\bigoplus,\bigotimes)$ 也是有单位元的环吗?*

是的. 在 R 上, 定义 $a\bigoplus b=a+b+1, a\bigotimes b=ab+a+b$, 则容易验证 $(R,\bigoplus,\bigotimes)$ 是环, 并且零元为 $-1, a\in R$ 的新加法逆元为 $-2-a$, 新乘法单位元为 0.

实际上, 若定义映射 $f:(R,+,\cdot)\to(R,\bigoplus,\bigotimes)$ 为 $f(a)=a-1$, 则不难验证 f 是环同构.

问题 2.1.5 环一定有单位元吗?

不一定. 全体偶数在加法和乘法下满足环的分配律和结合律, 但它没有单位元, 因此全体偶数构成一个偶数环.

问题 2.1.6 有单位元的的环的单位元一定是唯一的吗?

是的. 环的单位元一定是唯一的.

问题 2.1.7 什么叫环的左单位元和右单位元?

若存在 $e_l\in R$, 使 $e_l\cdot a=a$ 对任何 $a\in R$ 成立, 则称 e_l 为 R 中的左单位元. 若存在 $e_r\in R$, 使 $a\cdot e_r=a$ 对任何 $a\in R$ 成立, 则称 e_r 为 R 中的右单位元.

问题 2.1.8 环的左单位元或右单位元一定是单位元吗?

不一定. 设 $R=\{0,a,b,c\}$, 在 R 上定义加法如下:

$+$	0	a	b	c
0	0	a	b	c
a	a	0	c	b
b	b	c	0	a
c	c	b	a	0

则 R 是加法交换群. 在 R 上定义乘法如下:

$\cdot$	0	a	b	c
0	0	0	0	0
a	0	a	b	c
b	0	a	b	c
c	0	0	0	0

则环 $R_1=(R,+,\cdot)$ 有左单位元 a 和 b, 但没有右单位元.

若在 R 上定义乘法如下:

$*$	0	a	b	c
0	0	0	0	0
a	0	a	a	0
b	0	b	b	0
c	0	c	c	0

则环 $R_1=(R,+,*)$ 有右单位元 a 和 b, 但没有左单位元.

是的. 由 $ab=1$ 可知 $aba=a$, 故 $0=aba-a=a(ba-1)$. 由于 R 没有零因子, 故 $ba=1$.

问题 2.1.23　*是否存在一个有单位元的非交换环 R, 有 $a,b\in R$, 满足 $ab=1$, 但 $ba\neq 1$ 呢?*

是的. 设 G 为实数列全体 $\{(x_1,x_2,\cdots,x_n,\cdots)\mid x_i$ 是实数$\}$ 构成的加法群, 则 G 到 G 的内自同态全体在加法和复合作为乘法的运算下构成环 R, 令

$$b:(x_1,x_2,x_3,\cdots,x_n,\cdots)\to(0,x_1,x_2,\cdots,x_n,\cdots),$$

$$a:(x_1,x_2,x_3,\cdots,x_n,\cdots)\to(x_2,x_3,x_4,\cdots,x_n,\cdots),$$

则 $ab=1$, 但 $ba\neq 1$.

问题 2.1.24　*设 R 是有单位元的环, 则一定有 $RR=R$ 吗?*

是的. 这是显然的.

问题 2.1.25　*设 R 是环, 若 $RR=R$, 则 R 一定有单位元吗?*

不一定. 设 $R=\{0\}$, 则 R 是一个零环, 并且 $RR=R$, 但 R 没有单位元.

问题 2.1.26　*存在没有单位元非交换有限环吗?*

有很多有限的没有单位元非交换环. 例如设 R 是所有具有如下形式的矩阵

$$A=\begin{bmatrix}2a & 2b\\ 2c & 2d\end{bmatrix},$$

这里 $a,b,c,d\in Z_6$, 则不难验证 R 是有限非交换环, 但没有单位元.

问题 2.1.27　*设环 R 不是零环, S 是 R 的非平凡子环, 若 1 是 R 的单位元, $1'$ 是子环 S 的单位元, 则 a 一定有 $1'=1$ 成立吗?*

不一定. 设 R 是所有实数上的 2×2 矩阵, 则 R 是环, 并且单位元为

$$\begin{bmatrix}1 & 0\\ 0 & 1\end{bmatrix},$$

若 S 为所有形如

$$\begin{bmatrix}a & 0\\ 0 & 0\end{bmatrix}$$

的矩阵在矩阵乘法下构成的子环, 则 S 的单位元为

$$\begin{bmatrix}1 & 0\\ 0 & 0\end{bmatrix}.$$

问题 2.1.28 设环 R 不是零环, S 是 R 的非平凡子环, 若 1 是 R 的单位元, a 是子环 S 的单位元, 并且 $a \neq 1$, 则 a 一定是 R 的零因子吗?

是的. 由于 a 不是 R 的单位元, 故不妨假设一定存在 $b \in R$, 使得 $ba \neq b$, 则 $(ba)a = b(aa) = ba$, 因此, $(ba-b)a = 0$, 由 $ba \neq b$ 可知 a 是 R 的零因子.

问题 2.1.29 设 R 为交换无限环, 若 R 有零因子, 则 R 一定有无限个零因子吗?

是的. 假设 R 只有有限个零因子. 设 a 是 R 中一个零因子, 则有 $a \neq 0$, 并存在 $b \neq 0$, 使得 $ab = 0$. 定义映射 $f: R \to R, f(x) = xa$, 则不难验证 f 是 R 为加法群 R 到自身的群同态. 并且 $\mathrm{Ker}(f)$ 中的非零元都是零因子, 因此, $\mathrm{Ker}(f)$ 是有限群. 由于 R 是无限群, 故由同态基本定理, $\mathrm{Im}(f)$ 同构于 $R/\mathrm{Ker}(f)$, 因此 $\mathrm{Im}(f)$ 是无限集, 因而 x 取遍 R 中的元素时, xa 有无限种不同的取值. 由 $(xa)b = x(ab) = 0$, 可知 xa 的非零取值都是 R 中的零因子, 因此 R 中有无限个零因子.

问题 2.1.30 若 $a \neq 0$ 是环 R 的幂零元, 则 a 一定是 R 的零因子吗? 反过来呢?

若 $a \neq 0$ 是环 R 的幂零元, 则存在正整数 n, 使得 $a^n = 0$, 不妨设 n 是这样的正整数中最小的, 故 $a \cdot a^{n-1} = 0$, 并且 $a^{n-1} \neq 0$, 所以, a 一定是 R 的零因子.

反过来, $a \neq 0$ 是环 R 的零因子, 则 a 就不一定是 R 的幂零元. 例如在 2×2 实数矩阵乘法矩阵中, 对于

$$a = \begin{bmatrix} 1 & 0 \\ 1 & 0 \end{bmatrix} \neq 0,$$

有

$$b = \begin{bmatrix} 0 & 0 \\ 1 & 1 \end{bmatrix} \neq 0$$

使得 $ab = 0$, 因此, a 是零因子, 但对于任意 n, 都有

$$a^n = \begin{bmatrix} 1 & 0 \\ 1 & 0 \end{bmatrix} \neq 0,$$

所以, a 不是幂零元.

问题 2.1.31 若 H 和 S 都是环 R 的子环, 则 $H \bigcup S$ 一定是 R 的子环吗?

不一定. $2Z$ 和 $3Z$ 都是整数环 Z 的子环, 但 $2Z \bigcup 3Z$ 不是 Z 的子环.

问题 2.1.32 在什么条件下, 环 R 一定是可交换的呢?

这个问题是由 1905 年 Wedderburn 证明的有限整环一定是域引起的. 1945 年, Jacobson 证明了: 若对环 R 内的任意元素 x, 都有依赖 x 的正整数 $n(x) > 1$ 使得

$x^{n(x)}=x$, 则 R 是交换环. 1951 年, Kaplansky 证明了: 若体 R 的任意元 x, 都有依赖 x 的正整数 $n(x)>1$ 使得 $x^{n(x)}$ 属于 R 的中心 $Z(R)$, 则 R 一定是域. 1951 年, Herstein 证明了: 若有 $n>1$ 使得 R 的元素都满足 $x^n-x\in Z(R)$, 则 R 一定是交换环. 1955 年推广成: 若对环 R 内的任意元 x,y, 都有依赖于 x,y 的多项式 $p(t)$ 使得 $x-x^2p(x)$ 与 y 可交换, 则 R 一定是交换环, 称为 Herstin 定理.

问题 2.1.33　若将环 R 定义中 G 是加法交换群的条件换成 G 是群, 不一定交换, 那能讨论 R 的性质吗?

可以. 若 R 是加法群, 但不一定交换, 并且 R 是乘法半群, 满足右结合律, 即对于任意 $a,b,c\in R$, 都有 $(a+b)c=ac+bc$, 则称 R 为右近环 (right near-ring). 类似地可以定义左近环 (left near-ring).

例如, 设 N 是一个群, $N\neq\{0\}$, 则 N 上所有的映射在加法和复合作为乘法的运算下是一个近环, 但它不是环. 这是因为对于将 N 的所有元都映为某个固定非零元的映射 a, 有 $a0\neq 0$, 所以, N 不是环.

2.1.2　环的性质

问题 2.1.34　环 R 是交换环当且仅当对任意 $a,\ b\in R$, 都有 $(a+b)^2=a^2+2ab+b^2$ 吗?

是的. 容易验证.

问题 2.1.35　环 R 是交换环当且仅当对任意 $a,\ b\in R$, 都有 $a^2-b^2=(a+b)(a-b)$ 吗?

是的. 容易验证.

问题 2.1.36　设 R 是环, 若 $a,b\in R$, 满足 $(ab)^2=(ba)^2$, 则一定有 $(ab+ba)(ab-ba)=0$ 吗?

不一定. 设 $M_2(R)$ 为实数上 2×2 矩阵构成的环, 令

$$a=\begin{bmatrix}1&1\\0&-2\end{bmatrix},\quad b=\begin{bmatrix}1&0\\1&1\end{bmatrix},$$

则

$$ab=\begin{bmatrix}2&1\\-2&-2\end{bmatrix},\quad ba=\begin{bmatrix}1&1\\1&-1\end{bmatrix}.$$

因此, $(ab)^2=(ba)^2$, 但

$$(ab+ba)(ab-ba)=\begin{bmatrix}-3&-2\\8&4\end{bmatrix}\neq 0.$$

问题 2.1.37 什么是环的幂零元?

设 R 是环, $a \in R$, 若存在正整数 n 使得 $a^n = 0$, 则称 a 是幂零元.

问题 2.1.38 若 a 是环中的所有幂零元, 则 $1-a$ 一定是乘法可逆元吗?

是的. 由于存在正整数 n 使得 $a^n = 0$, 故

$$(1-a)(1+a+a^2+\cdots+a^{n-1}) = 1-a^n = 1,$$

$$(1+a+a^2+\cdots+a^{n-1})(1-a) = 1-a^n = 1.$$

因此 $1-a$ 是可逆元, 并且

$$(1-a)^{-1} = 1+a+a^2+\cdots+a^{n-1}.$$

问题 2.1.39 交换环 R 中的所有幂零元全体是 R 的子环吗?

是的. 若 $a, b \in R$, 存在正整数 m, n, 使得 $a^n = 0, b^m = 0$, 则 $(a-b)^{m+n} = 0$, 并且 $(ab)^m = a^m b^m = 0$, 因此, 交换环 R 中的幂零元全体是 R 的子环.

问题 2.1.40 什么叫布尔环?

设 R 是一个环, 若 $a^2 = a$, 则称 a 为幂等元, 若所有的 $a \in R$ 都是幂等元, 则称 R 为布尔环 (Boolean ring).

问题 2.1.41 环 R 的幂等元一定是单位元吗?

不一定. 实数域上的所有 2×2 矩阵 $M_2(R)$ 在矩阵的加法和乘法下构成一个环, 有

$$a = \begin{bmatrix} 1 & 0 \\ 0 & 0 \end{bmatrix}$$

是幂等元, 但 a 不是单位元.

问题 2.1.42 环 R 中的所有幂等元全体是 R 的子环吗?

不一定. 在环 Z_6 中, $\overline{0}, \overline{1}, \overline{3}$ 和 $\overline{4}$ 都是幂等元, 但它们不构成 R 的子环.

问题 2.1.43 若 R 是布尔环, 则 $2a = 0$ 对所有的 $a \in R$ 成立吗?

是的. 由于 $(2a)^2 = 2a$, 并且 $(2a)^2 = (a+a)(a+a) = 4a^2 = 4a$, 故 $2a = 0$.

问题 2.1.44 若 R 是布尔环, 则 R 一定是交换环吗?

是的. 由于 R 是布尔环, 故 $2a = 0$ 对所有的 $a \in R$ 成立, 因此由 $(a+b)^2 = a+b$ 可知 $ab + ba = 0$, 因而, $ab + ba = 2ab$, 即 $ba = ab$ 对于任意 $a, b \in R$ 成立, 所以, R 一定是交换环.

问题 2.1.45 若 R 是交换环, 则 R 一定是布尔环吗?

不一定. 如整数环是交换环, 但不是布尔环.

2.1.3 零因子和整环

问题 2.1.46 什么叫环的零因子?

设 R 是一个环, $a \in R, a \neq 0$, 若存在 $b \in R, b \neq 0$, 满足 $ab = 0(ba = 0)$, 则 a 称为 b 的一个左零因子 (left zero-divisor)(右零因子 (right zero-divisor)).

若 R 是环, 则对任意 $a \in R, a \neq 0$, 都有 $0a = 0, a0 = 0$. 在算术运算中, 容易知道, 对任意整数 a 和 b, 当 $a \neq 0, b \neq 0$ 时, 一定会有 $ab \neq 0$. 但一般情况下, 需要考虑 $a \neq 0, b \neq 0$ 时, 是否可能会有 $ab = 0$ 的问题.

问题 2.1.47 环中一个元 b 是 a 的一个左零因子, 则 a 就一定是 b 的一个右零因子吗?

都不一定. 在实数域上的所有形如 $\begin{bmatrix} a_{11} & a_{12} \\ 0 & 0 \end{bmatrix}$ 的 2×2 矩阵构成的环中, 对于 $a = \begin{bmatrix} 1 & 0 \\ 0 & 0 \end{bmatrix}$, 有 $b = \begin{bmatrix} 0 & 1 \\ 0 & 0 \end{bmatrix}$, 使得 $ba = 0$, 因此 b 是 a 的左零因子, 但 $ab = \begin{bmatrix} 0 & 1 \\ 0 & 0 \end{bmatrix}$, 所以, a 不是 b 的右零因子.

问题 2.1.48 什么叫环的乘法逆元和单位?

若 R 中元素 a, b 满足 $ab = 1$, 则 a 称为 b 的一个左逆元, b 称为 a 的一个右逆元. 若 $ab = ba = 1$, 则 a 称为 b 的乘法逆元, 由对称性可知, 此时 b 也是 a 的乘法逆元或单位 (unit).

问题 2.1.49 设环 R 有单位元, S 是 R 中有单位元的子环, 则 S 中的乘法可逆元一定是 R 中的乘法可逆元吗? R 中的乘法可逆元一定是 S 中的乘法可逆元吗?

明显地, 若 R 的单位元与子环 S 的单位元一样, 则 S 中的乘法可逆元就一定是 R 中的乘法可逆元.

由于环 R 的单位元与子环 S 的单位元可以不同, 故 S 中的乘法可逆元不一定是 R 中的乘法可逆元. 设 R 是所有实数上的 2×2 矩阵, 则 R 是环, 并且单位元为

$$\begin{bmatrix} 1 & 0 \\ 0 & 1 \end{bmatrix}.$$

若 S 为所有形如

$$\begin{bmatrix} a & 0 \\ 0 & 0 \end{bmatrix}$$

的矩阵在矩阵乘法下构成的子环, 则 S 的单位元为

$$\begin{bmatrix} 1 & 0 \\ 0 & 0 \end{bmatrix}.$$

容易知道

$$\begin{bmatrix} 2 & 0 \\ 0 & 0 \end{bmatrix}$$

是 S 的乘法可逆元, 但它不是 R 的乘法可逆元.

即使 R 的单位元与子环 S 的单位元一样, R 中的乘法可逆元也不一定是 S 中的乘法可逆元. 例如整数环 Z 是有理数环 Q 的子环, 2 是 Q 的乘法可逆元, 但 2 不是子环 Z 的乘法可逆元.

问题 2.1.50 *若 R 是有单位元的有限非交换环, 则 $ab=1$ 时, 一定有 $ba=1$ 吗?*

是的. 若 $a,b\in R, ab=1$, 则对于任意 $x\in R$, 当 $bx=0$ 时, 必有 $x=ex=(ab)x=a(bx)=a0=0$, 因此, 定义 $f:R\to R$ 为 $f(x)=bx$, 则 f 是单射, 由于 R 是有限的, 故 f 为一一对应. 因此对于 $1\in R$, 有某个 $y\in R$, 使得 $1=by$, 因而, $a=a(by)=(ab)y=y$, 所以, $ba=1$.

问题 2.1.51 *设 R 是有单位元的非交换环, 若存在 $a,b\in R, ab=1$, 但 $ba\neq 1$, 则还有其他的元 $c\in R$, 使得 $ac=1$ 吗?*

是的. 实际上, 令 $c=1-ba+b$, 则 $ac=a-aba+ab=a-1\cdot a+1=1$, 并且 $c\neq b$.

问题 2.1.52 *设 R 是环, 若 $a,\ b\in R, a\neq 0, b\neq 0$, 是否可能会有 $ab=0$?*

有可能. 在实数域上的所有 2×2 矩阵 $M_2(R)$ 中, 非零元的乘积可以等于零, 如

$$a=\begin{bmatrix} 1 & 0 \\ 1 & 0 \end{bmatrix},\quad b=\begin{bmatrix} 0 & 0 \\ 1 & 1 \end{bmatrix},$$

则 $ab=0$.

问题 2.1.53 *设 R 是一个有单位元的有限环, 若 $a\in R$ 不是零因子, 则 a 一定是乘法可逆元吗?*

是的. 对于 $a\in R$, 若 a 不是零因子, 则由 R 是有限的可知 $1=a^0, a, a^2, \cdots$ 中一定存在正整数 $0\leqslant m<n$, 使得 $a^m=a^n$, 这里不妨设 n 是这样的正整数中最小的. 如果 $m\neq 0$, 则 $0=a(a^{n-1}-a^{m-1})$, 由于 n 是最小的, 故 $a^{n-1}-a^{m-1}\neq 0$, 但这与 a 不是零因子矛盾. 因而, m 一定是 0, 故 $1=a^0=a^n=aa^{n-1}$, 所以, a 的乘法可逆元为 a^{n-1}.

问题 2.1.54　*设环 R 没有零因子, 若非零元 $b \in R, b^2 = b$, 则 b 一定是 R 的单位元吗?*

是的. 对于任意 $a \in R$, 有 $b^2 a = ba$, 故 $b(ba - a) = 0$, 因此, $ba - a = 0$, 因而, $ba = a$ 对任意 $a \in R$ 成立. 同理可证, $ab = a$ 对任意 $a \in R$ 成立, 所以, b 是环 R 的单位元.

问题 2.1.55　*设 R 是环, 则 R 的零因子全体 I 一定是 R 的理想吗?*

不一定. 在环 Z_6 中, $I = \{\overline{2}, \overline{3}\}$ 对加法不是封闭的, 实际上, $\overline{2} + \overline{3} = \overline{1}$ 不属于 I, 因此, I 不是加法群, 也不是理想.

问题 2.1.56　*设 R 是交换环, 若 $a \in R$ 是幂零元, 即存在某个正整数 n, 使得 $a^n = 0$, 则对于 R 的任意乘法可逆元 b, $a + b$ 一定是 R 的乘法可逆元吗?*

是的. 若 $a^n = 0$, 则容易知道 $(1+a)(1-a+a^2+\cdots+(-1)^2 a^n) = 1+(-1)^n a^{n+1} = 1 + 0 = 1$, 因此, $1 + a$ 是 R 的乘法可逆元. 若 b 是交换环 R 的乘法可逆元, 则容易验证 $(b^{-1}a)^n = 0$, 故 $1 + b^{-1}a$ 是 R 的乘法可逆元, 因此 $a + b = b(1 + b^{-1}a)$ 是 R 的乘法可逆元.

问题 2.1.57　*设 R 是环, $a, b \in R$, 若 ab 是乘法可逆元 (单位), 则 a 和 b 都是乘法可逆元吗?*

若 R 是交换环, ab 是乘法可逆元, 则存在可逆元 $c \in R$, 使得 $(ab)c = 1$, 故 $a(bc^{-1}) = (ab)c^{-1} = cc^{-1} = 1$, 并且由于 R 是交换环, 故 $(bc^{-1})a = 1$, 所以, a 是乘法可逆元. 同理, b 也是乘法可逆元.

若 R 是非交换环, 并且有 $a, b \in R$, 使得 $ab = 1$, 但 $ba \neq 1$, 则 a 和 b 都不是乘法可逆元.

问题 2.1.58　*若 R 是没有幂零元的有限环, 则 R 一定是交换环吗?*

是的. 这是 Roberto 在 2000 年证明的结果. 参见: De Morais, Roberto J F. On some commutativity theorems for finite rings and finite groups. Czechoslovak Mathematical Journal, 2000, 50(2): 245-247.

问题 2.1.59　*什么叫整环?*

若交换非零环 R 中任何两个非零元的乘积都不等于零, 则称环 R 为整环 (integral domain).

不过, 有的人将整环的英文记为 entire ring, 有些书将整环定义为 R 中任何两个非零元的乘积都不等于零的非零环, 而交换的整环称为整区, 因此, 这样定义的整环不一定是交换环, 不过这样只有术语的不同, 理论本身没有变化, 不过有些定理的描述就不同了. 为了简明, 本书的整环都指交换的整环.

问题 2.1.60 整环 R 的幂等元一定是单位元吗?

是的. 若 $e^2 = e$, 则对于任意 $a \in R$, 有 $e^2a = ea$, 故 $e(ea - a) = 0$, 因此, $ea = a$. 同理可证 $ae = a$, 所以, e 是 R 的单位元.

问题 2.1.61 设 R 是整环, I 是 R 的理想, 并且 $I \neq R$, 则商环 R/I 一定是整环吗?

不一定. Z 是整环, $I = (6)$ 是 Z 的理想, 但 $Z/I \cong Z_6$ 不是整环.

问题 2.1.62 设 R 是环, I 是 R 的理想, 并且商环 R/I 是整环, 则 R 一定是整环吗?

不一定. 容易证明 $Z \times Z$ 不是整环, 对于理想 $I = \{(0, m) \mid m \in N\}$, 有 $Z \times Z/I \cong Z$, 因此, $Z \times Z/I$ 是整环.

2.1.4 可除环

问题 2.1.63 什么叫可除环?

若有单位元的非零环 R 的任何一个非零元的乘法逆元都一定存在, 则称 R 为一个可除环 (divisible ring).

问题 2.1.64 可除环的阶一定大于等于 2 吗?

是的. 可除环一定包含加法 0 元和乘法单位元 1.

问题 2.1.65 交换的可除环一定是整环吗?

是的. 设 R 是交换的可除环, 则对于任意 $a, b \in R, a \neq 0, b \neq 0$, 若 $ab = 0$, 则 $a^{-1}ab = a^{-1}0 = 0$, 因此, $b = 0$, 矛盾, 所以, R 一定是整环.

问题 2.1.66 整环一定是可除环吗?

不一定. 整数环是整环, 但不是可除环.

问题 2.1.67 阶大于 1 的有限阶的整环一定是可除环吗?

是的. 这是由于有限阶的整环 R 的任何一个非零元的逆元都存在.

问题 2.1.68 可除环一定是交换环吗?

不一定. 设 R 是实数域, $H = \{a + bi + cj + dk \mid \text{这里 } a, b, c, d \in R\}$, 定义加法

$$
\begin{aligned}
&(a_1 + b_1 i + c_1 j + d_1 k) + (a_2 + b_2 i + c_2 j + d_2 k) \\
=&(a_1 + a_2) + (b_1 + b_2)i + (c_1 + c_2)j + (d_1 + d_2)k,
\end{aligned}
$$

则 H 是一个加法群. 如果定义

$$
i^2 = j^2 = k^2 = -1,
$$

$$ij = k, \quad ki = j, \quad jk = i,$$

$$ji = -k, \quad ik = -j, \quad kj = -i,$$

则 H 是一个非交换环, 通过计算可得

$$(a + bi + cj + dk)(a - bi - cj - dk) = a^2 + b^2 + c^2 + d^2.$$

因此 H 中每个非零元是乘法可逆的, 也就是说 H 是一个非交换的可除环, 称为四元数可除环 (quaternion division ring), 亦称为 Hamilton 四元数可除环.

由 $\{a + bi + cj + dk \mid a, b, c, d \in Z\}$ 全体所构成的集合在四元数的加法和乘法下构成一个非交换环, 称为四元整数环.

问题 2.1.69　若 R 是可除环, 则 $a \neq 0$ 时, 方程 $ax = b$ 都有解吗?

若 R 是可除环, 则 $a \neq 0$ 时, 方程 $ax = b$ 都有解 $x = a^{-1}b$, 方程 $ya = b$ 都有解 $y = ba^{-1}$.

问题 2.1.70　若 R 是有单位元的环, 对于任意 $a, b \in R, a \neq 0$, 方程 $ax = b$ 都有解, R 一定是可除环吗?

是的. 若 R 是有单位元的环, 对于任意 $a \in R, a \neq 0$, 由于方程 $ax = 1$ 有解, 故存在 b, 使得 $ab = 1$. 由于方程 $bx = 1$ 有解, 故存在 c, 使得 $bc = 1$. 故 $a(bc) = a$, 因而, 由 $(ab)c = c$ 可知 $a = c$, 因此, $ab = ba = 1$, 故 a 是可逆元, 所以, R 是可除环.

问题 2.1.71　设 R 是有单位元的环, 若 R 只有 $\{0\}$ 和 R 本身是它的左理想, R 没有其他理想, 则 R 一定是可除环吗?

是的. 对任意 $a \in R, a \neq 0$, 由于 Ra 是 R 的左理想, 并且 $Ra \neq \{0\}$, 但 R 只有 $\{0\}$ 和 R 本身是它的左理想, 故一定有 $Ra = R$. 因而存在 $b \in R$, 使得 $ba = 1$. 又由于 $b \neq 0$, 故 Rb 也是 R 的左理想, 并且 $Rb \neq \{0\}$, 所以同样有 $Rb = R$, 从而存在 $c \in R$, 使得 $cb = 1$. 由 $ba = 1$ 和 $cb = 1$ 可知 $c = c1 = c(ba) = (cb)a = 1a = a$, 故 $ba = ab = 1$, 从而 a 是乘法可逆元, 所以 R 是可除环.

问题 2.1.72　设 R 是有单位元的可除环, 则 R 只有 $\{0\}$ 和 R 本身是它的理想, R 没有其他理想吗?

是的. 若 I 是 R 的理想, 并且 $I \neq \{0\}$, 则存在 $a \in I, a \neq 0$, 因此, a 有乘法逆元 a^{-1}, 因而 $1 = a^{-1}a \in I$, 所以, $I = R$.

2.1.5　子环

问题 2.1.73　什么是子环?

设 S 是环 R 的一个非空子集, 如果在加法运算下 S 是 R 的子群, $ab \in S$ 对任何 $a, b \in S$ 成立, 则称 S 为 R 的一个子环 (subring).

问题 2.1.74 交换环的子环一定是交换环吗?

是的.

问题 2.1.75 整环的子环一定是整环吗?

是的.

问题 2.1.76 有单位元的非交换环的子环一定是非交换环吗?

不一定. 设 R 是环, R 的中心为集合 $C(R)=\{b\in R \mid ab=ba$ 对任意 $a\in R$ 成立 $\}$, 由于 $1\in C(R)$, 故 $C(R)$ 不是空集.

对任意 $a_1,a_2\in C(R)$ 和任意 $b\in R$, 有

$$a_1b=ba_1,\quad a_2b=ba_2.$$

因此

$$(a_1-a_2)b=b(a_1-a_2),$$

$$(a_1a_2)b=b(a_1a_2).$$

故

$$a_1-a_2\in C(R),\quad a_1a_2\in C(R).$$

因而, $C(R)$ 是 R 的子环. 又因为对任意 $b_1,b_2\in C(R)$, 都有 $b_1b_2=b_2b_1$, 所以 $C(R)$ 是 R 的交换子环.

问题 2.1.77 若环 R 的所有真子环都是交换环, 则 R 一定是交换环吗?

不知道. 若 $a\neq b, ab\neq ba$, 则 R 为 a 和 b 生成的环, 那么 R 的所有真子环都是交换环吗?

问题 2.1.78 设 R 是环, 但 R 不是域, R 有可能包含一个子环 F, F 是域吗?

有可能. 设 F 是一个域, 则 F 上的全体多项式 $F[x]$ 是一个环, 但不是域, F 是 $F[x]$ 上的常数多项式全体, 所以, 多项式环 $F[x]$ 包含一个域 F.

2.1.6 子环 $R[a]$

问题 2.1.79 什么是子环 R 和元素 a 生成的环?

若 R 是环 F 的子环, 则对于 $a\in F, a\notin R$, 用 $R[a]$ 记包含 R 和 $\{a\}$ 的最小的 F 的子环.

问题 2.1.80 设 Q 是有理数环, 则 $Q[\sqrt{2},\sqrt{3}]$ 和 $Q[\sqrt{2}+\sqrt{3}]$ 一定相等吗?

是的. 明显地, 有 $Q[\sqrt{2}+\sqrt{3}]\subseteq Q[\sqrt{2},\sqrt{3}]$. 反过来, 由于 $\sqrt{2}+\sqrt{3}\in Q[\sqrt{2}+\sqrt{3}]$, 故 $(\sqrt{2}+\sqrt{3})^3\in Q[\sqrt{2}+\sqrt{3}]$, 故 $2\sqrt{2}+6\sqrt{3}+9\sqrt{2}+3\sqrt{3}=11\sqrt{2}+9\sqrt{3}\in Q[\sqrt{2}+\sqrt{3}]$, 因此, $2\sqrt{2}=(11\sqrt{2}+9\sqrt{3})-9(\sqrt{2}+\sqrt{3})\in Q[\sqrt{2}+\sqrt{3}]$, 因而, $\sqrt{2}\in Q[\sqrt{2}+\sqrt{3}]$,

则 $a^2=0, b^2=0$, 因此, a,b 是幂零元, 但

$$a+b=\begin{bmatrix}0&1\\1&0\end{bmatrix},$$

故

$$(a+b)^2=\begin{bmatrix}1&0\\0&1\end{bmatrix}.$$

因此, $a+b$ 是乘法可逆元, 因而, $a+b$ 不可能是幂零元. 所以, I 一定不是 R 的理想.

问题 2.2.9　设 R_1 和 R_2 是交换环, $f: R_1 \to R_2$ 是环同态, I 是 R_2 的理想, 则 $f^{-1}(I)$ 一定是 R_1 的理想吗?

是的. 容易验证.

问题 2.2.10　设 R_1 和 R_2 是交换环, $f: R_1 \to R_2$ 是满同态, I 是 R_1 的理想, 则 $f(I)$ 一定是 R_2 的理想吗?

是的. 容易验证.

问题 2.2.11　无限的非交换环一定有无限个不同的理想吗?

不一定. 四元数可除环 (quaternion division ring)$H=\{a+bi+cj+dk \mid a,b,c,d \in R\}$ 是无限的非交换环, 但它只有两个理想 $\{0\}$ 和 H.

问题 2.2.12　设环 R 是诣零环 (nil ring), 即对任意 $a \in R$, 都存在某个正整数 n, 使得 $a^n=0$, 所有元素都是幂零元的理想 I 称为 R 的诣零理想, 若 R 没有 (双边) 诣零理想, 则 R 一定没有左 (右) 诣零理想吗?

不知道. 这是 Köthe 在 1930 年提出的猜想, 还没有解决.

2.2.2　理想与子环的关系

问题 2.2.13　环 R 的中心 $C(R)=\{b \in R \mid ab=ba$ 对任意 $a \in R$ 成立 $\}$ 一定是 R 的理想吗?

不一定. 设 R 是实数域上所有的 2×2 矩阵, 则 R 的中心 $C(R)$ 为所有形如 $\begin{bmatrix}a&0\\0&a\end{bmatrix}$ 的矩阵构成的, 但对于 $\begin{bmatrix}0&0\\1&1\end{bmatrix} \in R$, 有 $\begin{bmatrix}0&0\\1&1\end{bmatrix}\begin{bmatrix}a&0\\0&a\end{bmatrix}=\begin{bmatrix}0&0\\a&a\end{bmatrix} \notin C(R)$, 故 $C(R)$ 不是 R 的理想.

问题 2.2.14 设 $M_2(R)$ 是所有实数上的 2×2 矩阵构成的环, 所有形如

$$\begin{bmatrix} 0 & 0 \\ 0 & a \end{bmatrix}$$

的矩阵全体 J 是 $M_2(R)$ 的理想吗?

不是. 实际上, 对于

$$\begin{bmatrix} 0 & 0 \\ 0 & a \end{bmatrix} \in J, \quad \begin{bmatrix} 0 & 1 \\ 0 & 1 \end{bmatrix} \in M_2(R),$$

有

$$\begin{bmatrix} 0 & 1 \\ 0 & 1 \end{bmatrix}\begin{bmatrix} 0 & 0 \\ 0 & 1 \end{bmatrix} = \begin{bmatrix} 0 & 1 \\ 0 & 1 \end{bmatrix},$$

不属于 J, 所以, J 不是 $M_2(R)$ 的理想.

问题 2.2.15 设 S 是 R 的子环, 若 S 有无穷多个不同的理想, 问 R 是否有无穷多个理想?

不一定. 整数环 Z 是有理数环 Q 的子环, 由于不同的素数 $p, (p)$ 都是 Z 的真理想, 故 Z 有无穷多个不同的理想, 但 Q 的理想只有零理想和 Q 本身.

2.2.3 商环

问题 2.2.16 什么叫商环?

设 I 是环 R 的一个理想, 则 R/I 在乘法 $(a+I)(b+I) = ab+I$ 下构成一个环, 称为 R 关于 I 的商环 (quotient ring).

问题 2.2.17 设 I 是环 R 的理想, 则商环 R/I 是交换环的充要条件为 $rs-sr \in I$ 对任意 $r, s \in R$ 吗?

是的. 若商环 R/I 是交换环, 则对于任意 $r, s \in R$, 有 $rs+I = (r+I)(s+I) = (s+I)(r+I) = sr+I$, 故 $rs-sr+I = I$, 因而, $rs-sr \in I$.

反过来, 设 $r+I, s+I \in R/I$, 由于 $rs-sr \in I$, 因此, $rs-sr+I = I$, 故 $rs+I = sr+I$, 因而, $(r+I)(s+I) = (s+I)(r+I)$, 所以, R/I 是交换环.

问题 2.2.18 交换整环 R 的商环 R/I 一定没有零因子吗?

不一定. 设 $R = Z, I = 4Z$, 则容易知道 R 是交换整环, 但 $R/I = Z_4$ 有零因子.

问题 2.2.19 若商环 R 有零因子, 则 R/I 就一定有零因子吗?

不一定. 设 $R = Z_4, I = \{\overline{0}, \overline{2}\}$, 则 Z_4 有零因子, 但 $R/I = Z_2$ 没有零因子.

问题 2.2.20 设 R 是环, I 是 R 的理想, 若 R/I 是域, 则 R 一定是域吗?

不一定. 实际上, 对于 Z_6 的理想 $I=\{0,3\}$, Z_6/I 包含 $0+I, 1+I, 2+I$, 因此, Z_6/I 与 Z_3 同构, Z_6/I 是一个域, 但容易知道 Z_6 不是域, 也不是整环.

2.2.4　单环

问题 2.2.21　什么叫单环?

任何一个含多于 1 个元素的环 R 都有两个理想 0 和 R, 称为 R 的平凡理想. 如果一个环除了平凡理想外没有其他理想, 那么该环称为单环 (simple ring).

问题 2.2.22　域 R 一定是单环吗? 反过来呢?

域 R 一定是单环, 有单位元的交换环 R 是域的充要条件为 R 是单环.

问题 2.2.23　有不是域的单环吗? 有非交换的单环吗?

有. 实数域 R 上的 2×2 矩阵全体 $M_2(R)$ 就是非交换的单环. 若 I 是 $M_2(R)$ 的非零理想, 则一定存在 a_{ij} 不全为 0 的矩阵属于 I, 不妨设 $a_{11}\neq 0$, 由于 I 是理想, 故有

$$\begin{bmatrix} \frac{1}{a_{11}} & 0 \\ 0 & 0 \end{bmatrix}\begin{bmatrix} a_{11} & a_{12} \\ a_{21} & a_{22} \end{bmatrix}\begin{bmatrix} 1 & 0 \\ 0 & 0 \end{bmatrix}=\begin{bmatrix} 1 & 0 \\ 0 & 0 \end{bmatrix}\in I,$$

因此

$$\begin{bmatrix} 0 & 0 \\ 1 & 0 \end{bmatrix}\begin{bmatrix} 1 & 0 \\ 0 & 0 \end{bmatrix}=\begin{bmatrix} 0 & 0 \\ 1 & 0 \end{bmatrix}\in I,$$

并且

$$\begin{bmatrix} 1 & 0 \\ 0 & 0 \end{bmatrix}\begin{bmatrix} 0 & 1 \\ 0 & 0 \end{bmatrix}=\begin{bmatrix} 0 & 1 \\ 0 & 0 \end{bmatrix}\in I,$$

$$\begin{bmatrix} 0 & 0 \\ 1 & 0 \end{bmatrix}\begin{bmatrix} 0 & 1 \\ 0 & 0 \end{bmatrix}=\begin{bmatrix} 0 & 0 \\ 0 & 1 \end{bmatrix}\in I.$$

由于理想 I 是加法群, 故容易验证, 所有 2×2 矩阵都属于 I, 从而, I 是 $M_2(R)$ 的非零理想, 所以, $M_2(R)$ 是非交换的单环.

问题 2.2.24　有单位元的可除环 R 一定是单环吗?

是的. 设 I 是可除环 R 的一个理想, 若 I 不是 0 理想, 则存在非零元 $a\in I$. 由于 R 是可除环, 故 $a^{-1}\in R$, 从而 $1=aa^{-1}\in I$. 所以对任意的 $r\in R$, 都有 $r=r1\in I$, 因此 $R=I$, 所以 R 是单环.

问题 2.2.25　若 R 是有单位元的非零交换环, 并且 R 是单环, 则 R 一定是域吗?

是的. 假如 R 不是域, 则一定存在 $a \in R, a \neq 0, a$ 不是乘法可逆元, 故 $aR \neq R$. 这是由于 $aR = R$, 必存在 $b \in R$, 使得 $ab = 1$, 由 R 是交换环可知 $ba = ab = 1$, 但这与 a 不是乘法可逆元矛盾. 由于 R 有单位元, 故显然 $aR \neq \{0\}$, 因此 aR 是 R 的非平凡理想, 但这与 R 是单环矛盾, 所以, R 一定是域.

问题 2.2.26 若 R 是有单位元的非交换环, 并且 R 是单环, 则 R 一定是可除环吗?

不一定. 实数上的所有 2×2 矩阵环 $M_2(R)$ 是一个单环, 但它不是可除环.

问题 2.2.27 存在有并且只有三个不同理想的交换环吗?

是的. 对于整数环 Z, 考虑 $R = Z/25Z$, 明显的 R 有两个理想 $\{0\}$ 和 R. 另外, 设 $\alpha = 5 + 25Z, I = R\alpha$, 则 I 是 R 的理想, 并且 $I = 5k + 25Z, k \in \{0, 1, 2, 3, 4\}$. 故 I 是有 5 个元素的理想, 因此, I 与 $\{0\}$ 和 R 都不同.

另外, R 没有其他的理想, 这是由于 R 的理想一定是 R 的加法子群, R 按加法是 25 阶的循环群, 故由拉格朗日定理可知 R 的加法子群的阶只能是 1 阶, 5 阶和 25 阶, 并且容易知道 1 阶, 5 阶和 25 阶都只有唯一的子群, 所以, R 只有三个理想.

问题 2.2.28 设 R 是有单位元的交换环, 若 R 有并且只有三个理想 $\{0\}, I$ 和 R, 则对于任意 $a \notin I, a$ 都是乘法可逆元 (单位) 吗? 对于任意 $a, b \in I$, 都有 $ab = 0$ 吗?

对于任意 $a \notin I, a$ 都是乘法可逆元. 这是由于 $a \notin I$ 时, 有 $a \neq 0$, 并且 a 生成的理想 (a) 等于 R, 故存在某个 $r \in R$, 使得 $ra = 1$, 因此, 由 R 是交换环可知 $ar = ra = 1$, 所以, a 是乘法可逆元.

若 $a, b \in I$, 则 I 一定包含 ab 生成的理想 (ab). 假如 $(ab) \neq \{0\}$, 由于 R 只有三个理想, 故一定有 $(ab) = I$, 因此存在某个 $r \in R$, 使得 $a = rab$, 因而, $a(1 - rb) = 0$. $1 - rb$ 一定不属于 I(若 $1 - rb \in I$, 则 $1 = (1 - rb) + rb \in I$, 因此, $I = R$, 矛盾), 由上面的讨论可知 $1 - rb$ 一定是乘法可逆元, 从而由 $a(1 - rb) = 0$ 可知一定有 $a = 0$, 但这与 $(ab) = I$ 矛盾. 所以, $(ab) = \{0\}$, 即 $ab = 0$.

问题 2.2.29 单环的子环一定是单环吗?

不一定. 有理数环 Q 是单环, 但 Q 的子环 Z 不是单环.

2.2.5 理想的性质

问题 2.2.30 设 I, J 是 R 的理想, 则 $I \bigcap J$ 也是 R 的理想吗?

是的. 容易按定义验证.

问题 2.2.31 设 I, J 是 R 的理想, 令 $I + J = \{a + b \mid a \in I, b \in J\}$, 则 $I + J$ 是 R 的理想吗?

是的. 不难验证.

问题 2.2.32　*若 I 是环 R 的理想, 则一定有 $RI=I$ 吗?*

是的. 容易验证.

问题 2.2.33　*若环 R 不是交换的, $a\in R$, 则 $Ra=\{ba\mid b\in R\}$ 是 R 的左理想吗? Ra 是 R 的右理想吗?*

$Ra=\{ba\mid b\in R\}$ 一定是 R 的左理想, 但不一定是右理想.

问题 2.2.34　*若环 R 不是交换的, $a\in R$, 则 $aR\bigcup Ra$ 是 R 的理想吗?*

不一定. 设 R 是实数域上所有的 2×2 矩阵, $a=\begin{bmatrix}1&0\\0&0\end{bmatrix}$, 则 $aR=\begin{bmatrix}a_{11}&a_{12}\\0&0\end{bmatrix}$, $Ra=\begin{bmatrix}a_{11}&0\\a_{21}&0\end{bmatrix}$, 故 $aR\bigcup Ra=\begin{bmatrix}a_{11}&a_{12}\\0&0\end{bmatrix}$ 或 $\begin{bmatrix}a_{12}&0\\a_{21}&0\end{bmatrix}$ 不是 R 的理想. 这是因为对于 $b=\begin{bmatrix}0&1\\0&1\end{bmatrix}$, 有 $c=\begin{bmatrix}1&0\\1&0\end{bmatrix}\in aR\bigcup Ra$, 使得 $cb=\begin{bmatrix}0&1\\0&1\end{bmatrix}$ 不属于 $aR\bigcup Ra$.

问题 2.2.35　*设 I, J 是环 R 中两个理想, 若 $I\bigcap J=\{0\}$, 则对于任意 $a\in I, b\in J$, 都有 $ab=0$ 吗?*

是的. 对于任意 $a\in I, b\in J$, 由 I 是理想可知 $ab\in I$, 由 J 是理想可知 $ab\in J$, 因此, $ab\in I\bigcap J$, 所以, $ab=0$.

问题 2.2.36　*设 R 是环, 若 I 和 J 是 R 的理想, 则 I 和 J 的乘积 $\{ab\mid a\in I, b\in J\}$ 一定是 R 的理想吗?*

不一定. $R[x,y]$ 为实数上的二元多项式全体构成的环, 则容易验证 x 和 y 生成的理想 $(x,y)=\{px+qy\mid p,q\in R[x,y]\}$, 令 $I=J=(x,y)$, 则 x^2, y^2 属于 I 和 J 的乘积, 但 x^2+y^2 不属于 I 和 J 的乘积, 因此, I 和 J 的乘积在加法下不是子群, 所以, I 和 J 的乘积不是理想.

由于 $\left\{\sum\limits_{i=1}^{n}a_ib_i\mid a_i\in I, b_i\in J, n\text{ 为某个正整数}\right\}$ 是 R 的理想, 故将它规定为理想 I 和理想 J 的乘积, 不过按照代数学历史上的习惯, 还是将它记为 IJ, 称为理想 I 和理想 J 的乘积, 但一定要注意该符号所代表的是理想乘积.

问题 2.2.37　*若 I_1 和 I_2 是环 R 的两个理想, 则 $I_1I_2\subseteq I_1\bigcap I_2$ 和 $I_1I_2=I_1\bigcap I_2$ 一定成立吗?*

设 I_1 和 I_2 是环 R 的两个理想, 一定有 $I_1I_2\subseteq I_1\bigcap I_2$, 但不一定有 $I_1I_2=I_1\bigcap I_2$.

由于 I_1 和 I_2 是环 R 的两个理想, 故 $I_1I_2 \subseteq I_2, I_1I_2 \subseteq I_1$, 因而 $I_1I_2 \subseteq I_1 \bigcap I_2$.

在整数环 Z 中, 令 $I_1 = (2) = \{2a \mid a \in Z\}$ 和 $I_2 = (4) = \{4a \mid a \in Z\}$ 是 Z 的两个理想, $I_1I_2 = (8) = \{8a \mid a \in Z\}$, 并且 $I_1 \bigcap I_2 = (4) = \{4a \mid a \in Z\}$, 因此 I_1I_2 可以真包含在 $I_1 \bigcap I_2$ 内.

问题 2.2.38 设 I_1, I_2 和 I_3 是环 R 的理想, 则 $(I_1I_2)I_3 = I_1(I_2I_3), I_1(I_2+I_3) = I_1I_2 + I_1I_3$ 一定成立吗?

是的. 容易验证.

问题 2.2.39 若 I 和 J 都是环 R 的理想, 则理想 I 和 J 的乘积一定包含在 $I \bigcap J$ 吗? 有可能是真包含吗?

是的. 由于 I 和 J 都是环 R 的理想, 故对于任意 $a_i \in I, b_i \in J$, 都有 $a_ib_i \in I$, 并且 $a_ib_i \in J$, 因此, $IJ = \{\sum_{i=1}^{n} a_ib_i \mid a_i \in I, b_i \in J\} \subseteq I \bigcap J$.

在整数环 Z 中, 令 I 和 J 都是 3 生成的理想, 即 $I = J = (3)$, 则容易知道 $(3^2) \subseteq (3)$. 由于 $IJ = \{(x_1 \cdot 3)(y_1 \cdot 3) + \cdots + (x_n \cdot 3)(y_n \cdot 3) \mid x_i, y_i \in Z,\ n\text{为某个正整数}\} = \{x_1y_1 \cdot 3^2 + \cdots + x_ny_n \cdot 3^2 \mid x_i, y_i \in Z,\ n\text{为某个正整数}\} \subseteq (3^2)$, 因此, $IJ \subseteq (3^2) \subseteq (3)$, 故 $IJ \subseteq I \bigcap J$. 由 $3 \in (3) = I \bigcap J$, 但 $3 \notin (3^2)$, 故 $3 \notin IJ$, 所以, $IJ \neq I \bigcap J$.

另外, 若 $Q[x]$ 为有理数多项式环, 则对于它的理想 $I = J = (x)$, 有 $IJ = (x^2)$, 但 $I \bigcap J = (x)$, 因此, $IJ \neq I \bigcap J$.

问题 2.2.40 设 R 是交换环, $a, b \in R$, 则 $(a) \supseteq (b)$ 的充要条件是存在某个 $c \in R$, 使得 $b = ac$ 吗?

是的. 若 $(a) \supseteq (b)$, 则 $b \in (a) = \{ra \mid r \in R\}$, 故存在某个 $c \in R$, 使得 $b = ac$. 反过来, 若存在某个 $c \in R$, 使得 $b = ac$, 则 $b \in (a)$, 故 $(b) = \{rb \mid r \in R\} = \{rca \mid r \in R\} \subseteq (a)$.

问题 2.2.41 设 R 是有单位元的交换整环, $a, b \in R$, 则 $(a) = (b)$ 的充要条件是存在某个乘法可逆元 $c \in R$, 使得 $b = ac$ 吗?

是的. 由于 $(a) \subseteq (b)$, 故 $a \in (b)$, 因此, 存在某个 $c_1 \in R$, 使得 $a = bc_1$. 由于 $(b) \subseteq (a)$, 故 $b \in (a)$, 因此, 存在某个 $c_2 \in R$, 使得 $b = ac_2$. 故 $a = bc_1 = ac_1c_2$, 因而, $a(1 - c_1c_2) = 0$. 若 $a = 0$, 则 $b = 0$, 结论明显成立. 若 $a \neq 0$, 由于 R 是整环, 因此, $c_1c_2 = 1$, 故存在乘法可逆元 $c = c_1c_2 \in R$, 使得 $b = ac$.

问题 2.2.42 设 I, J 是环 R 中两个理想, 什么时候称 I, J 是互素的?

设 I, J 是环 R 中两个理想, 若 $I + J = R$, 则称 I, J 是互素的 (coprime).

问题 2.2.43 设 R 是环, I, J, K 都是环 R 的理想, 若 I, J 都与 K 互素的,

则 $IJ=\left\{\sum_{i=1}^{n}a_ib_i \mid a_i\in I,b_i\in J,n\text{ 为某个正整数}\right\}$ 是环 R 的理想, 并且 IJ 与 K 互素吗?

是的. 由于 $I+K=R$, $J+K=R$, 故存在 $a\in I,k_1\in K,b\in J,k_2\in K$, 使得

$$a+k_1=1,\quad b+k_2=1,$$

因此

$$(a+k_1)(b+k_2)=ab+(ak_2+k_1b+k_1k_2)=1.$$

由 K 是环 R 的理想可知, $ak_2+k_1b+k_1k_2\in K$, 因而

$$1=ab+(ak_2+k_1b+k_1k_2)\in IJ+K.$$

从而由 IJ 的定义可知, IJ 为环 R 的理想, 故 $IJ+K$ 是环 R 的理想, 因此 $IJ+K=R$, 所以 IJ 与 K 互素.

问题 2.2.44 设 R 是交换环, I,J 都是环 R 的理想, 若 I,J 互素, 则 $IJ=I\bigcap J$ 一定成立吗?

是的. 由于 I,J 都是环 R 的理想, 故明显地 $IJ\subseteq I\bigcap J$.

反过来, 由于 I, J 互素, 故存在 $a\in I,b\in J$, 使得 $a+b=1$, 因此对任意的 $c\in I\bigcap J$, 有

$$ca+cb=c.$$

由于 R 是交换环, 故 $c=ac+cb\in IJ$, 于是 $I\bigcap J\subseteq IJ$, 所以 $IJ=I\bigcap J$.

问题 2.2.45 什么叫 $a\in R$ 的零化子?

设 R 是交换环, $a\in R$, 则称 $\mathrm{Ann}(a)=\{b\in R\mid ba=0\}$ 为 R 的零化子 (annihilator).

问题 2.2.46 设 R 是交换环, $a\in R$, 则 a 的零化子 $\mathrm{Ann}(a)$ 一定是 R 的理想吗?

是的. 只需按定义验证.

问题 2.2.47 设 R 是非交换环, I 和 J 都是 R 的理想, 若 $I+J=R$, 则 $I\bigcap J=IJ$ 一定成立吗?

不一定. 设 R 是实数上的上三角 2×2 矩阵构成的环, 令

$$a=\begin{bmatrix}1&0\\0&0\end{bmatrix},\quad b=\begin{bmatrix}0&0\\0&1\end{bmatrix}$$

理想 $I=(a), J=(b)$, 则理想 I 的元都具有形式

$$\begin{bmatrix} x & 0 \\ 0 & 0 \end{bmatrix},$$

理想 J 的元都具有形式

$$\begin{bmatrix} 0 & y \\ 0 & z \end{bmatrix},$$

因此, $I+J=R$, 并且 $I\bigcap J=\{0\}$. 但对于

$$c=\begin{bmatrix} 0 & 1 \\ 0 & 1 \end{bmatrix},$$

有

$$ac=\begin{bmatrix} 0 & 1 \\ 0 & 0 \end{bmatrix}\in IJ,$$

所以, $I\bigcap J\neq IJ$.

问题 2.2.48 设 R 是环, I, J 和 K 都是 R 的理想, 则 $I\bigcap(J+K)=I\bigcap J+I\bigcap K$ 一定成立吗?

设 $R=Q[x,y]$ 为有理数域 Q 上的多项式全体构成的环, 令 $I=(x), J=(y)$ 和 $K=(y-x^2)$, 则 $x^2\in(x)\bigcap(y,y-x^2)=I\bigcap(J+K)$. 另外, 容易验证 $I\bigcap J=(xy), I\bigcap K=(xy-x^3)$. 由于 x^2 不能写成 $xyp(x,y)+(xy-x^3)q(x,y)$ 的形式, 故 $x^2\notin I\bigcap J+I\bigcap K$. 所以, $I\bigcap(J+K)=I\bigcap J+I\bigcap K$ 不一定对任意 R 的理想 I, J 和 K 都成立.

2.2.6 主理想

问题 2.2.49 什么叫子集 S 在 R 中生成的理想?

设 R 是一个环, S 是 R 的一个非空子集, 令 (S) 为 R 中所有包含 S 的理想的交, 则 (S) 是一个理想, 称为 S 在 R 中生成的理想.

问题 2.2.50 什么叫有限生成的理想?

设 I 是 R 的一个理想, 如果存在 R 的一个有限子集 S 使 $I=(S)$, 则称 I 是一个有限生成的理想 (finitely generated ideal).

问题 2.2.51 什么叫主理想?

若 I 可由一个元素生成, 则 I 称为一个主理想 (principal ideal).

问题 2.2.52 整数环 Z 的每个理想都是主理想吗?

是的. 实际上, 若 I 是 Z 的一个理想, 则 I 有非零元, 故存在绝对值最小的整数 $b \in I$. 对任意的 $a \in I$, 一定有绝对值小于 b 的 r, 使得 $a = bc + r$, 由 I 是 Z 的理想可知 $bc \in I$, 理想是加法子群, 故 $r \in I$, 由于 b 是 I 中绝对值最小的整数, 因而 $r = 0$, 所以 $I = (b)$ 是主理想.

问题 2.2.53　$Z[\sqrt{-5}]$ 的每个理想都是主理想吗?

不一定. 设 I 是 2 和 $1 + \sqrt{-5}$ 生成的理想, 则 I 不是 $Z[\sqrt{-5}]$ 的主理想.

问题 2.2.54　设 I, J 是环 R 的理想, 并且 $I \subseteq J \subseteq R$, 若 J 是主理想, 则 I 一定是主理想或有限生成的理想吗?

不一定. 设 $R[x_1, x_2, \cdots, x_n, \cdots]$ 为实数 R 上的无数个变量的多项式全体, 则 $R[x_1, x_2, \cdots, x_n, \cdots]$ 是一个多项式环, 令 $I = (x_1x_2, x_1x_3, \cdots, x_1x_n, \cdots)$ 和 $J = (x_1)$ 为 $R[x_1, x_2, \cdots, x_n, \cdots]$ 的理想, 则 $I \subseteq J$, 并且 J 是主理想, 但 I 不是主理想或有限生成的理想.

问题 2.2.55　设交换整环 R 不是主理想整环, 则 R 一定存在极大理想 I, I 不是主理想吗?

是的. 由于 $P = \{I$ 是 R 的理想, 但 I 不是主理想 $\}$, 则 P 不是空集, 因此, 利用 Zorn 引理, 不难证明 P 一定有极大元, 所以, R 一定有不是主理想的极大理想.

问题 2.2.56　设交换整环 R 不是主理想整环, 则 R 一定存在素理想 I, I 不是主理想吗?

是的. 由于交换整环 R 不是主理想整环, 故 R 一定存在极大理想 I, I 不是主理想. 假如 I 不是素理想, 则一定存在 $x, y \in R$, 使得 $xy \in I$, 但 $x \notin I, y \notin I$. 令 $I_x = I + (x), I_y = I + (y)$. 由于 $x \notin I$, 故 $I_x \supseteq I$, 但 $I_x \neq I$. 既然 I 是不是主理想的极大理想, 因此, I_x 一定是主理想, 故存在 $\alpha \in R$, 使得 $I_x = (\alpha)$. 令 $J = \{r \in R \mid rI_x \subseteq I\}$, 则由 $xy \in I$ 可知 J 是包含 I_y 的理想, 故 J 也是主理想, 因而存在 $\beta \in R$, 使得 $J = (\beta)$. 对于任意的 $a \in I$, 由 $I \subseteq I_x = (\alpha)$ 可知存在某个 $r \in R$, 使得 $a = r\alpha$. 由于 $rI_x = r(\alpha) \subseteq I$, 故由 J 的定义可知 $r \in J$, 因而, $a \in I_xJ$. 由于 $a \in I$ 是任意的, 故 $I \subseteq I_xJ$. 另外, 从 J 的定义可知 $I_x \subseteq J$, 故 $I = I_xJ = (\alpha)(\beta) = (\alpha\beta)$, 但这与 I 不是主理想矛盾, 所以, I 一定是素理想, 因而, R 一定存在不是主理想的素理想 I.

问题 2.2.57　设 R 是有单位元的交换布尔环, 即对于任意 $a \in R$, 都有 $a^2 = a$, R 的任意素理想都是极大理想吗? R 的每个有限生成的理想都一定是主理想吗?

若 R 是有单位元的交换布尔环, 则 R 的任意素理想都是极大理想. 实际上, 设 I 是 R 的素理想, 则对于任意 $a \notin I$, 都有 $a^2 - a = 0 \in I$, 故 $a(a-1) \in I$, 由 I 是素理想可知 $a - 1 \in I$, 因此, $a + I = 1 + I$, 因而, R/I 只有两个元素 $0 + I$ 和 $1 + I$,

因此, R/I 是域, 所以, I 一定是极大理想.

有单位元的交换布尔环 R 的每个有限生成的理想都一定是主理想. 容易知道只需证明两个元素生成的理想是主理想, 然后就可以用归纳法证明有限生成的理想都一定是主理想. 假如 I 是 a 和 b 生成的理想, 由 $a=a(a+b-ab)$ 和 $b=b(a+b-ab)$ 可知 $I=(a+b-ab)R$, 所以, I 是由 $a+b-ab$ 生成的主理想.

问题 2.2.58 设 $f: R_1 \to R_2$ 是环的满同态, 若 R_1 是主理想交换整环, 则 R_2 的任意理想都是主理想吗?

若 R_1 是主理想交换整环, 则 R_2 的任意理想都是主理想. 实际上, 若 I 是 R_2 的理想, 则 $f^{-1}(I)$ 是 R_1 的理想, 由 R_1 是主理想交换整环可知存在某个 $g \in R_1$, 使得 $f^{-1}(I)=(g)$. 既然 f 是满射, 因此, $f(f^{-1}(I))=I$. 故 I 中的每个元都具有 $f(a)$ 的形式 (这里 $a \in (g)$). 由 $a \in (g)$ 可知存在 $r \in R_1$ 使得 $a=rg$, 故 I 中的每个元都具有 $f(a)=f(r)f(g)$ 的形式, 由于 f 是满射, 故对于任意 $s \in R_2$ 都存在 $r \in R_1$ 使得 $s=f(r)$, 因而, $I=f(f^{-1}(I))=(f(g))$, 所以, I 是 R_2 的主理想.

2.3 环的同态

2.3.1 环同态的定义和性质

问题 2.3.1 什么叫环的同态?

设 R_1, R_2 是两个环, 映射 $f: R_1 \to R_2$ 称为一个同态 (homomorphism), 如果

(1) 对任何 $a, b \in R_1$, 都有 $f(a+b)=f(a)+f(b)$;

(2) 对任何 $a, b \in R_1$, 都有 $f(ab)=f(a)f(b)$.

问题 2.3.2 设 R_1, R_2 是环, $f: R_1 \to R_2$ 为同态, 则下面性质成立吗?

(1) 同态 $f: R_1 \to R_2$ 把 R_1 的零元映成 R_2 的零元;

(2) 对任意 $a \in R_1$ 和正整数 n, 有 $f(a^n)=f(a)^n$;

(3) 对任意乘法可逆元 $a \in R_1$, 有 $f(a^{-1})=f(a)^{-1}$.

是的. 容易验证.

问题 2.3.3 若 f 为有单位元 $(1 \neq 0)$ 的环 R_1 与环 R_2 的单同态, 则 $f(1)$ 一定是 R_2 的单位元吗?

不一定. 设 f 为实数环 R 到实数上的 2×2 矩阵环的映射, 对于任意 $a \in R$, 有

$$f(a)=\begin{bmatrix} a & 0 \\ 0 & 0 \end{bmatrix},$$

则 f 是环同态, 并且是单射, 但 $f(1)$ 不是 2×2 矩阵环的单位元.

问题 2.3.18　设m,n为正整数，则环mZ与nZ同构的充要条件是 $m=n$ 吗？

是的. 若 $f:mZ\to nZ$ 是同构, 则一定有 $f(m)=\pm n$. 不妨设 $f(m)=n$, 则 $n\cdot n=f(m)\cdot f(m)=f(m\cdot m)=m\cdot f(m)=m\cdot n$, 所以, $m=n$.

问题 2.3.19　整数环 Z 到 Z 的同构一定是恒等映射吗？

是的. 设 $f:Z\to Z$ 是同构, 则 $f(1)=f(1\cdot 1)=f(1)^2$, 因此, $f(1)=0$ 或 $f(1)=1$, 由于 f 是满射, 故一定有 $f(1)=1$. 所以, f 一定是恒等映射.

问题 2.3.20　实数环 R 到 R 的同构一定是恒等映射吗？

是的. 容易知道, 若 $f:R\to R$ 是同构, 则一定有 $f(1)=1$.

对于任意 $n\in Z$, 有 $f(n)=n\cdot f(1)=n\cdot 1=n$, 故对于任意 $\dfrac{n}{m}\in Q$, 有

$$m\cdot f\left(\frac{n}{m}\right)=f\left(m\cdot\frac{n}{m}\right)=f(n)=n,$$

故 $f\left(\dfrac{n}{m}\right)=\dfrac{n}{m}$, 对任意 $\dfrac{n}{m}\in Q$ 都成立.

若 $a\in R, a\geqslant 0$, 则 $f(a)=f(\sqrt{a}^2)=f(\sqrt{a})^2\geqslant 0$, 因此, 对于 $a,b\in R, a\leqslant b$ 时, 一定有 $f(a)\leqslant f(b)$.

假设存在 $c\in R$, 使得 $f(c)\neq c$, 则不妨设 $f(c)<c$, 由于一定存在有理数 r, 使得 $f(c)<r<c$, 但 $f(r)=r$, 并且由 $r<c$ 可得 $f(r)<f(c)$, 因此, $f(c)<r=f(r)<f(c)$, 这个矛盾说明, 对于任意 $c\in R$, 都一定有 $f(c)=c$, 所以, 实数环 R 到 R 的同构一定是恒等映射.

问题 2.3.21　对于两个不同的素数 p 和 q, 有可能存在环 R, R 有两个子环分别与 Z_p 和 Z_q 同构吗？

有可能. 明显地, 环 $Z_p\times Z_q$ 有两个子环分别与 Z_p 和 Z_q 同构.

问题 2.3.22　环 R 有可能与它的真子环同构吗？

有可能. 设 $R=\{(a_1,a_2,\cdots,a_n,\cdots)\mid a_i$ 是实数$\}$, 在按坐标的加法和乘法下是环. 取 $S=\{(0,a_1,a_2,\cdots,a_n,\cdots)\mid a_i$ 是实数$\}$, 则容易知道 S 是 R 的子环, 并且 $f(a_1,a_2,\cdots,a_n,\cdots)=(0,a_1,a_2\cdots,a_n,\cdots)$ 是环同构. 所以, 环 R 与它的真子环 S 同构.

2.3.2　环的同态和同构定理

问题 2.3.23　什么是环同态基本定理？

环同态基本定理: 设 $f:R_1\to R_2$ 是一个环同态, 则 $\mathrm{Ker}(f)$ 是 R_1 的真理想, 且

$$R_1/\mathrm{Ker}(f)\cong\mathrm{Im}(f).$$

问题 2.3.24 环 Z_6 和 $Z_2 \times Z_3$ 同构吗?

是的. 定义 Z 到 $Z_2 \times Z_3$ 的映射为 $f(n) = (n \pmod 2), n \pmod 3))$, 则容易验证 f 为环同态, 并且 $\mathrm{Ker}(f) = 6Z$, 因此, $Z/6Z$ 与 $Z_2 \times Z_3$ 同构, 所以, 环 Z_6 和 $Z_2 \times Z_3$ 同构.

问题 2.3.25 什么是环第一同构定理?

环第一同构定理: 设 S 是环 R 的一个子环, I 是 R 的一个理想, 则 $S + I = \{a + b \mid a \in S, b \in I\}$ 是 R 的子环, I 是 $S + I$ 的理想, $S \bigcap I$ 是 S 的理想, 且

$$(S + I)/I \cong S/(S \bigcap I).$$

问题 2.3.26 什么是环第二同构定理?

环第二同构定理: 设 R 是一个环, I, J 都是 R 的理想, 并且 $I \subseteq J$, 则 J/I 是 R/I 的理想, 并且

$$(R/I)/(J/I) \cong R/J.$$

问题 2.3.27 若集合 S 是环, 但 S 没有单位元, 则是否存在有单位元的环 R 和 $f : S \to R$, 满足

$$f(a + b) = f(a) + f(b), f(ab) = f(a)f(b),$$

并且 f 是单射?

是的. 令 $H = \{(a, m) \mid a \in R, m \in Z\}$, 对任意的 $(a, m) \in H, (b, n) \in H$, 定义

$$(a, m) + (b, n) = (a + b, m + n),$$

$$(a, m)(b, n) = (ab + na + mb, mn),$$

则不难验证, H 关于上面的定义构成一个环.

对任意的 $(a, m) \in H$, 有

$$(a, m)(0, 1) = (a0 + 1a + m0, m1) = (a, m),$$

$$(0, 1)(a, m) = (0a + m0 + 1a, 1m) = (a, m),$$

故 $(0, 1)$ 是 R 的单位元.

对任意的 $a, b \in S$, 定义 $f : S \to R, a \mapsto (a, 0)$, 则容易验证

$$f(a + b) = f(a) + f(b), \quad f(ab) = f(a)f(b),$$

并且 f 是单射.

由上面问题可知, 若 S 是环, 但 S 没有单位元, 则 S 可嵌入含有单位元的环 R 中. 这就是有的书中环的定义要求一定要有单位元的一个原因.

问题 2.3.28 设 R 是有单位元的环, 若对于某个固定的 $n>1$, R 到 R 的映射 $f:a\to a^n$ 是环同态, 并且它是满的, 则 R 一定是交换环吗?

是的. 这是 Herstein 在 1961 年得到的结果①.

2.4 域

2.4.1 域的定义

问题 2.4.1 什么叫域?

一个交换可除环称为域 (field). 域的子环如果是域, 则称为一个子域 (subfield).

问题 2.4.2 设 F 是所有具有如下形式的矩阵

$$A=\begin{bmatrix} a & -b \\ b & a \end{bmatrix},$$

则 F 是域吗?

是的. 定义映射 f 从 F 到复数域 C 为 $f(A)=a+bi$, 则不难验证 f 是域同构.

问题 2.4.3 设 F 是域, $a\in F$ 满足 $a^{-1}=a$, 则 a 一定是 1 吗?

不一定. 若 $a^{-1}=a$, 则 $a^2=a\cdot a^{-1}=1$, 故 $1-a^2=0$, 因此, $(1-a)(1+a)=0$, 所以, $a=1$ 或者 $a=-1$.

问题 2.4.4 若 p 是一个素数, 则剩余类环 Z_p 是一个域吗?

是的. 不难验证 $Z_p=\{\overline{0},\overline{1},\cdots,\overline{p-1}\}$ 是一个有单位元的交换环.

对于 Z_p 的任意一个非零元 $\overline{a}$, 不妨设 $1<a\leqslant p-1$, 由于 p 是素数, 故 $(a,p)=1$, 从而存在 u,v, 使得

$$ua+vp=1.$$

因此 $\overline{ua}+\overline{vp}=\overline{ua+vp}=\overline{1}$, 又因为 $\overline{vp}=0$, 所以 $\overline{u}\,\overline{a}=\overline{ua}=\overline{1}$, 即 $\overline{a}$ 是可逆元, 所以剩余类环 Z_p 是一个域.

问题 2.4.5 若 F 是一个域, $a,b\in F$, 若 $3a=3b$, 则一定有 $a=b$ 吗?

不一定. 明显地, Z_3 是一个域, 对于 $\overline{1},\overline{2}\in Z_3$, 有 $3\overline{1}=\overline{3}=\overline{0}, 3\overline{2}=\overline{0}$, 但 $\overline{1}\neq\overline{2}$.

问题 2.4.6 若 R 是环, 则 R 一定有一个子环是域吗?

若环 R 有单位元 1, 则 R 一定有一个子环是域, 实际上, $S=\{0,1\}$ 是 R 的子环, 也是域. 若环 R 没有单位元 1, 则 R 不一定有一个子环是域, 如零环就没有子环是域.

① Herstein I N. Power maps in rings. Michigan Math. J., 1961, 8: 29–32.

问题 2.4.7 若 F 是域, 则 F 包含 1 的子环 R 一定是整环吗?

是的. 若 $a,\ b \in R, a \neq 0, ab = 0$, 则由 $a,\ b \in F$ 可知 $b = 0$, 因此, R 是整环.

问题 2.4.8 若 F 是域, 则 F 包含 1 的子环 R 一定是域吗?

不一定. 实数域 R 的包含 1 的子环 Z 不是域.

问题 2.4.9 若 F 是域, 则 $F \times F$ 是域吗?

不是. 容易知道, 对于 $(1,0), (0,1) \in F \times F$, 有 $(1,0)(0,1) = (0,0)$, 因此, $F \times F$ 有零因子, 所以, $F \times F$ 不是域.

问题 2.4.10 对于两个不同的素数 p 和 q, 有可能存在域 R, R 有两个子环分别与 Z_p 和 Z_q 同构吗?

不可能. 若有两个不同的素数 p 和 q, 在域 R, R 有两个子环分别与 Z_p 和 Z_q 同构, 则存在 R 的分式域, 在同构的意义下, 包含两个不同的素子域 Z_p 和 Z_q, 因此, 这两个子域的单位元是不同的, 并且满足 $x^2 - x = 0$, 但明显地, 在一个域中, 满足 $x^2 - x = 0$ 的元素只有该域的单位元, 矛盾.

问题 2.4.11 若理想 $\{0\}$ 是环 R 的极大理想, 则 R 一定是域吗? 若 R 是交换环呢?

$\{0\}$ 是非交换环 R 的极大理想, 则 R 不一定是域. 若 $H = \{a + bi + cj + dk \mid$ 这里 a, b, c, d 都是实数 $\}$ 为 Hamilton 四元数可除环, 则对于 H 的任意非零理想 J, 一定存在 $a \neq 0, a \in J$, 由于 H 是可除环, 故存在 $b \in H$, 使得 $ba = 1$, 因此, $1 \in J$, 因而, $J = H$, 所以, $\{0\}$ 是 H 的极大理想, 但 H 不是交换环, 故 H 不是域.

若理想 $\{0\}$ 是有单位元的交换环 R 的极大理想, 则 R 一定是域. 实际上, 对于任意 $a \in R, a \neq 0$, 由于 a 生成的理想一定包含 $\{0\}$, 故由 $\{0\}$ 是交换环 R 的极大理想可知 $(a) = R$, 因此, 存在 $b \in R$, 使得 $ba = 1$, 因而由 R 是交换环可知 b 是 a 的逆元, 所以, 交换环 R 一定是域.

问题 2.4.12 若交换环 R 有并且只有一个极大理想, 则 R 一定是域吗?

不一定. $Z_{(2)} = \left\{\dfrac{p}{q} \mid p, q \in Z,\ p\text{是奇数}\right\}$ 有并且只有一个极大理想 I, I 为 $Z_{(p)}$ 中所有乘法不可逆的元全体, 但 $Z_{(p)}$ 不是域.

另一个例子为 $Z_2(i) = \{0, 1, i, 1+i\}$ 有并且只有一个极大理想 $I = \{0, 1+i\}$, 但由于 $1+i$ 没有乘法可逆元, 因此, $Z_2(i)$ 不是域.

问题 2.4.13 存在有并且只有两个极大理想的交换环吗?

是的. 设 $Z_2(i) = \{0, 1, i, 1+i\}$, 则 $Z_2(i) \times Z_2(i)$ 有并且只有两个极大理想. 它们是 $I = \{(0,0), (0,1), (0,i), (0,1+i)\}$ 和 $J = \{(0,0), (1,0), (i,0), (1+i,0)\}$.

问题 2.4.14 设 R_1 和 R_2 都是交换环, 则 I 是 $R_1 \times R_2$ 的理想的充要条件为

2.4.5 极大理想

问题 2.4.26 什么是极大理想?

设 I 是环 R 的一个理想, $I \neq R$, 若 I 和 R 之间没有其他理想, 则称 I 是 R 的一个极大理想 (maximal ideal).

问题 2.4.27 每个有单位元的交换环都一定有极大理想吗?

是的. 根据集合论中的 Zorn 引理可以证明. 设 I 是 R 的真理想, 记 $A = \{J$ 是 R 的真理想, 并满足 $I \subseteq J\}$, 用包含作为偏序.

选取 A 中的一个链 $B = (K_\omega)_{\omega\in\Omega}$, 则 $K = \bigcup_{\omega\in\Omega} K_\omega$ 是 R 的一个理想. 假如 $1 \in K$, 则一定存在某个 ω, 使得 $1 \in K_\omega$, 但这与 K_ω 是 R 的真理想矛盾, 因此, K 是 R 的真理想. 明显地, K 包含理想 I, 故 $K \in A$, 因此, A 中的每个链在 A 中都有上界. 由 Zorn 引理可知, A 一定包含极大元 M, 所以, M 就是一个包含 I 的极大理想.

问题 2.4.28 设 I 是交换环 R 的真理想, 则 I 是极大理想的充要条件是对每个 $a \in R \setminus I$, 都存在 $b \in R$, 使得 $1 - ab \in I$ 吗?

是的. 若存在理想 J 使得 $I \subseteq J \subseteq R$, 并且 $I \neq J$, 取 $a \in J, a \notin I$, 则存在 $b \in R$, 使得 $c = 1 - ab \in I$, 故 $1 = c + ab \in J$, 因此, $J = R$, 所以, I 为 R 的极大理想.

若 I 是极大理想, 则对于任意 $a \in R, a \notin I$, 由 a 和 I 生成的理想一定等于 R. 由于 a 和 I 生成的理想为 $\{ra + u \mid r \in R, u \in I\}$, 因此, 由 $1 \in R$ 可知存在 $u \in I, b \in R$, 使得 $1 = ba + u$, 故 $1 - ab = u \in I$.

问题 2.4.29 没有单位元的环都一定有极大理想吗?

不一定. 零环 $\{0\}$ 是没有单位元的环, 并且不存在极大理想的例子. 对于非零环, Henriksen 在 ①中, 证明交换环 R 没有极大理想的充要条件为: R 是根环 (radical ring) 和 $r^2 + pR = R$ 对每个素数 $p \in Z$ 成立.

问题 2.4.30 每个环都一定有不是 $\{0\}$ 的极大理想?

不一定. 如实数环 R 没有不是 $\{0\}$ 的极大理想.

问题 2.4.31 设 R 是实数环, 环 $R \times R$ 有哪些极大理想?

容易验证, $I = R \times \{0\}$ 和 $J = \{0\} \times R$ 是 $R \times R$ 的理想, 由于 $R \times R/I \cong R$ 和 $R \times R/J \cong R$ 可知 I 和 J 都是 $R \times R$ 的极大理想.

若 K 是 $R \times R$ 的极大理想, 则有 $\{(0,0)\}$ 不是极大理想可知一定存在不全为

① Henriksen M. A simple characterization of commutative rings without maximal ideals. American Mathematical Monthly, 1975, 82. 5: 502–505.

0 的 $a,b \in R$, 使得 $u=(a,b)\in R$, 假如 $ab \neq 0$, 则存在 $v=\left(\frac{1}{a},\frac{1}{b}\right)\in R$, 使得 $uv=(1,1)\in R$, 故 $K=R$, 但这与 K 是极大理想矛盾, 因此, 一定有 $a=0$ 或者 $b=0$, 所以, 环 $R\times R$ 的极大理想只有 I 和 J.

问题 2.4.32 设 $C[0,1]$ 为 $[0,1]$ 上的连续函数全体构成的环, 则 $I=\{f\in C[0,1]\mid f(0)=0\}$ 是 $C[0,1]$ 的极大理想吗?

是的. 设 J 是 $C[0,1]$ 的一个包含 I 的理想并且 $J\neq I$, 则存在 $f\in J, f\notin I$, 故 $f(0)\neq 0$. 令 $g(x)=1-\frac{f(x)}{f(0)}$, 则 $g(0)=0$, 因此 $g\in I\subseteq J$, 由 J 是理想可知 $\frac{1}{f(0)}f(x)\in J$, 因而 $1=g(x)+\frac{1}{f(0)}f(x)\in J$, 故 $J=C[0,1]$, 所以, I 是 $C[0,1]$ 的极大理想.

问题 2.4.33 设 I 是有单位元的交换环 R 的一个理想, 则 R/I 是一个域当且仅当 I 是 R 的一个极大理想吗?

是的. 设 R/I 是域, 欲证 I 是 R 的一个极大理想. 若 J 是 R 的一个包含 I 的理想并且 $J\neq I$. 任取 $a\in J$, $a\notin I$, 则 $a+I$ 是 R/I 中的非零元, 因此存在 $b+I$, 使得 $(a+I)(b+I)=1+I$, 从而 $ab-1\in I$. 记 $u=ab-1$, 则 $u\in I$, $1=ab-u$. 由于 $a\in J$, J 是 R 的理想, 故 $ab\in J$, 从而由 $u\in I\subseteq J$ 可知 $ab-u\in J$, 故 $1\in J$, 因此 $J=R$, 所以 I 是 R 的一个极大理想.

反过来, 设 I 是 R 的一个极大理想. 设 $a\in R, a\notin I$, 令 J 为由 I 和 a 生成的理想. 根据极大理想定义得 $J=R$, 故 $1\in J$, 由于 $J=(I\bigcup\{a\})=\{ba+u\mid u\in I, b\in R\}$, 故存在 $a\in R, u\in I$, 使得 $1=ba+u$, 由于 $ab=1-u$, 故 $(a+I)(b+I)=1+I$, 因此 $a+I$ 是可逆元, 所以 R/I 是一个域.

问题 2.4.34 设 I 是有单位元的交换环 R 的一个理想, 则 R/I 是一个域当且仅当 I 是 R 的一个极大理想, 能给出该结果的一个应用吗?

设 l_∞ 为所有有界的实数数列, 在坐标的加法和乘法下, 容易验证 l_∞ 是一个交换环, 其中零元为 $(0,0,\cdots)$, 单位元为 $(1,1,\cdots)$. 若 $I_n=\{(a_i)\in l_\infty\mid a_n=0\}$, 则容易验证 I_n 都是 l_∞ 的理想. 定义映射 $\pi_n: l_\infty\to R$ 为 $(a_i)\mapsto a_n$, 则 π_n 为环同态, 并且 $\mathrm{Ker}(\pi_n)=I_n, \mathrm{Im}(\pi_n)=R$, 因此, l_∞/I_n 与 R 同构, 故 l_∞/I_n 是域, 所以, I_n 是 l_∞ 的极大理想.

问题 2.4.35 设 I 是没有单位元的交换环 R 的一个理想, 若 I 是 R 的一个极大理想, 则 R/I 是一个域吗?

不一定. 交换环 $2Z$ 没有单位元, 对于它的理想 $I=(2)=2\times 2Z=\{2(2k)\mid k\in Z\}$, I 是 $2Z$ 的极大理想, 但 $2Z/I=\{2k(4)\mid k\in Z\}=\{\overline{0}=2Z,\overline{2}=2+2Z\}$ 不是

域, 实际上, $\overline{2} \neq \overline{0}$, 但 $\overline{2} \times \overline{2} = 0$.

问题 2.4.36 设 R 是一个环, 则 R 的极大理想是否一定唯一?

不一定, 如整数环 Z, Z 有极大理想 (2), (3) 和 (5) 等.

问题 2.4.37 设 R_1 和 R_2 是环, I 是 R_2 的极大理想, $f: R_1 \to R_2$ 是环同态, 则 $f^{-1}(I)$ 一定是 R_1 的极大理想吗?

是的. 容易验证.

2.4.6 环和域的特征

问题 2.4.38 什么是环中元素的周期?

设 R 是一个环, a 是 R 的非零元, 若存在某个正整数 m, 使得 $ma = 0$, 就称 a 是周期元. 若 m 是使得 $ma = 0$ 的最小非负整数, 则称 m 为 a 的周期.

问题 2.4.39 什么是环 R 的特征?

设 R 是一个环, 若存在非零正整数 n, 使得对 R 的一切非零元 a, 都有 $na = 0$, 则这样的正整数中最小的就称为环 R 的特征 (characteristic). 若不存在这样的正整数, 则称该环的特征为零或者 ∞.

问题 2.4.40 整环 R 的特征 p 一定是素数吗?

是的. 若 a 是 R 的非零元, $ma = 0$, 则对任意的 $b \in R$, 有 $(ma)b = 0$, 故 $a(mb) = 0$. 由于 R 是一个整环, 故 $mb = 0$. 记使得 $ma = 0$ 的最小正整数为 p, 如果 p 不是素数, 则存在 m_1, m_2, 使得 $p = m_1m_2$. 由 $m_1m_2a = pa = 0$ 可知, $m_1m_2a = m_1m_2(1a) = (m_21)(m_1a) = 0$, 故 $m_1a = 0$ 或 $m_2a = 0$, 但这与 p 是最小正整数矛盾, 所以一定存在素数 p, 使得对 R 的一切非零元 a, 都有 $pa = 0$.

问题 2.4.41 设 R 是环, 是否一定存在素数 p, 使得对 R 的一切非零元 a, 都有 $pa = 0$?

不一定. 实际上, 在环 $Z_2 \oplus Z_3$ 中, $(1, 0)$ 的周期为 2, 但 $(0, 1)$ 的周期是 3, 因此在 $Z_2 \oplus Z_3$ 不存在素数 p, 使得对 $Z_2 \oplus Z_3$ 的一切非零元 a, 都有 $pa = 0$.

问题 2.4.42 设环 R 存在素数 p, 使得对 R 的一切非零元 a, 都有 $pa = 0$, 则 R 一定是整环吗?

不一定. 设 R 是取值于模 3 的剩余类域 Z_3 的所有 2×2 矩阵全体构成的环, 则对 R 的一切非零元 a, 都有 $3a = 0$, 但容易验证 R 不是整环.

问题 2.4.43 设 R 是特征为素数 p 的有单位元的交换环, 若 a 是 R 的幂零元, 则一定存在正整数 n, 使得 $(1 + a)^n = 1$ 吗?

是的. 由于 a 是幂零元, 故存在正整数 m, 使得 $a^m = 0$. 由 p 是素数可知一定

存在某个正整数 k, 使得 $p^k > m$, 故 $(1+a)^{p^k} = 1^{p^k} + a^{p^k} = 1 + a^m a^{p^k - m} = 1 + 0 = 1$.

问题 2.4.44 设 R 是整环, I 是 R 的理想, 并且 $I \neq R$, 则 R/I 的特征一定与 R 的特征一样吗?

是的. 由于 R 是整环, 故 R 的特征是素数 p. 由于 $I \neq R$, 故 $1+I$ 不是 R/I 中的零元. 由 $p(1+I) = p1 + I = 0 + I$ 可知 R/I 的特征一定小于等于 p. 假如 R/I 的特征严格小于 p, 则 $1+I$ 在 R/I 中生成的循环群的阶一定整除 p, 既然 $1+I \neq 0+I$, 因此, $1+I$ 的阶不是 1, 因而, $1+I$ 的阶一定是 p, 所以, R/I 的特征一定是 p.

问题 2.4.45 设 $I = (2+i)$ 是整环 $Z[i]$ 的理想, 则 $Z[i]/I$ 的特征是什么?

$Z[i]/I$ 的特征是 5. $1+I$ 不是 $Z[i]/I$ 中的零元. 这是由于若 $1+I$ 是 $Z[i]/I$ 中的零元, 则 $1 \in I = (2+i)$, 即存在 $a+bi \in Z[i]$, 使得 $(a+bi)(2+i) = 1$ 的话, 则 $a+bi = \dfrac{1}{2+i} \in Z[i]$, 但是 $\dfrac{1}{2+i} = \dfrac{2}{5} - \dfrac{i}{5}$, 故明显地, $\dfrac{1}{2+i}$ 不属于 $Z[i]$, 因此, $1+I$ 不是 $Z[i]/I$ 中的零元. 由于 $5(1+I) = 5+I = 5+(2+i) = (2+i)(2-i)+(2+i) = 0+(2+i) = 0+I$, 故, $Z[i]/I$ 的特征小于等于 5.

问题 2.4.46 设交换整环 R 的特征为素数 p, 若 I 是 R 的真理想, 则 R/I 的特征也一定是 p 吗?

是的. 既然 I 是 R 的真理想, 故 $1+I$ 不是 R/I 的零元, 即 $1+I \neq 0+I$. 由 $p1 = 0$ 可知 $p(1+I) = p1 + I = 0 + I$, 因此 $1+I$ 的周期小于等于 p. 在 R/I 中考虑由 $1+I$ 生成的循环加法群, 则 $1+I$ 在加法群 R/I 中的阶一定整除 p. 但 $1+I$ 在加法群 R/I 中的阶大于 1, 因而, $1+I$ 在加法群 R/I 中的阶一定等于 p. 由 R/I 的特征一定与 $1+I$ 的周期相等可知它等于 p.

问题 2.4.47 若 Z 是整数环, 则 $Z[i]/(2+i)$ 的特征是多少?

$Z[i]/(2+i)$ 的特征是 5. 实际上, 记理想 $I = (2+i)$, 先证明 $1+I$ 不是 $Z[i]/I$ 的零元. 反证法, 假如 $1+I = 0+I$, 则 $1 \in I$, 故存在 $a+bi \in Z[i]$, 使得 $1 = (a+bi)(2+i)$, 但 $a+bi = \dfrac{1}{2+i} = \dfrac{2-i}{(2-i)(2+i)} = \dfrac{2-i}{5} \notin Z[i]$, 这与 $a+bi \in Z[i]$ 矛盾. 因而, $1+I \neq 0+I$. 另外, 容易知道 $5(1+I) = 5+I$, 并且 $5 = (2-i)(2+i)$, 故 $5(1+I) = (2-i)(2+i)+I \subseteq I+I = I$, 故 $Z[i]/I$ 的特征一定小于等于 5. 由上面问题的讨论可知 $Z[i]/I$ 的特征一定整除 $1+I$ 的周期 5, 并且 $1+I \neq 0+I$ 意味着 $Z[i]/I$ 的特征一定大于 1, 所以, $Z[i]/I$ 的特征一定是 5.

问题 2.4.48 若 S 是环 R 的子环, 则 S 的特征一定与 R 的特征相等吗?

不一定. 容易知道 Z_4 的特征是 4, 但 Z_4 的子环 $S = \{\overline{0}, \overline{2}\}$ 的特征是 2.

是的. 设 R/I 是整环, 对任意的 $a,b\in R$, 当 $ab\in I$ 时, 由于

$$(a+I)(b+I)=ab+I=I,$$

故 $a+I=I$ 或者 $b+I=I$, 因而 $a\in I$ 或者 $b\in I$, 所以 I 是素理想.

反过来, 设 I 是 R 的素理想. 在 R/I 中, 若 $(a+I)(b+I)=I$, 则 $ab\in I$, 故 $a\in I$ 或者 $b\in I$, 因而 $a+I=I$ 或者 $b+I=I$, 因此没有真零因子, 所以 R/I 是一个整环.

问题 2.4.64　交换环 R 的极大理想 I 一定是素理想吗?

不一定. 在环 $2Z$ 中, $I=4Z$ 是极大理想, 但 $4=2\cdot 2\in 4Z$, 但 2 不属于 $4Z$, 因此, $4Z$ 不是素理想.

问题 2.4.65　有单位元的交换环 R 的极大理想 I 一定是素理想吗?

是的. 这是由于 R/I 是整环的充要条件为 I 是 R 的素理想, R/I 是域的充要条件是 I 是 R 的极大素理想, 所以, 极大理想 I 一定是 R 的素理想.

问题 2.4.66　交换环 R 的素理想 I 一定是极大理想吗?

不一定. 实际上, 对于整数环 Z, $I=\{0\}$ 是 Z 的素理想, 但它不是 Z 的极大理想.

问题 2.4.67　设 R 是有单位元的有限交换环, 若 I 是素理想, 则 I 必是极大素理想吗?

是的. 由于 R/I 是整环的充要条件为 I 是 R 的素理想, 故若 I 是素理想, 则 R/I 是有限整环, 因此, R/I 是域, 而 R/I 是域的充要条件是 I 是 R 的极大素理想, 所以, I 一定是 R 的素理想.

问题 2.4.68　设 R 是环, 若存在某个正整数 $n>1$, 使得对于任意 $a\in R$, 都有 $a^n=a$, 则 R 中的每个素理想都是极大理想吗?

是的. 设 P 是 R 的素理想, I 是包含 P 的理想, 若存在 $a\in I, a\notin P$, 则由 $a^n=a$ 可知 $a(1-a^{n-1})=0\in P$. 由于 P 是素理想, $a\notin P$, 故 $1-a^{n-1}\in P$, 因此, $1-a^{n-1}\in I$, 由 $a\in I$ 可知 $a^{n-1}\in I$, 因而, $1=(1-a^{n-1})+a^{n-1}\in I$, 故 $I=R$, 所以, P 是 R 的极大理想.

问题 2.4.69　若 R 是有限交换环, 则 R 的每个素理想都一定是极大理想吗?

是的. 设 R 是有限环, P 是 R 的素理想, 则 R/P 是整环. 既然 R 是有限交换环, 因此, R/P 也是有限交换环, 故 R/P 是域, 所以, P 是 R 的极大理想.

问题 2.4.70　若 f 是环 R_1 到环 R_2 的环同态, 则对于 R_2 的极大理想 $I, f^{-1}(I)=\{a\in R_1\mid f(a)\in I\}$ 一定是 R_1 的极大理想吗?

不一定. 设 f 是整数环 Z 到有理数环 Q 的映射, $f(a)=a$, 则容易知道 f 是环同态, 但对于 Q 的极大理想 $I=\{0\}$, $f^{-1}(I)=\{0\}$ 不是 Z 的理想, 这是由于存在理想 $(2)\supseteq\{0\}$, 并且 $(2)\neq Z,(2)\neq\{0\}$.

问题 2.4.71 设 R 是环, R 不一定是交换环, 若 I 是素理想, 则当 J, K 是 R 的两个理想, 并且 $JK\subseteq I$ 时, I 一定包含 J 或 K 吗?

是的. 若 J, K 是 R 的两个理想, 并且 $JK\subseteq I$, 并且 I 不包含 J, 则一定存在 $a\in J$, 但 a 不属于 I, 对于任意 $b\in K$, 由于 $JK\subseteq I$, 故 $ab\in I$, 由 I 是素理想可知一定有 $b\in I$, 所以, I 一定包含 K.

问题 2.4.72 设 R 是环, 不要求 R 是交换的, 若 J, K 是 R 的两个理想, 并且 $JK\subseteq I$, 则 I 一定包含 J 或 K, 此时 I 一定是素理想吗?

不一定. 设 R 是非交换环, 若 I 是 R 的真理想, 并对任意的 $a,b\in R$, 当 $ab\in I$ 时, 一定有 $a\in I$ 或 $b\in I$, 则有的书称 I 为完全素理想 (completely prime ideal). 在实数上的 $n\times n$ 矩阵全体构成的非交换环中, 零理想 I 满足若 J, K 是 R 的两个理想, 并且 $JK\subseteq I$, 则 I 一定包含 J 或 K, 但 I 不是这里的完全素理想.

问题 2.4.73 设 R 是交换环, 若 J, K 是 R 的两个理想, 并且 $JK\subseteq I$, 则 I 一定包含 J 或 K, 此时 I 一定是素理想吗?

是的. 设 $ab\in I$, 则理想 $(ab)\subseteq I$, 由于 R 是交换环, 故 $(a)(b)=(ab)\subseteq I$, 从而, $(a)\subseteq I$ 或者 $(b)\subseteq I$, 故 $a\in I$ 或者 $b\in I$, 所以, I 一定是素理想.

问题 2.4.74 设 R 是有单位元的交换环, $R^2=R$, 若 I 是极大理想, 则 I 一定是素理想吗?

是的. 设 I 是 R 的极大素理想, 明显地, $I\neq R$, 若 J, K 是 R 的两个理想, 并且 $J\subseteq I,K\subseteq I$, J 和 K 都不等于 I, 要是能证明 I 不包含 JK, 则 I 一定是素理想.

由于 I 是 R 的极大素理想, 故由 $I+J$ 和 $I+K$ 是 R 的理想可知 $I+J=I+K=R$. 因此

$$R=R^2=(I+J)(I+K)=I^2+IK+JI+JK\subseteq I+I+I+JK=I+JK\subseteq R.$$

因而 $I\subseteq I+JK=R$, 并且 $I\neq I+JK$, 从而 I 不包含 JK, 所以, I 是 R 的素理想.

问题 2.4.75 设 R 是有单位元的交换环, 若 $R^2\neq R$, 则一定存在极大理想 I, 并且 I 不是素理想吗?

是的. 设 $R^2\neq R$, I 是 R 包含 R^2 的极大理想. 如果 $I=R$, 那么 I 不是素理想; 如果 $I\neq R$, 则 $RR\subseteq I$, 但 I 不包含 R, 因此, I 不是素理想.

问题 2.4.76 设 R 是交换布尔环, 即任意 $a \in R$, 都有 $a^2 = a$, 则 R 的每个素理想 I 一定是极大理想吗?

是的. 设 J 是 R 的理想, 并且包含 $I, I \neq J$, 则取 $i \in J$, 并且 i 不属于 I, 则对于任意 $a \in R$, 有 $i(a-ai) = ai-ai^2 = ai-ai = 0$, 故 $i(a-ai) \in I$. 由 I 是素理想和 i 不属于 I 可知 $a-ai \in I$, 因此 $a-ai \in J$, 因为 $ai \in J$, 所以, $a = (a-ai)+ai \in J$, 即 $J = R$, 因而, I 是 R 的极大理想.

问题 2.4.77 设 R 是 Jacobson 环, 即任意 $a \in R$, 都有正整数 $a(x) > 1$, 使得 $a^{a(x)} = a$, 则 R 的每个素理想 I 一定是极大理想吗?

是的. 可以证明 Jacobson 环一定是交换环, 设 J 是 R 的理想, 并且包含 $I, I \neq J$, 则取 $i \in J$, 并且 i 不属于 I, 则对于任意 $a \in R$, 有 $i(a-ai^{i(x)-1}) = ai-ai^{i(x)} = ai-ai = 0$, 因此, $i(a-ai^{i(x)-1}) \in I$. 由 I 是素理想和 i 不属于 I 可知 $a-ai^{i(x)-1} \in I$, 故 $a-ai^{i(x)-1} \in J$, 因为 $ai^{i(x)-1} \in J$, 所以, $a = (a-ai^{i(x)-1})+ai^{i(x)-1} \in J$, 即 $J = R$, 因而, I 是 R 的极大理想.

问题 2.4.78 设 R_1 和 R_2 是环, I 是 R_2 的素理想, $f: R_1 \to R_2$ 是环同态, 则 $f^{-1}(I)$ 一定是 R_1 的素理想吗?

是的. 容易验证.

问题 2.4.79 若 f 是有单位元的交换环 R 到域 F 的环同态, 则 $\mathrm{Ker}(f)$ 一定是 R 的素理想吗?

是的. 若 f 是交换环 R 到域 F 的环同态, 则 $R/\mathrm{Ker}(f) \cong \mathrm{Im}(f)$, 由于 $\mathrm{Im}(f)$ 是域 F 的子环, 因此, $\mathrm{Im}(f)$ 是整环, 所以, $\mathrm{Ker}(f)$ 是 R 的素理想.

问题 2.4.80 设 R 是有单位元的非零交换环, 若 R 的每个理想都是素理想, 则 R 一定是域吗?

是的. 由于 $\{0\}$ 是素理想, 故 R 是整环. 对于任意非零元 $a \in R$, 由于理想 a^2R 是素理想, 故由 $a^2 \in R$ 可知 $a \in a^2R$, 因此存在某个 $r \in R$, 使得 $a = a^2r$, 因而, $a(1-ar) = 0$, 既然 R 是整环, 因此 $1-ar = 0$. 由 R 是交换环可知 $ar = ra = 1$, 故 a 是乘法可逆元, 所以, R 是域.

2.4.8 准素理想

问题 2.4.81 什么是准素理想?

设 R 是交换环, 若 I 是 R 的理想, 并对任意的 $a, b \in R$, 当 $ab \in I$, $a \notin I$ 时, 一定有整数 $n > 0$, 使得 $b^n \in I$, 则称 I 为准素理想 (primary ideal).

问题 2.4.82 交换环 R 的准素理想一定是理想吗?

不一定. 在 Z 中, 若 p 是素数, n 是正整数, 则 p^nZ 是环 Z 的准素理想, 但

p^nZ 不是 Z 的理想.

问题 2.4.83 若 I 是交换环 R 的准素理想, $\text{rad}\, I = \{r \in R \mid r^n \in I$ 对某个正整数 $n\}$ 一定是 R 的素理想吗?

是的. 设 $r, s \in R$, 使得 $rs \in \text{rad}\, I$, 则存在正整数 n, 使得 $r^n s^n = (rs)^n \in I$. 若 $s^n \in I$, 则 $s \in \text{rad}\, I$; 若 s^n 不属于 I, 由于 $r^n s^n \in I$ 和 I 是 R 的准素理想, 因此存在某个正整数 m, 使得 $r^m \in I$, 因而, $r \in \text{rad}\, I$, 所以, $\text{rad}\, I$ 是 R 的素理想.

问题 2.4.84 任意环 R 都存在拓扑 τ, 使得 R 成为拓扑环吗?

是的. 在任意给定的环 R 上, 定义 τ 为离散拓扑, 容易验证, 环 R 在离散拓扑 τ 下是拓扑环.

第 3 章　环上的多项式

域上的多项式与在高等代数中已经讨论了数域上的多项式的性质类似, 但交换环上的多项式的性质就有较大的不同, 非交换环上的多项式有很多奇特的性质.

3.1　多　项　式

3.1.1　多项式的定义

问题 3.1.1　*什么叫环上的多项式?*

设 R 是一个交换环, 表达式

$$f(x) = a_n x^n + a_{n-1} x^{n-1} + \cdots + a_1 x + a_0$$

称为 R 上的一个多项式 (polynomial), 这里 $a_n, a_{n-1}, \cdots, a_1, a_0 \in R$, x 与 R 中的元都可交换, 并且 $1x = x$.

对于多项式

$$f(x) = a_n x^n + a_{n-1} x^{n-1} + \cdots + a_1 x + a_0,$$

若 $a_n \neq 0$, $a_n x^n$ 称为该多项式的首项, a_n 称为首项系数 (leading coefficient), 此时称多项式 $f(x)$ 的次数为 n, 首项系数 a_n 为 1 的多项式称为首一多项式, x 称为不定元 (或变量), a_0 称为常数项 (constant term).

R 上以 x 为不定元的多项式全体所构成的集合记作 $R[x]$, $R[x]$ 中两个多项式 $f(x) = a_n x^n + a_{n-1} x^{n-1} + \cdots + a_1 x + a_0$ 与 $g(x) = b_n x^n + b_{n-1} x^{n-1} + \cdots + b_1 x + b_0$ 相等是指对应的系数 a_i 和 $b_i (i = 0, 1, 2, \cdots, n)$ 都相等.

3.1.2　多项式的运算

问题 3.1.2　*若 R 是一个交换环, 则 $R[x]$ 是一个交换环吗?*

是的. 多项式之间可以按通常的方式定义加法、减法和乘法等. 直接验算可知, 它们满足交换律、结合律、分配律等, 因此 $R[x]$ 对上面的加法和乘法构成一个交换环, 称为 R 上的多项式环 (polynomial ring).

问题 3.1.3　*设 I 是交换环 R 的理想, 则多项式环 $I[x]$ 一定是 $R[x]$ 理想吗?*

是的. 容易验证.

问题 3.1.4 什么是 $f(x)$ 在 $a \in R$ 的值?

设 $f(x) = a_n x^n + a_{n-1}x^{n-1} + \cdots + a_1 x + a_0 \in R[x]$, 对于 $a \in R$, 定义

$$f(a) = a_n a^n + a_{n-1}a^{n-1} + \cdots + a_1 a + a_0,$$

称 $f(a)$ 为 $f(x)$ 在 a 处的值. 若 $f(a) = 0$, 就称 a 为 $f(x)$ 在交换环 R 的一个根 (root) 或零点.

问题 3.1.5 域 F 上的多项式在 F 中一定有根吗?

不一定. 对于 $f(x) = \overline{2}x^2 + x + \overline{1} \in Z_3[x]$, 容易知道 $f(x)$ 在 Z_3 中没有根.

问题 3.1.6 若 F 是有限域, 则一定存在多项式 $f(x) \in F[x]$, $f(x)$ 在 F 中没有零点吗?

是的. 设 F 的元素为 $a_1, a_2, \cdots, a_n$, 则容易知道 $f(x) = (x-a_1)(x-a_2)\cdots(x-a_n)+1$ 在 F 中没有零点.

问题 3.1.7 交换整环 R 上的多项式 $f(x)$ 与多项式 $g(x)$, 如果对任意的 $a \in R$, $f(a)$ 与 $g(a)$ 都相等, 那么多项式 $f(x)$ 与 $g(x)$ 一定是相同的多项式吗?

不一定. 在 $Z_3[x]$ 中, 令 $f(x) = x^5 + \overline{2}x, g(x) = x^3 + \overline{2}x$, 则 $f(\overline{0}) = g(\overline{0}) = \overline{0}$, $f(\overline{1}) = g(\overline{1}) = \overline{0}, f(\overline{2}) = g(\overline{2}) = \overline{0}$, 因此对任意 $a \in Z_3$, 两个多项式的值相等, 但 $f(x)$ 与 $g(x)$ 是不同的多项式.

3.1.3 多项式的性质

问题 3.1.8 设 R 是一个交换整环, $f(x), g(x) \in R[x]$, 则下面性质成立吗?

(1) $\deg(fg) = \deg(f) + \deg(g)$;

(2) $R[x]$ 是一个交换整环;

(3) 若 $c \in R$, $c \neq 0$, 则 $\deg(cf(x)) = \deg(f)$ 对任意 $f(x) \in R[x]$ 成立;

(4) $\deg(f \pm g) \leqslant \max(\deg(f), \deg(g))$.

是的. 容易验证.

问题 3.1.9 设 R 是一个交换环, $f(x), g(x) \in R[x]$, 则

$$\deg(fg) = \deg(f) + \deg(g)$$

是否一定成立呢?

不一定. 这也是一般都只在交换整环上讨论多项式的一个原因. 容易知道, Z_6 是一个交换环, 若 $f(x) = \overline{2}x + \overline{1}$ 和 $g(x) = \overline{3}x^2 + \overline{1}$ 时, 则 $f(x)g(x) = \overline{3}x^2 + \overline{2}x + \overline{1}$, 故 $\deg(fg) = \deg(f) + \deg(g)$ 不成立.

问题 3.1.10 设 R 是一个交换整环, 则 $f(x) \in R[x]$ 是多项式环 $R[x]$ 的乘法可逆元的充要条件是 $f(x)$ 是常数多项式, 并且 $f(x)=a$ 是 R 中的乘法可逆元吗?

是的. 若 $f(x)$ 是常数多项式, 并且 $f(x)=a$ 是 R 中的乘法可逆元, 则明显地, $f(x)$ 是多项式环 $R[x]$ 的乘法可逆元. 反过来, 若存在多项式 $g(x)$, 使得 $f(x)g(x)=1$, 则 $\deg(f)+\deg(g)=\deg(fg)=0$, 故 $\deg(f)=\deg(g)=0$, 因此, $f(x)$ 和 $g(x)$ 都是常数多项式, 所以, $f(x)$ 是 R 中的乘法可逆元.

问题 3.1.11 设交换环 R 有零因子, 若 $f(x) \in R[x]$ 是多项式环 $R[x]$ 的乘法可逆元, 则 $f(x)$ 是常数多项式吗?

不一定. 在 Z_9 上, 取 $f(x)=\overline{3}x+\overline{1}, g(x)=\overline{6}x+\overline{1}$, 则 $f(x)$ 和 $g(x)$ 是多项式环 $R[x]$ 的乘法可逆元.

问题 3.1.12 设 F 是域, 则 $F[x]$ 中的多项式 $f(x)$ 是乘法可逆元 (单位) 当且仅当 $f(x)$ 是非零常数多项式吗?

是的. 若 $F[x]$ 中的多项式 $f(x)$ 是乘法可逆元, 则 $f(x)$ 不是零多项式, 并且存在非零多项式 $g(x) \in F[x]$, 使得 $f(x)g(x)=1$, 因此, $\deg(f)+\deg(g)=0$. 由于 F 是域, 因此, $\deg(f)=\deg(g)=0$, 所以, $f(x)$ 一定是非零常数多项式. 反过来, 如果 $f(x)$ 是非零常数多项式, 则明显地 $f(x)$ 是 $F[x]$ 中的乘法可逆元.

问题 3.1.13 设 R 是交换环,$f(x)=a_nx^n+a_{n-1}x^{n-1}+\cdots+a_1x+a_0 \in R[x]$, 则 $f(x)$ 是 $R[x]$ 的乘法可逆元 (单位) 的充要条件是什么?

$f(x)$是 $R[x]$ 的乘法可逆元的充要条件是 a_0 是 R 的乘法可逆元, 并且 $a_1,a_2,\cdots,a_n$ 都是幂零元. 实际上, 若 $f(x)$ 是乘法可逆元, 则存在 $g(x)=b_mx^m+b_{m-1}x^{m-1}+\cdots+b_1x+b_0$, 使得 $f(x)g(x)=1$, 故 $a_0b_0=1$, 因此, a_0 是交换环 R 的乘法可逆元. 要证明 $a_i\ (i=1,2,\cdots,n)$ 是幂零元, 只需证明对于 R 的每个素理想 I, 都有 $a_i \in I$. 对于任意取定的素理想 I, 记商环 R/I 中的元素 $a+I$ 为 $\overline{a}$, 定义 $\phi: R[x] \to R/I[x]$ 为 $\phi(c_rx^r+c_{r-1}x^{r-1}+\cdots+c_1x+c_0)=\overline{c}_rx^r+\overline{c}_{r-1}x^{r-1}+\cdots+\overline{c}_1x+\overline{c}_0$, 则 ϕ 是环同态. 既然 $f(x)=a_nx^n+a_{n-1}x^{n-1}+\cdots+a_1x+a_0$ 是 $R[x]$ 的乘法可逆元, 因此, $\phi(f)=\overline{a}_nx^n+\overline{a}_{n-1}x^{n-1}+\cdots+\overline{a}_1x+\overline{a}_0$ 是 R/I 的乘法可逆元. 由于 I 是素理想, 故 R/I 是整环. 由于整环 R/I 的多项式环 $R/I[x]$ 中的乘法可逆元都一定是次数为 0 的多项式, 因而, $\phi(f)$ 一定是常数多项式, 故 $\overline{a}_i=\overline{0}$, 即 $a_i \in I$. 既然 I 是任意的, 因此, 对于任意 $i=1,2,\cdots,n$, a_i 都是幂零元.

反过来, 若 a_0 是 R 的乘法可逆元, 并且 $a_1,a_2,\cdots,a_n$ 都是幂零元, 则一定存在足够大的某个正整数 m, 使得 $a_i^m=0$ 对 $i=1,2,\cdots,n$ 都成立. 因此, 不难证明 $(a_nx^n+a_{n-1}x^{n-1}+\cdots+a_1x)^{n(m-1)+1}=0$. 故 $a_nx^n+a_{n-1}x^{n-1}+\cdots+a_1x$ 是 $R[x]$ 中的幂零元, 由 a_0 是乘法可逆元可知 $f(x)=(a_nx^n+a_{n-1}x^{n-1}+\cdots+a_1x)+a_0$

是 $R[x]$ 的乘法可逆元.

问题 3.1.14 设 F 为域, $a_1, a_2, \cdots, a_n$ 为 F 中 n 个不同的元素, 则一定存在域 F 上的非常量多项式 $f(x)$, 使得对 $a_i \in F$, 有 $f(a_i) = 1$ 对任意 i 成立吗?

是的. 取

$$g_i(x) = (x-a_1)(x-a_2)\cdots(x-a_{i-1})(x-a_{i+1})\cdots(x-a_n).$$

则 $g_i(a_i) \neq 0, g_i(a_j) = 0$ 对任意 $i \neq j$ 都成立. 令

$$f(x) = \sum_{i=1}^{n} g_i(a_i)^{-1} g_i(x),$$

则 $f(a_i) = 1$ 对任意 i 成立.

问题 3.1.15 设 R 是交换环, 若 $f(x) = a_n x^n + a_{n-1}x^{n-1} + \cdots + a_1 x + a_0 \in R[x]$, 则 $f(x)$ 是 $R[x]$ 中的幂零元的充要条件是 $a_0, a_1, a_2, \cdots, a_n$ 都是幂零元吗?

是的. 若 $f(x)$ 是 $R[x]$ 中的幂零元, 则 $xf(x)$ 也是幂零元, 故 $1 + xf(x)$ 是 $R[x]$ 中的乘法可逆元. 由于 $1 + xf(x) = a_n x^{n+1} + a_{n-1}x^n + \cdots + a_1 x^2 + a_0 x + 1$, 故 $a_0, a_1, \cdots, a_n$ 都是幂零元.

反过来, 若 $a_0, a_1, \cdots, a_n$ 都是幂零元, 则存在足够大的正整数 m, 使得对所有的 $i = 0, 1, \cdots, n$, 都有 $a_i^m = 0$, 故直接计算可知 $f(x)^{(n+1)(m-1)+1} = 0$, 所以, $f(x)$ 是幂零元.

3.2 带余除法

3.2.1 带余除法

问题 3.2.1 设 R 是一个交换环, $f(x), g(x) \in R[x]$. 若 $g(x) \neq 0$ 且它的首项系数是 R 中的乘法可逆元, 则存在唯一的一对多项式 $q(x), r(x) \in R[x]$, 使得

(1) $f(x) = g(x)q(x) + r(x)$;

(2) $\deg(r) < \deg(g)$.

成立吗?

是的. 不难验证.

问题 3.2.2 在上面的带余除法中, R 是一个交换环, $f(x), g(x) \in R[x]$, $g(x) \neq 0$, 如果不要求 $g(x)$ 的首项系数是 R 中的乘法可逆元, 定理成立吗?

不一定. 在整数多项式环 $Z[x]$ 中, 对于 $f(x) = x^2 + 1$, $g(x) = 2x$, $g(x)$ 的首项系数不是 Z 中的乘法可逆元, 不存在 $q(x) \in Z[x]$, 使得 $f(x) = q(x)g(x) + r(x)$.

3.2.2　整除的性质

问题 3.2.3　设 R 是一个交换整环, 则下列性质成立吗?

(1) R 中任何一个乘法可逆元整除任何一个多项式;

(2) 任何一个非零多项式整除 0 多项式;

(3) 0 不能整除任何多项式;

(4) 若 $g(x)|f(x), g(x)|h(x)$, 则对任何多项式 $a(x), b(x)$ 都有

$$g(x)|[a(x)f(x)+b(x)h(x)];$$

(5) 若 $g(x)|f(x)$, 且 $f(x)\neq 0$, 则 $\deg(g)\leqslant\deg(f)$;

(6) 若 $g(x)|f(x)$, 则 $g(h(x))|f(h(x))$.

是的. 容易验证.

问题 3.2.4　设 R 是一个交换环, $f(x), g(x)\in R[x]$, $g(x)\neq 0, g(x)$ 的首项系数是 R 中的乘法可逆元, 则 $g(x)|f(x)$ 当且仅当 $f(x)$ 被 $g(x)$ 除的余式等于零吗?

是的.

3.2.3　余数定理

问题 3.2.5　什么是余数定理?

设 R 是交换环, $f(x)\in R[x]$, 则对任意的 $a\in R$, 存在唯一的 $q(x)\in R[x]$, 使得 $f(x)=q(x)(x-a)+f(a)$.

问题 3.2.6　余数定理对非交换环也成立吗?

是的.

问题 3.2.7　设 R 是交换环, $f(x)\in R[x]$, 则 $a\in R$ 是 $f(x)$ 的根当且仅当 $(x-a)|f(x)$ 吗?

是的.

问题 3.2.8　设 R 是交换整环, $f(x)$ 是 $R[x]$ 的 n 次多项式 $n\geqslant 1$, 则对 $k\leqslant n$, $a_1, a_2, \cdots, a_k\in R$ 是 $f(x)$ 的不同根当且仅当 $(x-a_1)(x-a_2)\cdots(x-a_k)|f(x)$ 吗?

是的.

问题 3.2.9　设 R 是交换环, 但不是整环, $f(x)$ 是 $R[x]$ 的 n 次多项式 $n\geqslant 1$, 则对 $k\leqslant n$, $a_1, a_2, \cdots, a_k\in R$ 是 $f(x)$ 的不同根当且仅当 $(x-a_1)(x-a_2)\cdots(x-a_k)|f(x)$ 吗?

不一定. 在 Z_8 中, 多项式 $f(x)=x^2-\bar{1}$ 有根 $\bar{1}$ 和 $\bar{3}$, 但 $(x-\bar{1})(x-\bar{3})$ 不能整除 $f(x)$.

问题 3.2.10 设 R 是交换整环, $f(x)$ 是 $R[x]$ 的 n 次多项式 $n \geqslant 1$, 则 $f(x)$ 在 R 中最多只有 n 个不同根吗?

是的.

问题 3.2.11 设 R 是交换环, 但不是整环, $f(x)$ 是 $R[x]$ 的 n 次多项式 $n \geqslant 1$, 则 $f(x)$ 在 R 中最多只有 n 个不同根吗?

不一定. 对于交换环 Z_8, $f(x) = x^2 - \bar{1} \in Z_8[x]$ 是 2 次多项式, 但它有 4 个根 $\bar{1}, \bar{3}, \bar{5}$ 和 $\bar{7}$.

问题 3.2.12 若无限域 R 上的多项式 $f(x)$ 与多项式 $g(x)$, 如果对任意的 $a \in R$, $f(a)$ 与 $g(a)$ 都相等, 则多项式 $f(x)$ 与 $g(x)$ 一定是相同的多项式吗?

一定是相同的. 假如对任意的 $a \in R$, $f(a)$ 与 $g(a)$ 都相等, 但多项式 $f(x)$ 与 $g(x)$ 是不相同的多项式. 令 $h(x) = f(x) - g(x)$, 则 $h(x)$ 是非零多项式, 因此它的次数小于等于 $\max(\deg(f), \deg(g))$, 记为 n, 则 $h(x)$ 最多只有 n 个根, 但对任意的 $a \in R$, $h(a) = f(a) - g(a) = 0$, 所以 $f(x) = g(x)$.

问题 3.2.13 域 R 上的 n 次多项式 $f(x)$ 与多项式 $g(x)$, 若存在 $n+1$ 个不同的 $a_i \in R(i = 1, 2, \cdots, n+1)$, 使得 $f(a_i)$ 与 $g(a_i)$ 都相等, 则多项式 $f(x)$ 与 $g(x)$ 一定是相同的多项式吗?

是的. 不难验证.

问题 3.2.14 设 R 是一个交换整环, $f(x), g(x)$ 都是非零多项式. 若 $f(x)|g(x)$ 且 $g(x)|f(x)$, 则存在 R 的一个乘法可逆元 c, 使得 $f(x) = cg(x)$ 吗?

是的. 设 $f(x) = g(x)a(x)$, $\mathrm{g}(x) = f(x)b(x)$, 则 $f(x) = f(x)b(x)a(x)$. 由于 $R[x]$ 是交换整环, 故由 $f(x)(1 - b(x)a(x)) = 0$ 可知, $a(x)b(x) = 1$, 因此 $\deg(a(x)) \leqslant 0, \deg(b(x)) \leqslant 0$, 所以 $a(x)$, $b(x) \in R$ 是 R 中的乘法可逆元.

3.2.4 域上多项式环的任何理想都是主理想

问题 3.2.15 域 F 上的多项式环 $F[x]$ 的任何理想都是主理想吗?

是的. 设 I 是 $F[x]$ 的一个理想. 若 $I = \{0\}$, 则 I 是主理想, 因此只需考虑 $I \neq \{0\}$ 的情形.

在 I 中选一个非零元 $g(x)$, 使多项式 $g(x)$ 的次数是 I 中最小的. 如果 $g(x)$ 的次数是 0, 则 $g(x)$ 是 F 的非零元, 因此 $I = F[x]$ 是主理想.

如果 $g(x)$ 的次数大于 0, 则对任意 $f(x) \in I$. 存在 $q(x), r(x) \in F[x]$, 满足

$$f(x) = q(x)g(x) + r(x),$$

并且 $\deg(r) < \deg(g)$.

由于 $r(x)=f(x)-q(x)g(x)\in I$, 根据 $\deg(g)$ 的极小性, r 一定等于 0, 从而

$$f(x)=q(x)g(x).$$

因此 $f(x)$ 在 $g(x)$ 所生成的主理想中, 所以 I 是 $F[x]$ 的主理想.

问题 3.2.16　什么是主理想整环?

设 R 是一个交换整环, 若 R 每个理想都是主理想, 则交换整环 R 称为主理想整环 (principal ideal domain).

问题 3.2.17　整数环 Z 和域 F 上的多项式环 $F[x]$ 都是主理想整环?

是的.

问题 3.2.18　主理想整环 R 上的多项式环 $R[x]$ 一定是主理想整环吗?

不一定. 整数环 Z 是主理想整环, 由于 $Z[x]$ 的由 2 和 x 生成的理想 $(2,x)$ 不是主理想, 故 Z 上的多项式环 $Z[x]$ 不是主理想整环.

问题 3.2.19　主理想整环 R 上的子环 S 一定是主理想整环吗?

不一定. 实际上, 有理数域 Q 上的多项式环 $Q[x]$ 是主理想整环, 但它的子环 $Z[x]$ 不是主理想整环. 实数域 R 上的多项式环 $R[x]$ 是主理想整环, 它的子环 $Q[x]$ 也是主理想整环.

问题 3.2.20　设 F 是域, $d_1(x),d_2(x)$ 都是 $f(x),g(x)$ 的最大公因式, 则 $d_1(x)$ 与 $d_2(x)$ 一样吗?

不一定. 不过一定存在域 F 中的一个非零元 c, 使得 $d_1(x)=c\cdot d_2(x)$, 这是由于 $d_1(x)|d_2(x), d_2(x)|d_1(x)$, 故 $d_1(x)=c\cdot d_2(x)$.

由上面可知最大公因式在相差一个常数因子的意义下是唯一的, 因此首项系数都等于 1 的最大公因式是唯一的.

问题 3.2.21　设 F 是域, $f(x),g(x)$ 不全为零, 则最大公因式 $\gcd(f(x),g(x))$ 存在, 并且存在 $a(x),b(x)$, 使得 $\gcd(f(x),g(x))=a(x)f(x)+b(x)g(x)$ 吗?

是的.

问题 3.2.22　域 F 上的多项式 $f(x)$ 和 $g(x)$ 互素的充要条件是存在 $u(x),v(x)\in F[x]$, 使得 $f(x)u(x)+g(x)v(x)=1$ 吗?

是的.

问题 3.2.23　设 R 是主理想交换整环, 则对于任意 $a,b\in R$, a,b 都有最大公约元 d 存在, 并且有 $u,v\in R$, 使得 $d=ua+vb$ 吗?

是的. 对于 $a,b\in R$, 由于理想 (a) 和理想 (b) 的和 $(a)+(b)$ 也是 R 的一个理想, R 是主理想整环, 故 $(a)+(b)$ 是 R 的一个主理想, 因此存在 $d\in R$, 使得

$(a)+(b)=(d)$.

由于 $a,b\in(a)+(b)$, 故 $a,b\in(d)$, 因此 $d|a$ 并且 $d|b$. 另外, 若 $c\in R$, $c|a$ 并且 $c|b$, 则 $a\in(c)$ 并且 $b\in(c)$, 故 $d\in(d)=(a)+(b)\subseteq(c)$, 因而 $c|d$, 所以 d 是最大公约元.

由 $d\in(d)=(a)+(b)$ 可知, 存在 $u,v\in R$, 使得 $d=ua+vb$.

问题 3.2.24 主理想整环一定是唯一分解整环吗?

是的.

问题 3.2.25 唯一分解整环一定是主理想整环吗?

Kantz 在 1995 年证明了唯一分解整环一定是主理想整环或主理想整环的多项式环.①

问题 3.2.26 设 R 是交换环, 在多项式环 $R[x]$ 中, 若 $I=(x), J=(x+1)$, 则 $I\bigcap J$ 和 $I+J$ 是什么?

$I\bigcap J=(x^2+x)$, 实际上, 若 $p(x)\in I\bigcap J$, 则 $p(x)\in I$, 故 x 整除 $p(x)$, 因而, $p(x)=xq(x)$. 由 $p(x)\in J$ 可知 $x+1$ 整除 $p(x)$, 故 $x+1$ 整除 $xq(x)$, 因而, $p(x)=x(x+1)r(x)$, 所以, $I\bigcap J\subseteq(x^2+x)$.

反过来, 若 $p(x)\in(x^2+x)$, 则 $p(x)=(x^2+x)r(x)$ 对某个多项式 $r(x)\in R[x]$ 成立, 故 $p(x)\in I\bigcap J$, 因此, $(x^2+x)\subseteq I\bigcap J$, 所以, $I\bigcap J=(x^2+x)$.

容易看出 $I+J=R[x]$. 实际上, 由于 $1=-x+(x+1)\in I+J$, 故对于任意 $p(x)\in R[x]$, 都有 $p(x)\cdot 1\in I+J$, 所以, $I+J=R[x]$.

问题 3.2.27 若 I 是环 R 的极大理想, 则 $I[x]$ 一定是多项式环 $R[x]$ 的极大理想吗?

不一定. 设 $I=(2)$, 则容易证明 I 是整数环 Z 的极大理想. 设 J 为常数项是偶数的多项式全体, 则不难验证 J 是 $Z[x]$ 的理想, 由 $x+2\in J$ 和 $x+2\notin I[x]$ 可知 $I[x]$ 不是 $Z[x]$ 的极大理想.

问题 3.2.28 设 R 是有单位元的交换环, 则 (x) 是多项式环 $R[x]$ 的素理想的充要条件是 R 是整环吗?

是的. 定义 $R[x]$ 到 R 的映射为 $f(p(x))=p(0)$, 则 f 将 $R[x]$ 中的多项式 $p(x)=a_nx^n+a_{n-1}x^{n-1}+\cdots+a_1x+a_0$ 映为 a_0, 容易验证 f 是满同态, 并且 $\mathrm{Ker}(f)$ 为所有常数项是 0 的多项式全体. 根据环的第一同构定理, 有 $R[x]/(x)\cong R$. 由于 (x) 是 $R[x]$ 的素理想的充要条件为 $R[x]/(x)$ 是整环, 所以, (x) 是 $R[x]$ 的素理想的

① (1) Kantz G. Über Integritätsbereiche mit eindeutiger Primelementzerlegung. Arch. Math. (Basel), 1955: 6, 397-402. (2) Kantz G. Über den Typus eines Zerlegungsringes. Monatsh. Math., 1955, 59:104-110.

充要条件为 R 是整环.

问题 3.2.29 设 R 是有单位元的交换环, 则 (x) 是多项式环 $R[x]$ 的极大理想的充要条件是 R 是域吗?

是的. 定义 $R[x]$ 到 R 的映射为 $f(p(x)) = p(0)$, 则 f 将 $R[x]$ 中的多项式 $p(x) = a_nx^n + a_{n-1}x^{n-1} + \cdots + a_1x + a_0$ 映为 a_0, 则 f 是满同态, 并且根据环的第一同构定理, 有 $R[x]/(x) \cong R$. 由于 (x) 是 $R[x]$ 的极大理想的充要条件为 $R[x]/(x)$ 是域, 所以, (x) 是 $R[x]$ 的极大理想的充要条件为 R 是域.

问题 3.2.30 设 R 是有单位元的非零交换环, 则 $R[x]$ 一定有无穷个素理想吗?

是的. 由 Zorn 引理可证 $R[x]$ 一定有素理想, 用归纳法, 假如 $R[x]$ 有 n 个素理想 $P_i(i = 1, 2, \cdots, n)$, 则选取 $a_i \in P_i$, 使得 $a_1a_2\cdots a_n \neq -1$, 并且最少有一个 a_i 是 x, 这总是可以做到的, 因为 P_i 是理想, 故 $a_i \in P_i$ 时, 对 $x \in R[x]$, 有 $a_ix \in P_i$, 因此, 可用 a_ix 来代替 x.

令 $a = a_1a_2\cdots a_n + 1$, 则 $a \neq 0$, 假如 $a \in P_1$, 既然 a_1 整除 $a_1a_2\cdots a_n$, 而 P_1 是理想, 因此, $a_1a_2\cdots a_n \in P_1$, 故 $1 = a - a_1a_2\cdots a_n \in P_1$, 从而 $P_1 = R$, 但这与 P_1 是素理想矛盾, 同理可证 $a \notin P_i(i = 2, 3, \cdots, n)$. 既然 $a \neq 0$, 并且 a 不是乘法可逆元, 因此, 一定存在另外一个素理想 P_{n+1} 包含 a, 所以, 由归纳法原理可知 $R[x]$ 有无穷多个素理想.

问题 3.2.31 (x) 是有理数多项式环 $Q[x]$ 的极大理想吗?

是的. 这是由于 $Q[x]/(x) \cong Q$ 是域, 故 (x) 是有理数多项式环 $Q[x]$ 的极大理想.

问题 3.2.32 (x) 是整数多项式环 $Z[x]$ 的素理想和极大理想吗?

(x) 是整数多项式环 $Z[x]$ 的素理想, 但不是极大理想. 这是由于 $Z[x]/(x) \cong Z, Z$ 是整环, 但 Z 不是域.

问题 3.2.33 多项式环 $Z[x]$ 有哪些素理想和极大理想?

$(0), (p), (x)$ 和 (p, x) 在 p 是素数时是整数多项式环 $Z[x]$ 的素理想, 但只有 (p, x) 是极大理想.

问题 3.2.34 试给出商环 $Z_2[x]/(x^3 + x)$ 的一些非平凡的理想.

在 $Z_2[x]$ 中, 由于 $x^3 + x = x(x+1)^2$, 故可以验证 $I_1 = (x), I_2 = (x(x+1)), I_3 = ((x+1)^2)$ 是 $Z_2[x]/(x^3 + x)$ 的非平凡的理想.

问题 3.2.35 设 R 是交换环, 如何判断 $R[x]/(p(x))$ 是不是域?

只需检查 $p(x)$ 是不是 $R[x]$ 的不可约多项式, 如果 $p(x)$ 是不可约多项式, 则

$I=(p(x))$ 是 $R[x]$ 的极大理想, 因此, $R[x]/(p(x))$ 是域. 例如 $Q[x]/(x^2+1)$ 是域, 但对于实数上的多项式 $R[x]$, $R[x]/(x^2-2)$ 不是域, 因为 $x^2-2=(x-\sqrt{2})(x+\sqrt{2})$ 是可约多项式, 故对于理想 $I=(x^2-2)$, 有 $x-\sqrt{2}+I$ 和 $x+\sqrt{2}+I$ 都不是 $R[x]/I$ 的零元, 但它们的乘积是零, 因此, $R[x]/(x^2-2)$ 不是域.

3.3 因式分解

3.3.1 整除、相伴、素元和不可约元

问题 3.3.1 b 整除 a 是什么意思?

设 R 是一个交换整环, $a,b\in R, b\neq 0$, 若存在 $c\in R$, 使 $a=bc$, 则称 b 整除 a, 记为 $b|a$. 当 b 整除 a 时, b 称为 a 的一个因子 (divisor).

问题 3.3.2 什么叫相伴元?

若环 R 中的两个非零元 a, b 满足 $b|a$, $a|b$, 则称 a 和 b 是相伴元 (associates).

问题 3.3.3 设 R 是整环, $a,b\in R$, 则理想 (a) 与理想 (b) 相等的充要条件为 a 与 b 相伴吗?

是的. 不难验证.

问题 3.3.4 什么叫素元?

设 p 是交换环 R 中的一个非零元, 若 p 不是乘法可逆元, 且 $p=ab$ 时, 一定有 $p|a$ 或 $p|b$, 则称 p 为一个素元 (prime element).

问题 3.3.5 什么叫不可约元?

设 p 是交换环 R 中的一个非零元, 若 p 不是乘法可逆元, 且 $p=ab$ 时, a 和 b 中一定有一个是乘法可逆元, 则称 p 为一个不可约元 (irreducible element). 若 p 不是不可约元, 则称 p 为一个可约元 (reducible element).

问题 3.3.6 设 R 是交换环, R 中的素元一定是不可约元吗?

不一定. 在环 Z_6 中, $\overline{2}$ 是素元, 由于 $\overline{2}=\overline{2}\cdot\overline{4}$, 但 $\overline{2}$ 和 $\overline{4}$ 都不是 Z_6 的乘法可逆元, 故 $\overline{2}$ 不是 Z_6 的不可约元.

问题 3.3.7 设 R 是交换整环, R 中的素元一定是不可约元吗?

交换整环 R 中的素元一定是不可约元. 若 a 是 R 中的素元, 则 $a=bc$ 时, 一定有 $a|b$ 或 $a|c$, 不妨设存在 d 使得 $b=ad$, 则 $a=adc$. 由于 R 是整环, 故 $dc=1$, 从而 c 是乘法可逆元, 所以素元 a 一定是不可约元.

问题 3.3.8 交换环 R 的不可约元一定是素元吗?

问题 3.3.23　m 取哪些值时, $Z[\sqrt{m}]=\{a+b\sqrt{m}\mid a,\ b\in Z\}$ 一定是欧几里得整环?

$m=-1,-2,2,3,6,7,11,19$ 时, $Z[\sqrt{m}]=\{a+b\sqrt{m}\mid a,\ b\in Z\}$ 一定是欧几里得整环.

问题 3.3.24　欧几里得整环 R 一定是唯一分解整环吗?

是的. 这是因为主理想整环 R 一定是唯一分解整环.

问题 3.3.25　域一定是欧几里得整环吗?

是的. 设 F 是域, 定义 $d: F\to N$ 为 $d(a)=0$ 对于任意 $a\in F$, 则任意 $a,\ b\in F, b\neq 0$, 有 $q=b^{-1}a,\ r=0$, 使得 $a=bq+r$, 所以, 域 F 一定是欧几里得整环.

问题 3.3.26　欧几里得整环一定是域吗?

显然不一定. 整数环 Z 是欧几里得整环, 但整数环 Z 不是域.

问题 3.3.27　什么是可约多项式和不可约多项式?

设 R 是交换环, $f(x)\in R[x]$ 是一个非零元, 若 $f(x)$ 不是乘法可逆元, 且 $f(x)=g(x)h(x)$ 时, $g(x)$ 和 $h(x)$ 中一定有一个是乘法可逆元, 则称 $f(x)$ 为多项式环 $R[x]$ 的一个不可约多项式 (irreducible polynomial). 若 $f(x)$ 次数大于零, 并且不是多项式环 $R[x]$ 的可约多项式, 则称 $f(x)$ 为一个可约多项式 (reducible polynomial).

问题 3.3.28　模 2 的整数域 Z_2 上的多项式中次数为 2, 3, 4 和 5 的不可约多项式有哪些?

整数域 Z_2 上的多项式中次数为 2 的不可约多项式有: x^2+x+1.

整数域 Z_2 上的多项式中次数为 3 的不可约多项式有: x^3+x+1, x^3+x^2+1.

整数域 Z_2 上的多项式中次数为 4 的不可约多项式有: $x^4+x^3, x^4+x+1, x^4+x^3+x^2+x+1$.

整数域 Z_2 上的多项式中次数为 5 的不可约多项式有: $x^5+x^3+x^2+x+1, x^5+x^4+x^2+x+1, x^5+x^4+x^3+x+1, x^5+x^4+x^3+x^2+1, x^5+x^3+1, x^5+x^2+1$.

问题 3.3.29　模 3 的整数域 Z_3 上的多项式中次数为 2, 3 和 4 的首一不可约多项式有哪些?

整数域 Z_3 上的多项式中次数为 2 的首一不可约多项式有: x^2+1, x^2+x+2, x^2+2x+2.

整数域 Z_3 上的多项式中次数为 3 的首一不可约多项式有: $x^3+2x+1, x^3+x^2+2x+1, x^3+2x^2+1, x^3+2x^2+x+1, x^3+x^2+2, x^3+2x^2+2, x^3+x^2+x+2, x^3+2x^2+2x+2$.

问题 3.3.30　设 F 是域, 则 $F[x]$ 中的非零常数多项式一定是可约多项式吗?

是的. 对于交换环 R 上的非零多项式 $f(x) \in R[x]$, 若 $f(x)$ 不是乘法可逆元, 并且 $f(x) = g(x)h(x)$ 时, $g(x)$ 和 $h(x)$ 中一定有一个乘法可逆元, 则称 $f(x)$ 为不可约多项式. 在域中, 由于 $f(x) = a \neq 0$ 时, $f(x)$ 是乘法可逆元, 故 $f(x)$ 不是不可约多项式, 所以, $F[x]$ 中的非零常数多项式一定是可约多项式.

问题 3.3.31 设 R 是环, 则 $R[x]$ 中的非零常数多项式一定是可约多项式吗?

不一定. 在 Z_6 中, 常数多项式 $f(x) = \overline{4} \neq \overline{0}, \overline{4}$ 不是乘法可逆元. 由于 $f(x) = \overline{2} \cdot \overline{2}$, 并且 $\overline{2}$ 不是乘法可逆元, 故 $f(x) = \overline{4}$ 是可约多项式.

在整数多项式环 $Z[x]$ 中, 对于 $f(x) = 3$, 明显地, 3 不是乘法可逆元, 并且 $3 = g(x)h(x)$ 时, 一定有 $g(x) = \pm 1$ 或者 $h(x) = \pm 1$, 所以, $f(x) = 3$ 是 $Z[x]$ 的不可约多项式.

问题 3.3.32 设 F 是域, 则 $F[x]$ 中的一次多项式一定是不可约多项式吗?

是的. 若 $f(x)$ 是 $F[x]$ 的一次多项式, 并且 $f(x) = g(x)h(x)$, 则

$$1 = \deg(f) = \deg(g \cdot h) = \deg(g) + \deg(h).$$

既然 F 是域, 因此, $\deg(g) = 0$ 或者 $\deg(h) = 0$, 因而, $g(x)$ 或者 $h(x)$ 是乘法可逆元, 所以, 一次多项式 $f(x)$ 一定是不可约多项式.

问题 3.3.33 设 R 是交换环, 则 $R[x]$ 中的一次多项式一定是不可约多项式吗?

不一定. 在整数多项式环 $Z[x]$ 中, 令 $f(x) = 2x + 4$, 则 $f(x) = 2(x + 2)$, 但 $g(x) = 2$ 和 $h(x) = x + 2$ 都不是乘法可逆元. 因此, $f(x)$ 是可约多项式.

问题 3.3.34 有单位元的交换环 R 上的首一一次多项式一定是不可约多项式吗?

是的. 设 $f(x) = x + a$, 若 $f(x) = x + a = b(cx + d)$, 则 $bc = 1$, 因此, $cb = bc = 1$, 故 b 是可逆元, 所以, $f(x)$ 是不可约多项式.

问题 3.3.35 若 F 是一个域, 则 0 次的非零多项式一定是乘法可逆元, 因此一个多项式 $f(x) \in F[x]$ 是一个不可约多项式, 当且仅当 $\deg(f) > 0$, 并且 $f(x)$ 不能分解成两个次数小于 $\deg(f)$ 的多项式的乘积吗?

是的.

问题 3.3.36 若 R 是环, 但 R 不是域, 则 $f(x) \in R[x]$, $\deg(f) > 0$ 不能分解成两个次数小于 $\deg(f)$ 的多项式的乘积时, $f(x)$ 一定是 $R[x]$ 的不可约多项式吗?

不一定. 事实上, $f(x) = 4(x - 1) \in Z[x]$ 不能分解成两个次数小于 1 的多项式的乘积, 但它是 $Z[x]$ 的可约多项式.

问题 3.3.37　如何用 Eisenstein 判别法证明 $f(x)=x^2+x+1$ 在 $Z[x]$ 是不可约多项式?

令 $x=y+1$, 则 $f(y+1)=(y+1)^2+(y+1)+1=y^2+3y+3$, 故 3 不整除 1, 3 整除 3, 并且 3^2 不整除 3, 因此, $f(y+1)$ 是不可约多项式, 所以, $f(x)$ 是不可约多项式. 类似可证明对于任意素数 p, 多项式 $f(x)=x^{p-1}+x^{p-2}+\cdots+x+1$ 是 $Z[x]$ 的不可约多项式.

问题 3.3.38　什么叫真因式?

设 $f(x)$ 是一个可约多项式, 若 $g(x)$ 整除 $f(x)$ 且 $0<\deg(g)<\deg(f)$, 则称 $g(x)$ 为 $f(x)$ 的一个真因式.

问题 3.3.39　设 F 是域, $p(x)$ 是一个不可约多项式, $p(x)$ 整除 $f(x)g(x)$, 则 $p(x)|f(x)$ 或 $p(x)|g(x)$ 吗?

是的. 如果 $p(x)$ 不整除 $f(x)$, 由上面引理知 $p(x)$ 与 $f(x)$ 互素, 则存在 $a(x),b(x)\in F[x]$, 使

$$a(x)p(x)+b(x)f(x)=1,$$

两边同乘 $g(x)$ 得

$$a(x)p(x)g(x)+b(x)f(x)g(x)=g(x).$$

由于 $p(x)$ 整除 $f(x)g(x)$, 它也整除上式的左边, 所以 $p(x)|g(x)$.

问题 3.3.40　设 $f(x)$ 是域 F 上的一个次数大于 3 的多项式, 若 $f(x)$ 在 F 是可约的, 则 $f(x)$ 在 F 上有根吗?

不一定. 如实数域 R 上的多项式 $f(x)=x^4+2x^2+1$, 由 $x^4+2x^2+1=(x^2+1)^2$ 可知, 它是可约的, 但 $f(x)$ 在实数域 R 上没有根.

问题 3.3.41　设 $f(x)$ 是域 F 上的一个次数等于 2 或 3 的多项式, 则 $f(x)$ 在 F 上是可约多项式当且仅当 $f(x)$ 在 F 上有根?

是的. 若 $f(x)$ 是 F 上的可约多项式, 则存在 $g(x),h(x)\in F[x]$, 使得 $f(x)=g(x)h(x)$, 并且 $\deg(g)<\deg(f),\deg(h)<\deg(f)$. 由于 $f(x)$ 是次数等于 2 或 3 的多项式, 故 $g(x)$ 和 $h(x)$ 至少有一个是一次因子. 不妨设 $g(x)=ax+b(a\neq 0)$, 则 $-a^{-1}b$ 是 $g(x)$ 中的根, 因而 $-a^{-1}b$ 也是 $f(x)$ 的根.

反过来, 若 a 是 $f(x)$ 在 F 中的根, 则 $(x-a)|f(x)$, 所以 $f(x)$ 可约.

问题 3.3.42　设 F 是域, 则 $F[x]$ 中的 2 次和 3 次多项式是不可约多项式的充要条件为 $f(x)$ 在 F 中没有零点. 如果 F 不是域, 则结论成立吗? 如果 F 是域, 但多项式的次数大于 3, 则结论是否成立?

如果 F 不是域, 则结论不一定成立. 对于 $f(x)=6x^2-13x+6=(2x-3)(3x-2)\in Z[x]$, 容易知道 $f(x)$ 在 Z 中没有零点, 但 $f(x)$ 是可约多项式.

如果 F 是域, 但多项式的次数大于 3, 则结论不一定成立. 对于 $f(x)=x^4+3x^2+2\in Q[x]$, 容易知道 $f(x)$ 在 Q 中没有零点, 但 $f(x)=(x^2+1)(x^2+2)$, 所以, $f(x)$ 是 $Q[x]$ 的可约多项式.

问题 3.3.43 设 F 是域, 则 $F[x]$ 中的非常数多项式 $p(x)$ 是不可约多项式的充要条件为 $p(x)$ 整除 $f(x)g(x)$ 时, 一定有 $p(x)$ 整除 $f(x)$ 或者 $g(x)$ 吗?

是的. 假如 $p(x)$ 整除 $f(x)g(x)$ 时, 一定有 $p(x)$ 整除 $f(x)$ 或者 $g(x)$ 成立. 由于 $p(x)$ 是非常数多项式, 因此, $p(x)$ 不可能是乘法可逆元. 若 $p(x)=r(x)s(x)$, 则 $p(x)|r(x)$ 或者 $p(x)|s(x)$, 但 $\deg(f)=\deg(r)+\deg(s)$, 故 $\deg(p)\leqslant\deg(r)$ 或者 $\deg(p)\leqslant\deg(s)$, 因此, $\deg(r)=0$ 或者 $\deg(s)=0$, 所以, $r(x)$ 或 $s(x)$ 一定是非零常数多项式. 因而 $r(x)$ 或者 $s(x)$ 是乘法可逆元, 所以, $p(x)$ 是不可约多项式.

问题 3.3.44 设 p 是素数, 则 $f(x)=x^2+bx+c\in Z_p[x]$ 是可约多项式的充要条件为 b^2-4c 是 Z_p 的某个元素的平方吗?

是的. 若 $f(x)=x^2+bx+c$ 可约, 则存在 $\alpha,\beta\in Z_p$, 使得 $=x^2+bx+c=(x-\alpha)(x-\beta)$, 故 $b=\alpha+\beta, c=\alpha\beta$, 因此, $b^2-4c=(\alpha-\beta)^2$. 反过来, 若 b^2-4c 是 Z_p 的某个元素的平方, 则 $\sqrt{b^2-4c}\in Z_p$, 令 $\alpha=\dfrac{b+\sqrt{b^2-4c}}{2},\beta=\dfrac{b-\sqrt{b^2-4c}}{2}$, 则 $f(x)=(x-\alpha)(x-\beta)$, 所以, $f(x)=x^2+bx+c$ 是可约多项式.

问题 3.3.45 设 $f(x)$ 是域 F 上的一个次数大于 0 的多项式, 则 $f(x)$ 可以写成不可约分解式吗?

是的. 设 $f(x)$ 是域 F 上的一个次数大于 0 的多项式, 则

$$f(x)=cp_1(x)\cdots p_n(x),$$

其中 c 是一个非零常数, $p_1(x),\cdots,p_n(x)$ 是首一不可约多项式, 上面等式就称为 $f(x)$ 的不可约分解式.

这里的 c 和真因式列 $\{p_1(x),\cdots,p_n(x)\}$ 在相差一个次序的意义下由 $f(x)$ 唯一确定.

问题 3.3.46 任意域 F 上的单变量多项式环 $F[x]$ 一定是唯一因子分解环吗?

是的.

问题 3.3.47 环 R 上的单变量多项式环 $R[x]$ 一定是唯一因子分解环吗?

不一定. Z_8 上的多项式 $f(x)=x^2+7$, 有 $f(x)=(x+7)(x+1)$, 并且 $f(x)=(x+5)(x+3)$, 因此, $Z_8[x]$ 不是唯一因子分解环.

3.3.3 多项式的重因式

问题 3.3.48 什么叫多项式的重因式?

若 $f(x)=cp_1(x)^{k_1}\cdots p_r(x)^{k_r}$, 并且 $p_1(x),\cdots,p_r(x)$ 是两两不同的首一不可约多项式, 则称该分解式为 $f(x)$ 的标准不可约分解式. 指数 k_i 称为因式 $p_i(x)$ 在 $f(x)$ 中的重数 (multiplicity), 重数大于 1 的因式称为重因式.

问题 3.3.49 多项式 $f(x)$ 的导数如何定义?

设 $f(x)=a_nx^n+a_{n-1}x^{n-1}+\cdots+a_0\in F[x]$, 称

$$f'(x)=na_nx^{n-1}+(n-1)a_{n-1}x^{n-2}+\cdots+a_1$$

为 $f(x)$ 的导数.

问题 3.3.50 交换整环上一个非零多项式的导数的次数一定是原多项式的次数减 1 吗?

不一定. 在 $Z_5[x]$ 中, $f(x)=\overline{2}x^5+x^2+\overline{2}x+\overline{1}$ 的导数为 $f'(x)=\overline{0}x^4+\overline{2}x+\overline{2}=\overline{2}x+\overline{2}$.

问题 3.3.51 域上一个非零多项式的导数的次数一定是原多项式的次数减 1 吗?

不一定. 例子同上.

问题 3.3.52 特征是 0 的域上一个非零多项式的导数的次数一定是原多项式的次数减 1 吗?

是的.

问题 3.3.53 设 $f(x)=cp_1(x)^{k_1}\cdots p_r(x)^{k_r}$ 是特征为 0 的域 F 上一个次数大于 1 的多项式 $f(x)$ 的标准不可约分解式, 则 $\gcd(f(x),f'(x))=\prod\limits_{i=1}^{r}p_i(x)^{k_i-1}$ 吗?

是的.

问题 3.3.54 设 $f(x)=cp_1(x)^{k_1}\cdots p_r(x)^{k_r}$ 是特征为素数 p 的域 F 上一个次数大于 1 的多项式 $f(x)$ 的标准不可约分解式, 则 $\gcd(f(x),f'(x))=\prod\limits_{i=1}^{r}p_i(x)^{k_i-1}$ 吗?

不一定. 在 Z_3 上, 对于 $f(x)=(x+\overline{1})^3$, 有 $\gcd(f(x),f'(x))=\gcd(x+\overline{1})^3,0)=(x+\overline{1})^3$.

问题 3.3.55 设 F 是域, 若 $f(x)\in F[x]$, $\gcd(f(x),f'(x))=1$, 则 $f(x)$ 无重因子吗?

是的. 如果 $f(x)=g(x)^r h(x)$, 其中 $\deg(g)>0, h(x)\neq 0, r>1$, 则

$$\begin{aligned} f'(x) &= rg(x)^{r-1}g'(x)h(x)+g(x)^r h'(x) \\ &= g(x)^{r-1}[rg'(x)h(x)+g(x)h'(x)]. \end{aligned}$$

因此 $g(x)|\gcd(f(x),f'(x))$, 从而 $g(x)=1$, 所以 $f(x)$ 无重因子.

3.4 本原多项式

问题 3.4.1 什么是本原多项式?

设 R 为环, $f(x)=a_nx^n+a_{n-1}x^{n-1}+\cdots+a_1x+a_0$ 是一个非零多项式, 其中 $a_n,a_{n-1},\cdots,a_1,a_0\in R$. 如果除了乘法可逆元外, $a_n,a_{n-1},\cdots,a_1,a_0$ 没有其他公因子, 则称 $f(x)$ 为一个本原多项式 (primitive polynomial).

问题 3.4.2 若 p 为素数, $Z_p[x]$ 的多项式都是本原多项式吗?

是的. 这是由于对任意的多项式 $f(x)\in Z_p[x]$, 若 a 是 $f(x)$ 的系数的公因子, 则 a 是乘法可逆元, 因此 $f(x)$ 是本原多项式.

问题 3.4.3 设 R 是唯一因子分解环, 不可约多项式 $f(x)\in R[x]$ 一定是本原多项式吗? 反过来呢?

容易看出, 次数大于等于 1 的不可约多项式 $f(x)\in R[x]$ 一定是本原多项式. 反过来, 如在 $Z[x]$ 中, 多项式 $f(x)=x^2+4x+3$ 是本原多项式, 但 $f(x)=x^2+4x+3=(x+3)(x+1)$, 所以本原多项式 $f(x)\in R[x]$ 不一定是不可约多项式.

问题 3.4.4 设 R 是唯一因子分解环, 则两个本原多项式 $f(x),g(x)\in R[x]$ 的乘积 $f(x)g(x)$ 仍然是本原多项式吗?

是的. 设

$$f(x)=a_nx^n+a_{n-1}x^{n-1}+\cdots+a_1x+a_0,$$

$$g(x)=b_mx^m+b_{m-1}x^{m-1}+\cdots+b_1x+b_0$$

都是本原多项式. 将 $f(x)g(x)$ 展开成

$$f(x)g(x)=c_{n+m}x^{n+m}+c_{n+m-1}x^{n+m-1}+\cdots+c_1x+c_0,$$

则

$$c_k=\sum_{i+j=k}a_ib_j.$$

反证法. 假如 $f(x)g(x)$ 不是本原多项式, 则存在 R 中的不可逆元 p 整除每个 c_i. 设 a_r 是 $f(x)$ 中从左边数起第一个不被 p 整除的系数. 设 b_s 是 $g(x)$ 中从左边数起第一个不被 p 整除的系数. 则

$$c_{r+s} = a_r b_s + \sum_{i>0} a_{r-i} b_{s+i} + \sum_{i>0} a_{r+i} b_{s-i},$$

它不被 p 整除, 矛盾. 由反证法原理可知, $f(x)g(x)$ 是本原多项式.

问题 3.4.5 设 R 是唯一因子分解环, 若两个多项式 $f(x), g(x) \in R[x]$ 的乘积 $f(x)g(x)$ 是本原多项式, 则 $f(x)$ 和 $g(x)$ 都是本原多项式吗?

是的. 实际上, 设 $f(x) = af_1(x)$, $g(x) = bg_1(x)$, 这里 $a, b \in R$, $f_1(x)$ 和 $g_1(x)$ 都是本原多项式, 则由上面问题可知, $f_1(x)g_1(x)$ 为本原多项式. 由于 $f(x)g(x)$ 是本原多项式, 故 ab 是乘法可逆元, 因此由 $a(b(ab)^{-1}) = e$ 可知 a 是乘法可逆元. 由 $((ab)^{-1}a)b = e$ 可知 b 是乘法可逆元, 所以 $f(x) = af_1(x)$ 和 $g(x) = bg_1(x)$ 分别都是本原多项式.

3.5 唯一因子分解环上的多项式

问题 3.5.1 设 R 是唯一因子分解环, 则 $R[x]$ 也是唯一因子分解环吗?

是的.

问题 3.5.2 设 R 是整环, 若 $R[x]$ 是唯一因子分解环, 则 R 也是唯一因子分解环吗?

是的. 这是由于 $a \in R$ 是不可约元当且仅当 a 是多项式环 $R[x]$ 的不可约元.

3.6 非交换环上的多项式

问题 3.6.1 非交换可除环 R 上的一个多项式是怎么定义的?

设 R 是一个非交换可除环, 表达式

$$f(x) = a_n x^n + a_{n-1}x^{n-1} + \cdots + a_1 x + a_0$$

称为 R 上的一个多项式, 这里 $a_n, a_{n-1}, \cdots, a_1, a_0 \in R$, x 与 R 中的所有元都可交换, 并且 $1x = x$. R 上的一个多项式全体记为 $R[x]$.

问题 3.6.2 非交换可除环上的 $f(x) = a_2x^2 + xa_1 + a_0$ 是多项式吗?

不是. 按照非交换可除环 R 上多项式的定义, $g(x) = a_2x^2 + a_1x + a_0$ 是多项式, $f(x) = a_2x^2 + xa_1 + a_0$ 不是多项式, 多项式的项中的系数一定要在 x 的左边.

问题 3.6.3 设 R 是非交换环, 则多项式环 $R[x]$ 的中心一定包含 x 吗?

是的. 按照非交换环上多项式的定义, x 与环 R 的任意元素 a 都满足 $ax = xa$, 因此多项式环 $R[x]$ 的中心一定包含 x.

问题 3.6.4 非交换可除环 R 上的一个多项式在 a 处的值是什么?

设 $f(x) = a_n x^n + a_{n-1}x^{n-1} + \cdots + a_1 x + a_0 \in R[x]$, 对于 $a \in R$, 定义

$$f(a) = a_n a^n + a_{n-1}a^{n-1} + \cdots + a_1 a + a_0,$$

称 $f(a)$ 为 $f(x)$ 在 a 处的值. 若 $f(a) = 0$, 则称 a 为 $f(x)$ 的右根 (或零点). 一般都只讨论右根, 因此就将右根简称为根.

问题 3.6.5 若 $f(x) = g(x)h(x)$, 则对于 $a \in R$, $f(a) = g(a)h(a)$ 是否一定成立?

不一定. 设 R 是非交换环, $a, b \in R, ab \neq ba$, 则对于 $g(x) = x - a$, $h(x) = x - b$, 有 $f(x) = g(x)h(x) = x^2 - (a+b)x + ab$, 故

$$f(a) = a^2 - (a+b)a + ab = ab - ba \neq 0,$$

但 $g(a)h(a) = 0$. 因此 $f(a) = g(a)h(a)$ 不成立.

实际上, 在所有整数上的 2×2 矩阵全体构成的非交换环 $M_2(Z)$ 中, 只需取

$$a = \begin{bmatrix} 0 & 0 \\ 1 & 0 \end{bmatrix}, \quad b = \begin{bmatrix} 0 & 1 \\ 0 & 0 \end{bmatrix},$$

则容易知道, 对于环 $M_2(Z)$ 上的多项式 $g(x) = x + a$, $h(x) = x - a$, 有

$$f(x) = g(x)h(x) = x^2 - a^2.$$

但 $f(b) = b^2 - a^2 = 0$, 而

$$\begin{aligned} g(b)h(b) &= \left(\begin{bmatrix} 0 & 1 \\ 0 & 0 \end{bmatrix} + \begin{bmatrix} 0 & 0 \\ 1 & 0 \end{bmatrix}\right)\left(\begin{bmatrix} 0 & 1 \\ 0 & 0 \end{bmatrix} - \begin{bmatrix} 0 & 0 \\ 1 & 0 \end{bmatrix}\right) \\ &= \begin{bmatrix} 0 & 1 \\ 1 & 0 \end{bmatrix}\begin{bmatrix} 0 & 1 \\ -1 & 0 \end{bmatrix} = \begin{bmatrix} -1 & 0 \\ 0 & 1 \end{bmatrix}, \end{aligned}$$

所以, $f(b) \neq g(b)h(b)$.

问题 3.6.6 设 R 是非交换环, $a \in R$ 是非零多项式 $f(x) \in R[x]$ 的根的充要条件为 $x - a$ 是 $f(x)$ 在 $R[x]$ 的右除因子. $R[x]$ 有根 a 的多项式全体为左理想 $R[x](x-a)$ 吗?

是的. 若 $x-a$ 是 $f(x)$ 在 $R[x]$ 的右除因子, 则 $f(x)$ 具有形式:

$$\left(\sum_{i=0}^{n} c_i x^i\right)(x-a)=\sum_{i=0}^{n} c_i x^{i+1}-\sum_{i=0}^{n} c_i a x^i,$$

故

$$f(a)=\sum_{i=0}^{n} c_i a^{i+1}-\sum_{i=0}^{n} c_i a\cdot a^i=0.$$

反过来, 若 $f(a)=0$, 则由于有某个 $g(x)\in R[x]$ 和 $b\in R$, 使得

$$f(x)=g(x)(x-a)+b.$$

由于 $x-a$ 是 $g(x)(x-a)$ 在 $R[x]$ 的右除因子, 故 a 是 $g(x)(x-a)$ 的根, 因而 $0=f(a)=b$, 所以 $x-a$ 是 $f(x)$ 在 $R[x]$ 的右除因子.

问题 3.6.7　非交换环 R 上的 n 次多项式最多只有 n 个根吗?

不一定, 对于实数域上四元数除环 H, i, j, k 显然都满足方程 $x^2+1=0$, 因此 2 次方程 $x^2+1=0$ 已经有 3 个根. 实际上, 任何 i 的共轭元都是方程的根, 故对任何可逆元 $a\in R$, 都有 $(aia^{-1})^2+1=0$, 所以方程 $x^2+1=0$ 有无穷多个根.

问题 3.6.8　什么是 Gordon-Motzkin 定理?

Gordon-Motzkin 定理　设 R 是可除环, $f(x)\in R[x]$, 若 $f(x)$ 是 n 次多项式, 则 f 的根在 R 的最多 n 个共轭类中. 如果存在不同的 $a_i\in R$, 使得 $f(x)=(x-a_1)(x-a_2)\cdots(x-a_n)$, 那么 f 的任何根 a 一定与某个 a_i 共轭.

证明　对 n 用归纳法来证明.

(1) 若 $n=1$, 则容易知道结论成立.

(2) 假设结论对于 $n-1$ 次多项式都成立.

(3) 对于 n 次多项式 $f(x)$, c 是 f 的一个根, 则存在 $g(x)\in R[x]$, 使得 $f(x)=g(x)(x-c)$, 假如 $d\neq c$ 是 f 的另外一个根, 则 d 与 $g(x)$ 的某个根共轭. 根据假设结论对于 $n-1$ 次多项式都成立, 即 g 的根在 R 的最多 $n-1$ 个共轭类中, 所以 f 的根在 R 的最多 n 个共轭类中.

若 R 是交换环, 则每个共轭类只有一个元素, 因此交换环 R 上的 n 次多项式 $f(x)$ 在 R 最多只有 n 个根.

问题 3.6.9　若 a 是非交换环 R 上的多项式 $f(x)$ 的根, b 与 a 共轭, 则 b 也是 $f(x)$ 的根吗?

不一定. 实数域上四元数除环 H, 它是非交换环, 对于多项式 $f(x)=(x-i)(x-j)$, 容易知道 $(x-i)(x-j)=x^2-ix-jx+ij=0$, 故 $j^2-ij-jj+ij=0$, 因此 j 是它

的一个根. 但由于 $(-j)^2-i(-j)-j(-j)+ij\neq 0$, 因而 $-j$ 不是方程 $(x-i)(x-j)=0$ 的一个根. 容易知道 $-j=i\cdot j\cdot i^{-1}$, 故 $-j$ 与 j 共轭, 但 $-j$ 不是它的一个根.

问题 3.6.10 设 R 是环, $f(x)=g(x)h(x)\in R[x]$, 若 $a\in R$ 是 h 的根, 则 a 是 f 的根吗?

是的. 设 $g(x)=\sum_{i=0}^{n}b_ix^i$, 则 $f(x)=g(x)h(x)=\left(\sum_{i=0}^{n}b_ix^i\right)h(x)=\sum_{i=0}^{n}b_ih(x)x^i$, 故 $f(a)=\sum_{i=0}^{n}b_ih(a)a^i=0$, 所以 a 是 f 的根.

问题 3.6.11 设 R 是环, $f(x)=g(x)h(x)\in R[x]$, 若 $a\in R$ 是 g 的根, 则 a 是 f 的根吗?

不一定. 实际上, 在所有实数上的 2×2 矩阵全体构成的非交换环 $M_2(R)$ 中, 只需取

$$a=\begin{bmatrix}1&0\\0&0\end{bmatrix},\quad b=\begin{bmatrix}0&1\\0&0\end{bmatrix},\quad c=\begin{bmatrix}0&0\\1&0\end{bmatrix}.$$

设 $g(x)=bx, h(x)=c$, 则 $g(a)=ba=0$, 因此 a 是 g 的根, 但

$$f(a)=bca=a\neq 0,$$

所以, a 不是 f 的根.

问题 3.6.12 对于非交换可除环 R 上的多项式 $f(x),g(x)\in R[x]$, 可能存在不同的 $q_1(x),q_2(x)\in R[x]$ 和 $r_1(x),r_2(x)\in R[x]$, 使得 $f(x)=q_1(x)g(x)+r_1(x)$, 并且 $f(x)=g(x)q_2(x)+r_2(x)$ 吗?

有可能. 设 R 是有理数域上的 2×2 阶矩阵构成的非交换环, 若 $f(x),g(x)\in R[x]$,

$$f(x)=\begin{bmatrix}2&1\\0&0\end{bmatrix}x^2+\begin{bmatrix}0&0\\1&0\end{bmatrix}x+\begin{bmatrix}1&0\\0&1\end{bmatrix},\quad g(x)=\begin{bmatrix}0&1\\-1&0\end{bmatrix}x+\begin{bmatrix}1&1\\1&1\end{bmatrix}.$$

设 $f(x)=g(x)q_1(x)+r_1(x)$ 和 $f(x)=q_2(x)g(x)+r_2(x)$, 则容易知道 $q_1(x)$ 和 $q_2(x)$ 都是一次多项式, 故可设 $q_1(x)=a_1x+b_1$ 和 $r_1(x)=c_1$, $q_2(x)=a_2x+b_2$ 和 $r_2(x)=c_2$, 代入后比较系数可知

$$q_1(x)=\begin{bmatrix}0&0\\2&1\end{bmatrix}x+\begin{bmatrix}-1&1\\-2&-1\end{bmatrix},\quad r_1(x)=\begin{bmatrix}4&0\\3&1\end{bmatrix},$$

并且

$$q_2(x)=\begin{bmatrix}1&-2\\0&0\end{bmatrix}x+\begin{bmatrix}1&-1\\0&-1\end{bmatrix},\quad r_2(x)=\begin{bmatrix}1&0\\1&2\end{bmatrix}.$$

第 4 章　向量空间与模

域上的向量空间的性质与数域上的向量空间的性质是比较类似的.

4.1 向量空间

4.1.1 向量空间的定义

问题 4.1.1 向量空间的定义是什么?

设 F 是一个域, V 是一个 Abel 群 (用加法记它的群运算), 若有一个数乘运算

$$F \times V \to V,$$

$$(a, u) \mapsto au,$$

满足以下条件:

(1) $1u = u$ 对任意 $u \in V$ 成立;

(2) $(ab)u = a(bu)$ 对任意 $a, b \in F, u \in V$ 成立;

(3) $(a+b)u = au + bu$ 对任意 $a, b \in F, u \in V$ 成立;

(4) $a(u+w) = au + aw$ 对任意 $a \in F, u, w \in V$ 成立.

则称 V 为域 F 上的一个向量空间 (vector space) 或线性空间 (linear space), 向量空间中的元素称为向量 (vector), 域中的元素称为纯量 (scalar).

问题 4.1.2 含有非零元的最小向量空间含有多少个元素?

容易知道, $Z_2 = \{\bar{0}, \bar{1}\}$ 是一个加法 Abel 群, 它可以看作域 Z_2 上的向量空间, 它只有两个元素.

4.1.2 向量空间的性质

问题 4.1.3 设 V 是域 F 上的向量空间, 则对任意的 $a \in F$, $u \in V$, 有 $a0 = 0, u = 0, (-a)u = a(-u) = -au$ 吗?

是的. 由于 $a0 = a(0+0) = a0 + a0$, 故 $a0 = 0$. 类似地, 可以证明其他的结论也成立.

问题 4.1.4 设 V 是域 F 上的向量空间, 若对于 $a \in F, u \in V$, 有 $au = 0$, 则一定有 $a = 0$ 或 $u = 0$ 吗?

是的. 若 $au=0$, 但 $a\neq 0$, 则由于 F 是域, $a\in F$, 故存在 $a^{-1}\in F$, 使得 $a^{-1}au=a^{-1}0=0$, 所以 $u=0$.

问题 4.1.5 设 V 是域 F 上的向量空间, 若 $a\in F$ 使得 $au=u$ 对任意 $u\in V$ 都成立, 则 $a=1$ 一定成立吗?

是的. 若 $a\in F$ 使得 $au=u$ 对任意 $u\in V$ 都成立, 则由 $0=u-u=au-u=au-1u=(a-1)u$ 可知, $a-1=0$ 或者 $u=0$, 但 u 是 V 的任意元素都有 $(a-1)u=0$ 成立, 所以, 一定有 $a-1=0$, 即 $a=1$.

问题 4.1.6 设 V 是域 F 上的向量空间, 若对于 $a\in F$, $u,v\in V$, 有 $au=av$, 则一定有 $u=v$ 吗?

不一定. 若 $a=0$, 则对于任意 $u\neq v$, 都有 $au=av$. 若 $a\neq 0$, 则 $au=av$ 时, 一定有 $u=v$.

问题 4.1.7 设 V 是域, F 是 V 的子域, 则 V 是 F 上的向量空间吗?

是的. 容易按向量空间的定义验证.

4.1.3 向量空间的子空间

问题 4.1.8 什么是向量空间的子空间吗?

设 V 是一个向量空间, 若 W 为 V 的非空子集, 满足以下条件:

(1) $0\in W$;

(2) $u+v\in W$ 对任意 $u,v\in W$ 成立;

(3) $au\in W$ 对任意 $a\in F, u\in W$ 成立.

则称 W 为 V 的一个子空间.

问题 4.1.9 若 F 是域, 则可将 F 看作 F 上的向量空间吗?

是的. 容易按向量空间的定义验证.

问题 4.1.10 设 F 是域, 将 F 看作 F 上的向量空间, 则 F 没有非平凡的子空间吗?

是的. 容易按照子空间的定义验证, F 是域时, F 可看作 F 上的向量空间, 故对于 F 的任意子空间 W, W 是域 F 的理想, 由于域只有平凡理想, 故 F 没有非平凡的子空间.

问题 4.1.11 设 V 是非零向量空间, 则 V 一定有非平凡的子空间 W, 并且 $W\neq V$ 吗?

不一定. 若 V 是一维的向量空间, 如 V 是实数全体构成的实数 R 上的向量空间, 则 V 没有非平凡的子空间 W, 使得 $W\neq V$.

问题 4.1.12　向量空间 V 的加法子群 W 一定是 V 的子空间吗?

不一定. 设 R 是实数, 有实数 R 的向量空间 R^2 的加法子群 Z^2, 对 $a=\sqrt{2}\in R$, $u=(1,1)\in Z^2$, 有 au 不属于 Z^2, 因此, Z^2 不是 R^2 的子空间.

问题 4.1.13　若向量空间 V 的非空子集 W 在纯量和向量的数乘运算下是封闭的, 则 W 一定是 V 的子空间吗?

不一定. 设 R 是实数, 有实数 R 的向量空间 R^2 的加法子群 $W=\{(x,y)\mid xy\geqslant 0\}$, 则 W 在纯量和向量的数乘运算下是封闭的, 但对于 $u=(1,0)\in W, v=(0,-1)\in W$, 有 $u+v=(1,-1)$ 不属于 W, 所以, W 不是 V 的子空间.

问题 4.1.14　设 V_1,V_2,W 都是向量空间 V 的子空间, 若 $V_1+W=V_2+W$, 则一定有 $V_1=V_2$ 吗?

不一定. 设 R 是实数, 向量空间 R^2 有子空间 $V_1=\mathrm{span}\{(1,0)\}, V_2=\mathrm{span}\{(1,1)\}$, $W=\mathrm{span}\{(0,1)\}$, 则 $V_1+W=V_2+W$, 但 $V_1\neq V_2$.

问题 4.1.15　若 V 是无限域 F 上的向量空间, 则 V 不可能是有限个真子空间的并吗?

是的. 反证法. 假设 $V_1,V_2,\cdots,V_n$ 是满足 $V=V_1\bigcup V_2\bigcup\cdots\bigcup V_n$ 的真子空间中个数最少的真子空间.

取

$$u_1\in V_1,\quad u_1\notin V_2,\quad u_2\in V_2,\quad u_2\notin V_1\bigcup V_3\bigcup\cdots\bigcup V_n.$$

对于 $i=1,2,\cdots,n$, 令

$$F_i=\{a\in F\mid u_1+au_2\in V_i\}.$$

则 $F=F_1\bigcup F_2\bigcup\cdots\bigcup F_n$. 由于 F 是无限域, 故一定有某个 F_i 最少包含两个元素. 由于 $u_1\in V_1, u_1\notin V_2$, $u_2\in V_2$, 故 F_2 是空集. 故存在某个 $i\neq 2$, 有两个不同的 $a,b\in F_i$, 使得 $u_1+au_2\in V_i$, 并且 $u_1+bu_2\in V_i$, 因而

$$(a-b)u_2=(u_1+au_2)-(u_1+bu_2)\in V_i,$$

故 $u_2\in V_i$. 但这与 $u_2\notin V_i$ 的选取相矛盾, 所以定理成立.

问题 4.1.16　若 V 是无限域 F 上的向量空间, 则 V 的有限个真子空间的并是 V 的子空间吗?

一定不是. 原因与上面问题理由一样.

问题 4.1.17　若 V 是有限域 F 上的向量空间, V 是 n 个真子空间的并, 则一定有 $|F|<n$ 吗?

是的. 从前面两个问题的论证过程可以看出结论成立.

问题 4.1.18 若 V 是有限域 F 上的 $n(n>1)$ 维向量空间, 则向量空间 V 一定可以表为有限个真子空间的并吗?

是的. 若 V 是有限域 F 上的 n 维向量空间, 则容易验证 V 有 $m=|F|^n$ 个不同元素, 记 $V=\{0,v_1,v_2,\cdots,v_{m-1}\}$. 由于 V 是 n 维的, 故不妨设 $v_1,v_2,\cdots,v_n$ 线性无关, 令 $V_i(i=1,2,\cdots,n)$ 为 v_i 生成的一维线性子空间, 则 $V=\bigcup_{i=1}^n V_i$.

问题 4.1.19 若 V 是有限域 F 上的向量空间, 则向量空间 V 一定只有有限个元素吗?

不一定. 设 $Z_3=\{\overline{0},\overline{1},\overline{2}\}, V=\{(u_1,u_2,\cdots,u_i,\cdots)\mid u_i\in Z_3\}$, 则 V 是有限域 Z_3 上的向量空间, 但容易知道 V 中的元素个数不是有限的.

问题 4.1.20 设 V_1,V_2 是域 F 上的线性空间 V 的两个真子空间, 则 $V\neq V_1\bigcup V_2$ 吗?

是的. 不妨设 V_1 和 V_2 没有相互包含的关系, 则存在 $u\in V_1, u\notin V_2$, $u\neq 0$, 并且存在 $v\in V_2$, $v\neq 0$. 此时一定有 $u+v\notin V_1$, 不然的话, 由 $u+v\in V_1$ 和 $u\in V_1$ 可知, $v\in V_1$, 与 $v\notin V_1$ 矛盾. 同理可知道 $u+v\notin V_2$, 因而 $u+v\in V$, 但 $u+v\notin V_1\bigcup V_2$, 所以 $V\neq V_1\bigcup V_2$.

问题 4.1.21 设 V_1,V_2 是域 F 上的线性空间 V 的两个真子空间, 则 $V_1\bigcup V_2$ 是 V 的子空间吗?

不是. 原因与上面问题理由一样.

问题 4.1.22 向量空间 V 一定不能表为它的 3 个真子空间的并吗?

不一定. $V=\{(a_1,a_2)\mid a_i\in Z_2\}$ 是域 Z_2 上的向量空间, 则 V 可以表为它的 3 个真子空间的并. 实际上, 只需令 $V_1=\{(0,0),(1,0)\}, V_2=\{(0,0),(0,1)\}, V_3=\{(0,0),(1,1)\}$, 则 $V=V_1\bigcup V_2\bigcup V_3$.

问题 4.1.23 设 V_1,V_2 是域 F 上的线性空间 V 的两个真子空间, 则 V_1+V_2 一定包含 V_1 和 V_2 吗?

是的. 由于 V_1 包含 0, 故容易知道 V_1+V_2 一定包含 V_2. 同样地, 容易知道 V_1+V_2 一定包含 V_1.

问题 4.1.24 设 V_1,V_2 是域 F 上的线性空间 V 的两个真子空间, 则包含 V_1 和 V_2 的子空间 M 一定包含 V_1+V_2 吗?

是的. 容易验证.

问题 4.1.25 设 $V_1,V_2,\cdots,V_n$ 是特征为 0 的域 F 上的线性空间 V 的 n 个真子空间, 若子空间 $M\subseteq V_1\bigcup V_2\bigcup\cdots\bigcup V_n$, 则一定存在某个子空间 V_i 包含

M 吗?

是的. 若 $M \subseteq V_1 \bigcup V_2 \bigcup \cdots \bigcup V_n$, 则 $M = (V_1 \bigcap M) \bigcup (V_2 \bigcap M) \bigcup \cdots \bigcup (V_n \bigcap M)$, 并且每个 $V_i \bigcap M$ 都是子空间, 由前面结论可知 $V_i \bigcap M$ 不可能都是 M 的真子空间, 因此, 一定存在某个 i, 使得 $V_i \bigcap M = M$, 所以, 一定存在某个子空间 V_i 包含 M.

问题 4.1.26 存在两个不同的域 $F_1 \subseteq F_2, F_1 \neq F_2$, 交换群 V 和它的子群 W, 使得 W 是 V 在域 F_1 上的子空间, 但 W 不是 V 在域 F_2 上的子空间吗?

存在. 容易知道, 有理数域 Q 是实数域 R 的子域, 设 V 为复数加法群, W 为有理数加法群, 则 W 是 V 在域 Q 上的子空间, 但 W 不是 V 在域 R 上的子空间.

4.1.4 线性无关和基

问题 4.1.27 什么是线性无关?

设 $u_1, u_2, \cdots, u_n \in V$ 是向量空间 V 的一组非零向量, 如果存在一组不全为零的纯量 $a_1, a_2, \cdots, a_n \in F$, 使得

$$a_1u_1 + a_2u_2 + \cdots + a_nu_n = 0,$$

则称 $u_1, u_2, \cdots, u_n$ 线性相关, 否则称 $u_1, u_2, \cdots, u_n$ 线性无关.

问题 4.1.28 什么是 W 是 S 张成的子空间?

设 S 是域 F 上的向量空间 V 中一个子集, 若

$$W = \{a_1u_1 + a_2u_2 + \cdots + a_ku_k | a_1, a_2, \cdots, a_k \in F, u_1, u_2, \cdots, u_k \in S, k \text{ 为某个正整数}\},$$

则称 W 是 S 张成的子空间, 记为 $W = < S >$.

问题 4.1.29 什么是基?

一个张成整个向量空间 V 的线性无关集 S 称为 V 的一组基, 若 S 中的元素个数 n 有限, 则称 n 为向量空间 V 的维数, 记为 $\dim(V)$, 此时 V 称为有限维向量空间. 若 S 中的元素个数是无穷, 则称向量空间 V 是无穷维的.

问题 4.1.30 实数 R 为有理数域 Q 上的向量空间时, R 是有限维向量空间吗?

不是. 容易知道, $S = \{\pi, \pi^2, \cdots, \pi^n, \cdots\}$ 是 R 的一个无穷的线性无关集, 所以, R 是无穷维的向量空间.

问题 4.1.31 向量空间 V 有可能存在不可数的线性无关集吗?

有可能. $C[0,1]$ 为实数域 R 上的向量空间, $S=\{x^\alpha \mid \alpha\in[0,1]\}$ 是不可数的线性无关集.

问题 4.1.32 若 $u_1,u_2,\cdots,u_m$ 和 $v_1,v_2,\cdots,v_n$ 都是向量空间 V 的基, 则一定有 $m=n$ 吗?

是的.

问题 4.1.33 设 U 和 W 都是域 F 上的向量空间 V 的子空间, 若 $\dim(U)+\dim(W)>\dim(V)$, 则 $U\bigcap W$ 一定含有非零元素吗?

是的. 设 $\dim(U)=m,\dim(W)=n,u_1,u_2,\cdots,u_m$ 是 U 的一个基, $w_1,w_2,\cdots,w_n$ 是 W 的一个基, 则由 $m+n>\dim(V)$ 可知 $u_1,u_2,\cdots,u_m,w_1,w_2,\cdots,w_n$ 是线性相关的, 因此存在不全为 0 的 $c_1,c_2,\cdots,c_n\in F$ 和 $d_1,d_2,\cdots,c_m\in F$, 使得

$$\sum_{i=1}^m c_iu_i+\sum_{j=1}^n d_jw_j=0.$$

容易知道 c_i 不可能都是 0, d_i 也不可能都是 0, 因此,$v=\sum\limits_{i=1}^m c_iu_i=-\sum\limits_{j=1}^n d_jw_j$ 一定属于 U 和 W.

问题 4.1.34 设 U 和 W 都是域 F 上的向量空间 V 的子空间, 并且 $U\bigcap W=\{0\}$, 若 $u_1,u_2,\cdots,u_m$ 是 U 的一个基, $w_1,w_2,\cdots,w_n$ 是 W 的一个基, 则 $u_1,u_2,\cdots,u_m,w_1,w_2,\cdots,w_n$ 一定是线性无关的吗?

是的. 容易验证.

问题 4.1.35 设 R 是一个交换整环, $F\subseteq R$, F 是 R 的一个域, 并且 R 看成是 F 上的向量空间时是有限维的, 则 R 一定是域吗?

是的. 要证明 R 是一个域, 只要证明 R 中不为 0 的元素都是乘法可逆元. 对任意一个 $a\in R,a\neq 0$, 由 (1) 可知存在非零的多项式 $f(x)\in F[x],f(a)=0$. 不妨设 $f(x)=c_0+c_1x+c_2x^2+\cdots+c_mx^m$ 是 $F[x]$ 中满足 $f(a)=0$ 次数最小的多项式, 则 $c_0\neq 0$, 不然的话, $g(x)=c_1+c_2x+\cdots+c_mx^{m-1}\in F[x]$ 为满足 $g(a)=0$ 次数更小的多项式.

由于 $f(a)=c_0+c_1a+c_2a^2+\cdots+c_ma^m=0$, 故

$$(c_1+c_2a+\cdots+c_ma^{m-1})a=-c_0.$$

由 $c_0\neq 0, c_0\in F$ 可知 c_0^{-1} 存在. 令 $b=(c_1+c_2a+\cdots+c_ma^{m-1})(-c_0)^{-1}$, 则 $ab=1$, 因此 R 中不为 0 的元素都是乘法可逆元, 所以 R 是一个域.

问题 4.1.36 $Q(\sqrt[3]{2})$ 为 Q 上的向量空间时, 它的基是什么?

由于 $\sqrt[3]{2}$ 是不可约多项式 x^3-2 的根, 故容易知道 $Q(\sqrt[3]{2})$ 有一个基为 $1, \sqrt[3]{2}, \sqrt[3]{4}$.

问题 4.1.37 $Q(i)$ 为 Q 上的向量空间时, 它的基是什么?

由于 i 是不可约多项式 x^2+1 的根, 故容易知道 $Q(i)$ 有一个基为 $1, i$.

4.1.5 线性映射

问题 4.1.38 什么是线性映射?

设 V_1, V_2 是同一个域 F 上的两个向量空间, T 是从 V_1 到 V_2 的一个映射, 若 $T(au+bv)=aT(u)+bT(v)$ 对任意 $a,b\in F$ 和任意 $u,v\in V_1$ 成立, 则称 T 是线性映射. 线性映射也称为向量空间之间的同态, 当 $V_1=V_2=V$ 时, 一般将线性映射 T 称为线性变换. 当 $V_2=F$ 时, 将线性映射 T 称为线性泛函.

问题 4.1.39 设 V_1 和 V_2 都是域 F 上的向量空间, T 是 V_1 到 V_2 的线性映射, 则 T 是线性同构的充要条件是 $\mathrm{Ker}(T)=\{0\}$, 并且 $\mathrm{Im}(T)=V_2$ 吗?

是的. 容易知道 T 是单射的充要条件是 $\mathrm{Ker}(T)=\{0\}$, 并且 T 是满射的充要条件是 $\mathrm{Im}(T)=V_2$.

4.2 内积空间

4.2.1 内积的定义

问题 4.2.1 什么是内积?

设 F 是一个域, V 是 F 上的一个向量空间, 若存在 $V\times V$ 到 F 的一个映射, 使得对任意 $u,v,w\in V$, $a,b\in F$, 有

(1) $(u,v)=(v,u)$;

(2) $(au+bv,w)=a(u,w)+b(v,w)$.

则称 V 为内积空间 (inner product space). 若对所有的 $u\in V$, 当 $(u,u)=0$ 时一定有 $u=0$, 则称该内积 (inner product) 是非退化的 (nondegenerate).

问题 4.2.2 向量空间的内积与空间解析几何中三维欧几里得空间 (Euclidean space) 的内积的差异是什么?

差异就是: 一般来说 $u\in V$, 当 $(u,u)=0$ 时, 不一定有 $u=0$.

问题 4.2.3 设 F 是一个域, V 是 F 上的内积空间, 若 $u\in V$, 并且对任意 $v\in V$, 有 $(u,v)=0$, 则 $u=0$ 吗?

不一定. 对于实数 R, 在 R^2 上定义, 对任意 $u,v\in R^2$ 有 $(u,v)=0$, 则容易验证 R^2 是内积空间, 但对于 $u=(1,1)\in R^2$, 有 $(u,v)=0$ 对任意 $v\in R^2$ 都成立, 但 $u\neq 0$.

问题 4.2.4 当 V 是域 F 上的向量空间时, 讨论的都是 $a \in F$ 左乘 $u \in V$, 那 $a \in F$ 右乘 $u \in V$ 有意义吗?

因为数乘是 $F \times V$ 到 V 的运算, 所以 ua 没有任何意义.

问题 4.2.5 设 F 是一个域, V 是 F 上的内积空间, 则对任意 $u \in V$, 有 $(u, 0) = 0$?

是的. 这是由于 $(u,0) = (u, 0+0) = (u,0) + (u,0)$, 故 $(u,0) = 0$.

4.2.2 正交和正交基

问题 4.2.6 什么是正交?

设 F 是一个域, V 是 F 上的内积空间, 若 $u, v \in V$, 有 $(u,v) = 0$, 则称 u 和 v 是正交的 (orthogonal).

问题 4.2.7 什么是正交基?

设 F 是一个域, V 是 F 上的内积空间, 若 $u_1, u_2, \cdots, u_n \in V$ 为 V 的基, 并且对任意 $i \neq j$, 有 $(u_i, u_j) = 0$, 则称 $u_1, u_2, \cdots, u_n \in V$ 为 V 的正交基 (orthogonal basis).

问题 4.2.8 设 F 是一个特征不为 2 的域, V 是 F 上的 n 维内积空间, 则 V 一定存在正交基 $\{u_1, u_2, \cdots, u_n\}$ 吗?

是的.

4.3 模

4.3.1 模的定义

问题 4.3.1 什么是模?

设 R 是一个环, M 是一个 Abel 群, 若有一个数乘运算

$$\begin{aligned} R \times M &\to M, \\ (a, u) &\mapsto au \end{aligned}$$

满足以下条件:

(1) $1u = u$ 对任意 $u \in M$ 成立;

(2) $(ab)u = a(bu)$ 对任意 $a, b \in R, u \in M$ 成立;

(3) $(a+b)u = au + bu$ 对任意 $a, b \in R, u \in M$ 成立;

(4) $a(u+w) = au + aw$ 对任意 $a \in R, u, w \in M$ 成立.

则称 M 为环 R 上的一个左模 (left module).

所谓左模是指用 R 的元素 a 从左边去乘 M 的元素 u. 同样地, 可以定义右模 (right module), 只需将上面条件 (1)~(4) 中 F 的元素写在 M 的元素 u 右边即可:

(1*) $u1 = u$ 对任意 $u \in M$ 成立;

(2*) $u(ba) = (ub)a$ 对任意 $a, b \in R, u \in M$ 成立;

(3*) $u(a+b) = ua + ub$ 对任意 $a, b \in R, u \in M$ 成立;

(4*) $(u+w)a = ua + wa$ 对任意 $a \in R, u, w \in M$ 成立.

一般来说, 环 R 上的左模 M 不一定是右模, 如取值于 Z_2 的矩阵加法群 $M = \left\{ \begin{bmatrix} 0 & u \\ 0 & v \end{bmatrix} \middle| u, v \in Z_2 \right\}$ 是非交换环 $R = \left\{ \begin{bmatrix} a & 0 \\ b & c \end{bmatrix} \middle| a, b, c \in Z_2 \right\}$ 上的左模, 但它不是右模.

由于右模的理论与左模是完全平行的, 故只需讨论左模, 一般都将环 R 上的左模称为 R 上的模 (module). 除非特别说明, 后面出现的模都是指左模.

4.3.2 模的性质

问题 4.3.2 若 M 是交换环 R 上的模, 则对任意的 $a \in R, u \in M$, 有

$$a0 = 0, \quad 0u = 0, \quad a(-u) = (-a)u = -(au)$$

吗?

是的.

问题 4.3.3 整数加法群 Z 可以看作整数环 Z 上的模吗?

是的.

问题 4.3.4 若 M 是交换环 R 上的模, 对任意的 $a \in R, u \in M$, 当 $au = 0$ 时, 一定有 $a = 0$ 或 $u = 0$ 吗?

不一定. 整数加法群 Z_6 可以看作整数环 Z_6 上的模, 但对于 $\overline{2} \in Z_6, \overline{3} \in Z_6$, 有 $\overline{2} \cdot \overline{3} = \overline{0}$.

问题 4.3.5 若 R 是环, M 是它的一个左理想, 则 M 可以看作环 R 上的左模吗?

是的.

问题 4.3.6 什么是子模?

若 M 是环 R 上的模, N 是 M 的子集, 若

(1) N 是 M 的子群;

(2) 对任意 $a \in R, u \in N$, 有 $au \in N$ 成立.

则称 N 是 M 的子模.

问题 4.3.7 若 M 是交换环 R 上的模, 对任意非零的 $u\in M$, u 一定是线性无关的吗?

不一定. 整数加法群 Z_6 是交换环 Z_6 上的模, 对于 $\overline{5}\in Z_6$, 不存在 $a\in Z_6$, 使得 $a\cdot\overline{5}=\overline{0}$, 因此 $\overline{5}$ 是线性无关的. 但对于加法群 Z_6 中的非零元 $\overline{2}$, 有交换环中的 $\overline{3}\in Z_6$, 使得 $\overline{2}\cdot\overline{3}=\overline{0}$, 故 $\overline{2}$ 是线性相关的, 所以模中的非零元不一定是线性无关的.

问题 4.3.8 若 M 是交换环 R 上的模, 对于一组线性相关的元素, 则组中的元素一定可以由其他元素线性表出吗?

不一定. 整数加法群 Z_6 是交换环 Z_6 上的模, $\overline{2}$ 和 $\overline{3}$ 是线性相关的, 但 $\overline{2}$ 不能由 $\overline{3}$ 线性表出.

问题 4.3.9 什么是自由模?

若环 R 上的模 M 存在一个子集 S, 使得任意 $u\in M$ 都可以写成 S 中有限个元素的线性表示, 并且表示是唯一的, 则称 S 为模 M 在 R 上的一个基. 若模 M 有基, 则称 M 是 R 上的自由模.

问题 4.3.10 S 为模 M 在 R 上的一个基的充要条件是什么?

容易知道, S 为模 M 在 R 上的一个基的充要条件为:

(1) 对任意 $u\in M$, 存在 $u_1,u_2,\cdots,u_n\in S$ 和 $a_1,a_2,\cdots,a_n\in R$, 使得

$$u=a_1u_1+a_2u_2+\cdots+a_nu_n.$$

(2) 对 $u_1,u_2,\cdots,u_n\in S$ 和 $a_1,a_2,\cdots,a_n\in R$, 若 $a_1u_1+a_2u_2+\cdots+a_nu_n=0$, 则一定有

$$a_1=a_2=\cdots=a_n=0.$$

问题 4.3.11 什么是模的直和?

设 M 是环 R 上的模, $M_1,M_2,\cdots,M_n$ 是 M 的子模, 若

(1) 对任意 $u\in M$, 都有 $u=u_1+u_2+\cdots+u_n$, 这里 $u_i\in M_i$.

(2) $M_i\bigcap(M_1+M_2+\cdots+M_{i-1}+M_{i+1}+\cdots+M_n)=\{0\}$.

则称 M 是 $M_1,M_2,\cdots,M_n$ 的直和, 记为 $M=\oplus M_i$.

问题 4.3.12 若 M 是环 R 上的模, 则 M 是自由模的充要条件为 M 和 R 的直和同构吗?

是的. 若 M 是自由模, $S=\{u_\alpha|\alpha\in A\}$ 为它的基, 则对任意 $u\in M$, 有 $u_{\alpha_1},u_{\alpha_2},\cdots,u_{\alpha_n}\in S$ 和 $a_{\alpha_1},a_{\alpha_2},\cdots,a_{\alpha_n}\in R$, 使得 $u=a_{\alpha_1}u_{\alpha_1}+a_{\alpha_2}u_{\alpha_2}+\cdots+a_{\alpha_n}u_{\alpha_n}$. 定义映射 $\varphi:M\to\oplus_\alpha R$, 则容易知道 φ 是同构. 反过来, 容易证明若存在同构 $\varphi:M\to\oplus_\alpha R$, 则 M 是自由模.

问题 4.3.13　若 M 是交换环 R 上的有限模, 则 M 中一定有线性无关的元素吗?

不一定. 整数加法群 Z_6 是整数环 Z 上的模, 对任意 $u \in Z_6, a \in Z, au$ 对 6 取模, 不难验证 Z_6 中的任意元素 u, 都存在 $a \in Z$, 使得 $au = \bar{0}$, 因此 Z_6 中的任意元素 u 都不是线性无关的.

问题 4.3.14　若 M 是交换环 R 上的模, 则 M 中的非零元 u 都可以扩展成 M 的一组基吗?

不一定. 实际上, 整数加法群 Z_6 是交换环 Z_6 上的模, 但非零元 $\bar{2}$ 是不可以扩展成 Z_6 的一组基的.

问题 4.3.15　对于可除环 R 上的自由模 M, 若 $\{u_1, u_2, \cdots, u_m\}$ 和 $\{v_1, v_2, \cdots, v_n\}$ 都是 M 的基, 则 $m = n$ 吗?

是的. 不失一般性, 不妨假设 $m \geqslant n$, 由于 $\{u_1, u_2, \cdots, u_m\}$ 是 M 的基, 故存在 $a_1, a_2, \cdots, a_m \in R$, 使得 $v_n = a_1u_1 + a_2u_2 + \cdots + a_mu_m$. 设 k 是第一个使得 $a_k \neq 0$ 的下标, 则

$$u_k = a_k^{-1}v_n - a_k^{-1}a_1u_1 - \cdots - a_k^{-1}a_{k-1}u_{k-1} - a_k^{-1}a_{k+1}u_{k+1} - \cdots - a_k^{-1}a_mu_m.$$

故 $\{v_n, u_1, \cdots, u_{k-1}, u_{k+1}, \cdots, u_m\}$ 生成 M. 因而存在 $b, b_1, b_2, \cdots, b_{i-1}, b_{i+1}, \cdots, b_m \in R$, 使得 $v_{n-1} = bv_n + b_1u_1 + \cdots + b_{i-1}u_{i-1} + b_{i+1}u_{i+1} + \cdots + b_mu_m$. 由于 $\{v_{n-1}, v_n\}$ 线性无关, 故 $v_{n-1} - bv_n \neq 0$. 设 j 是第一个使得 $b_j \neq 0$ 的下标, 则 u_j 是 v_{n-1}, v_n 和 $u_i (i \neq k, j)$ 的线性组合, 故 $\{v_{n-1}, v_n\} \bigcup \{u_i | i \neq k, j\}$ 生成 M, 从而 v_{n-2} 是 v_{n-1}, v_n 和 $u_i (i \neq k, j)$ 的线性组合. 重复上面的步骤, 假如 $n < m$, 则 n 步后, 可知 $\{v_n, v_{n-1}, \cdots, v_{m-n+1}\}$ 生成 M, 从而 v_{m-n} 是 $v_n, v_{n-1}, \cdots, v_{m-n+1}$ 的线性组合, 但这与 $\{v_1, v_2, \cdots, v_n\}$ 线性无关矛盾, 所以 $n = m$.

可以证明, 对于交换环 R 上的模 M, 基中元素的个数也是固定的, 下面定理也是成立的.

问题 4.3.16　对于交换环 R 上的自由模 M, 若 $\{u_1, u_2, \cdots, u_m\}$ 和 $\{v_1, v_2, \cdots, v_n\}$ 都是 M 的基, 则 $m = n$ 吗?

是的.

问题 4.3.17　在什么条件下, 环 R 上的模 M 一定有一组基呢?

若 M 是可除环 R 上的模, 则 M 一定有一组基.

问题 4.3.18　若 M 是可除环 R 上的模, 则 M 的任意一个线性无关集都一定可以扩展成 M 的一组基吗?

是的.

问题 4.3.19 设 M 是交换环 R 的理想, M 是交换环 R 上的模, 若任意非零元 $a, b \in M$, 则 a 和 b 一定是线性相关的吗?

是的. 对任意 $a, b \in M$, 由于 $ba + (-a)b = 0$, 故 a 和 b 都是线性相关的.

问题 4.3.20 若 M_1, M_2 是环 R 上的模 M 的两个真子模, 则 $M \neq M_1 \bigcup M_2$ 一定成立吗?

是的.

第 5 章　Sylow 定理和可解群

Sylow 定理是有限群理论最基本的定理之一, 它们给出了 Sylow 子群的存在性、相互关系和 Sylow 子群的个数, 体现了有限群和它的子群之间深刻的联系, 揭示了群的算术性质与结构性质之间的精巧联系.

5.1　群　作　用

5.1.1　群作用的定义

问题 5.1.1　*群作用的定义是?*

设 G 是一个群, S 是一个集合, 设有一个映射

$$\sigma : G \times S \to S$$

满足条件

(1) $\sigma(e, x) = x$ 对任何 $x \in S$ 成立;

(2) $\sigma(g_1 g_2, x) = \sigma(g_1, \sigma(g_2, x))$ 对任何 $x \in S$ 和 $g_1, g_2 \in G$ 成立.

则称 G 在 S 上有一个 (左) 作用 (action).

类似地, 还可以定义群的右作用. 一般地, 若没有说明群作用是左作用, 还是右作用的话, 群作用都是指左作用.

问题 5.1.2　*任何群 G 在任何集合 S 上都一定有群作用吗?*

是的. 任何群 G 在任何集合 S 上有一个平凡的作用 $gx = x$.

问题 5.1.3　*设群 G 作用在集合 S 上, 若 $g, h \in G$, 对某个 $x \in S$, 有 $gs = hx$, 则一定有 $g = h$ 吗?*

不一定. 考虑 Z 作用在 $Z \times Z$ 上, 定义 $z \cdot (a, b) = (za, b)$, 则 $x \cdot (y \cdot (a, b)) = x \cdot (ya, b) = (xya, b) = (xy) \cdot b$, 故 $1 \cdot (a, b) = (a, b)$, 因此这是一个群作用. 但对于 $g = 1, y = 2 \in Z$, 存在 $x = (0, 1) \in Z \times Z$, 使得 $1 \cdot (0, 1) = 2 \cdot (0, 1)$, 并且 $1 \neq 2$.

问题 5.1.4　*设群 G 作用在集合 S 上, 若 $x, y \in S$, 则一定存在 $g \in G$, 使得 $y = gx$ 吗?*

不一定. 考虑 Z 作用在 $Z \times Z$ 上, 定义 $z \cdot (a, b) = (za, b)$, 则这是一个群作用. 但对于 $x = (0, 1), y = (1, 1) \in Z \times Z$, 不存在 $g \in Z$, 使得 $g \cdot (0, 1) = (1, 1)$.

5.1.2 群作用的轨道和稳定子群

问题 5.1.5 什么是群作用的轨道和稳定子群?

设群 G 在集合 S 上有一个作用, 对于 $x \in S$, 集合

$$Gx = \{gx \mid g \in G\}$$

称为该作用的一条轨道 (orbit), 轨道中的元素个数称为该轨道的长度. 元素 $x \in S$ 的稳定子群 (stabilizer) 定义为

$$\mathrm{Stab}(x) = \{g \in G \mid gx = x\}.$$

问题 5.1.6 设群 G 作用在群 G 上, $x \in G$ 的稳定子群 $\mathrm{Stab}(x) = \{g \in G \mid gx = x\}$ 一定是 G 的子群吗? $\mathrm{Stab}(x)$ 一定是 G 的正规子群吗?

$\mathrm{Stab}(x)$ 一定是 G 的子群. 实际上, 由于群 G 作用在群 G 上, 故由群作用的定义, 有 $ex = x$, 故 $e \in \mathrm{Stab}(x)$. 若 $g \in \mathrm{Stab}(x)$, 则 $gx = x$, 故 $g^{-1}x = g^{-1}(gx) = (g^{-1}g)x = ex = x$, 因而, $g^{-1} \in \mathrm{Stab}(x)$, 所以, $\mathrm{Stab}(x)$ 一定是 G 的子群.

$\mathrm{Stab}(x)$ 不一定是 G 的正规子群. 设群 S_3 在 S_3 的群作用为共轭作用, 则 $x = (12) \in G$ 的稳定子群 $\mathrm{Stab}(x) = \{(1), (12)\}$, 但不难验证稳定子群 $\mathrm{Stab}(x)$ 不是 S_3 的正规子群.

问题 5.1.7 设群 G 作用在群 G 上, $x \in G$ 的稳定子群 $\mathrm{Stab}(x) = \{g \in G \mid gx = x\}$ 与 x 在群 G 的中心有可能一样吗?

有可能. 不过一般来说, 若群 G 作用在集合 S 上, 则 $x \in S$ 的稳定子群 $\mathrm{Stab}(x)$ 是群 G 的一个子群, 但 $x \in S$, 由于 S 只是一个集合, 没有定义运算, 故 x 在 S 中无法考虑中心 $C(x)$.

群 G 在群 G 上的作用是共轭作用, $(g, x) \mapsto gxg^{-1}$, 则 $x \in G$ 的稳定子群 $\mathrm{Stab}(x) = \{g \in G \mid gxg^{-1} = x\}$ 与 x 在群 G 中心 $C(x) = \{a \in G | ax = xa\}$ 是一样的.

5.1.3 轨道的性质

问题 5.1.8 设 $x, y \in S$, 若 $Gx \bigcap Gy \neq \varnothing$, 则 $Gx = Gy$ 吗?

是的. 设 $g_1x = g_2y$, 则 $g_1^{-1}g_2y = x$. 对任意 $g \in G$, 有 $gx = gg_1^{-1}g_2y \in Gy$. 故 $Gx \subseteq Gy$. 同理 $Gy \subseteq Gx$ 也成立, 所以 $Gx = Gy$.

问题 5.1.9 设 $S = \{1, 2, 3, 4\}, G = \{(1), (13), (13)(25), (25)\}$, 则群 G 作用在 S 上时, S 有哪些轨道和稳定子群?

S 的轨道有 $G1=\{1,3\}, G2=\{2,5\}$ 和 $G4=\{4\}$.

稳定子群有 $\mathrm{Stab}(1)=\{(1),(25)\}, \mathrm{Stab}(2)=\{(1),(13)\}, \mathrm{Stab}(3)=\{(1),(25)\}, \mathrm{Stab}(4)=G, \mathrm{Stab}(5)=\{(1)\}$.

问题 5.1.10　什么样的群作用称为是可迁的?

只有一条轨道的群作用称为是可迁的 (transitive).

问题 5.1.11　对称群 S_n 作用在 $S=\{1,2,3,\cdots,n\}$ 上是可迁的吗?

是的. 这是由于对任意 $i,j\in S$, 有 $\sigma=(ij)\in S_n$, 使得 $\sigma(i)=j$, 故该群作用只有一条轨道, 所以, 对称群 S_n 作用在 $S=\{1,2,3,\cdots,n\}$ 上是可迁的.

问题 5.1.12　对于 $n\geqslant 3$, 交错群 A_n 作用在 $S=\{1,2,3,\cdots,n\}$ 上是可迁的吗?

是的. 这是由于 A_n 包含 3- 轮换 $(12n),(13n),\cdots,(1(n-1)n),(1n2)$, 故对任意 $i\in S$, 有 $\sigma=(1in)\in A_n$, 使得 $\sigma(1)=i$, 因此, 该群作用只有一条轨道, 所以, A_n 作用在 $S=\{1,2,3,\cdots,n\}$ 上是可迁的.

问题 5.1.13　群 G 作用在 G 上是可迁的吗?

是的. 由于对任意 $a,b\in G$, 有 $g=ab^{-1}\in G$, 使得 $a=gb$, 故该群作用只有一条轨道, 所以, G 作用在 G 上是可迁的.

问题 5.1.14　轨道 Gx 的元素个数和稳定子群 $\mathrm{Stab}(x)$ 有什么关系?

设有限群 G 作用在集合 S 上, x 属于 S, 则

$$|Gx|=\frac{|G|}{|\mathrm{Stab}(x)|}=[G:\mathrm{Stab}(x)].$$

5.1.4　有限群的类方程

问题 5.1.15　什么是群作用的代表元全系?

设群 G 作用在集合 S 上, 在每个轨道中取一个代表元, 它们构成一个集合 $D=\{x_1,x_2,\cdots,x_n\}$, 则 S 是轨道 $Gx_1,Gx_2,\cdots,Gx_n$ 的不相交的并, 这样的一个集合 D 称为代表元全系.

问题 5.1.16　若群 G 作用在有限集合 S 上, 则 S 的元素个数与代表元全系有什么关系?

设群 G 作用在集合 S 上, 且 S 是有限集, $D=\{x_1,x_2,\cdots,x_n\}$ 为代表元全系, 则

$$|S|=\sum_{i=1}^{n}[G:\mathrm{Stab}(x_i)].$$

实际上, 对于 $D = \{x_1, x_2, \cdots, x_n\}$, S 是轨道 $Gx_1, Gx_2, \cdots, Gx_n$ 的不相交的并, S 的轨道给定了 S 的一个划分, 故 $|S| = \sum_{i=1}^{n} |Gx_i|$.

由于 $|Gx_i| = [G : \mathrm{Stab}(x_i)]$, 故结论成立.

问题 5.1.17 什么是共轭元?

设 a, b 是群 G 的元素, 若存在 $g \in G$ 使得 $a = gbg^{-1}$, 则称 a 和 b 共轭, b 是 a 的共轭元.

问题 5.1.18 若 G 是奇数阶群, 则 G 存在 $a \in G, a \neq e$, a 与 a^{-1} 共轭吗?

不存在. 由 Lagrange 定理, 由于 $|G|$ 是奇数, 故 G 没有 2 阶元. 从而, 对于任意 $a \in G$, 都有 $a \neq a^{-1}$.

假如存在 $a \in G, a$ 与 a^{-1} 共轭, 则有 $g \in G$, 使得 $a^{-1} = gag^{-1}$. 故对于任意 $b = hah^{-1}$, 有

$$b^{-1} = h^{-1}a^{-1}h = (h^{-1}g)a(h^{-1}g)^{-1}.$$

因此, 若 b 与 a 共轭, 则 b 也一定与 b^{-1} 共轭. 因而与 a 共轭的元的逆元也在同样的共轭类中, 因此, x 的共轭类有偶数个元, 但 x 的共轭类的个数一定要整除 $|G|$, 这与 G 是奇数阶群矛盾, 所以, G 中没有与自己的逆共轭的元.

问题 5.1.19 对称群 S_n 中的共轭类如何刻画?

对于任意置换 $\sigma \in S_n$, 容易知道 σ 一定可以写成不相交的轮换的乘积, 若 σ 可以写成长度为 $k_1, k_2, \cdots, k_l$ 的轮换的乘积, 并且 $k_1 \geqslant k_2 \geqslant \cdots \geqslant k_l$, 这里 k_i 包括长度为 1 的不动点, 则称 $(k_1, k_2, \cdots, k_l)$ 为置换 σ 的轮换类型. 如在 S_10 中, $\sigma = (1345)(2789)$, 则 σ 的轮换类型为 $(4,4,1,1)$. 在 S_6 中, $\tau = (123)$ 的轮换类型为 $(3,1,1,1)$.

S_n 中的共轭类是由轮换类型决定的, 如果两个置换的轮换类型一样, 那么它们一定是共轭的.

问题 5.1.20 设 G 是有限群, $a \in G$, 则 a 的共轭的个数一定整除 G 的阶吗?

是的. 考虑群 G 在 G 上的共轭作用, 则 $x \in G$ 的共轭元全体就是包含 x 的轨道 Gx, 故由 Lagrange 定理可知 $|Gx| = [G : \mathrm{Stab}(x)] = \dfrac{|G|}{|\mathrm{Stab}(x)|}$, 所以, a 的共轭的个数 $|Gx|$ 一定整除 G 的阶.

问题 5.1.21 有哪些有限群只有两个不同共轭类的?

若 G 是只有两个不同共轭类的有限群, 既然 $\{e\}$ 是一个共轭类, 因此由 G 的共轭类是 G 的一个划分可知 $G \backslash \{e\}$ 是 G 的另一个共轭类.

取 $g \in G, g \neq e$, 则

$$\begin{aligned}|G \backslash \{e\}| &= |\text{包含 } g \text{ 的共轭类}| \\ &= |g \text{ 在群共轭作用下的轨道}| = [G : \mathrm{Stab}(g)].\end{aligned}$$

由 Lagrange 定理可知 $[G : \mathrm{Stab}(g)]$ 整除 $|G|$, 故 $|G \backslash \{e\}|$ 整除 $|G|$, 因而 $|G| - 1$ 整除 $|G|$, 因此, $|G| = 2$, 所以, $G \cong Z_2$.

问题 5.1.22　*D_4 有哪些共轭类?*

D_4 的共轭类有:

$\{1\}, \{(13)(24)\}, \{(14)(23), (12)(34)\}, \{(13), (24)\}$ 和 $\{(1234), (4321)\}$.

问题 5.1.23　*A_4 有哪些共轭类?*

A_4 的共轭类有:

$\{(1)\}, \{(12)(34), (13)(24), (23)(14)\}, \{(123), (134), (142), (243)\}$ 和 $\{(123), (134), (142), (243)\}$.

问题 5.1.24　*若 $n \geqslant 3$, 则二面体群 D_n 的共轭类有哪些?*

若 n 是奇数, 则 D_n 的共轭类有:

(1) 单位元 $\{e\}$.

(2) $(n-1)/2$ 个两个元的共轭类: $\{r^{\pm 1}\}, \{r^{\pm 2}\}, \cdots, \{r^{\pm (n-1)/2}\}$.

(3) 所有反射: $\{r^i s \mid 0 \leqslant i \leqslant n-1\}$.

若 n 是偶数, 则 D_n 的共轭类有:

(1) 两个一个元的共轭类: $\{e\}, \{r^{\frac{n}{2}}\}$.

(2) $n/2 - 1$ 个两个元的共轭类: $\{r^{\pm 1}\}, \{r^{\pm 2}\}, \cdots, \{r^{\pm (\frac{n}{2} - 1)}\}$.

(3) 反射有两个共轭类: $\left\{r^{2i} s \mid 0 \leqslant i \leqslant \dfrac{n}{2} - 1\right\}$ 和 $\left\{r^{2i+1} s \mid 0 \leqslant i \leqslant \dfrac{n}{2} - 1\right\}$.

问题 5.1.25　*什么是有限群的类方程?*

设 G 是一个有限群, C 是 G 的中心, 则

$$|G| = |C| + \sum_{i=1}^{n} [G : C(x_i)],$$

这里 $C(x_i)$ 表示 x_i 在 G 中的中心化子, x_i 取遍 G 中至少含有两个元素的共轭类全体.

5.1.5　p 群的定义

问题 5.1.26　*p 群的定义是什么?*

若有限群 G 的阶等于 p^m, 其中 p 为素数, m 为正整数, 则称 G 是一个 p 群.

问题 5.1.27 *若 p 是素数, 则阶为 p^2 的群 G 一定与 Z_{p^2} 或 $Z_p \times Z_p$ 同构吗?*

是的. 由于 p^2 的群 G 一定是交换群, 故由有限生成的交换群的基本定理可知 G 一定与 Z_{p^2} 或 $Z_p \times Z_p$ 同构.

问题 5.1.28 *若 p 是素数, 则 p, p^2 和 p^3 阶群有哪些?*

只有唯一一个 p 阶群 Z_p, 有两个 p^2 阶群, 它们是 $Z_p \oplus Z_p$ 和 Z_{p^2}. p^3 阶群有五个, 其中三个是交换群 $Z_p \oplus Z_p \oplus Z_p, Z_p \oplus Z_{p^2}$ 和 Z_{p^3}, 非交换 p^3 阶群有两个.

问题 5.1.29 *p 群的子群一定是 p 群吗?*

p 群的非平凡子群一定是 p 群.

问题 5.1.30 *若有限群 G 的真子群都是 p 群, 则 G 一定是 p 群吗?*

是的. 否则的话, 则一定存在某个素数 $q \neq p$, q 整除 $|G|$, 由 Cauchy 定理可知存在 q 阶子群, 矛盾.

问题 5.1.31 *设 H 是 p 群 G 的正规子群, 则商群 G/H 一定是 p 群吗?*

若 H 是 p 群 G 的非平凡正规子群, 则商群 G/H 一定是 p 群.

问题 5.1.32 *有限群 G 是 p 群当且仅当 G 中的元素的阶都是 p 的幂吗?*

是的. 若 $|G| = p^n$, 则对于任意 $a \in G$, 由 Lagrange 定理可知 a 的阶一定整除 $|G|$, 因此, a 的阶都是 p 的幂. 反过来, 若 G 中的元素的阶都是 p 的幂, 则一定有某个正整数 n, 使得 $|G| = p^n$. 不然的话, 一定存在某个素数 $q \neq p$, 使得 q 整除 $|G|$, 从而, 由 Cauchy 定理可知一定存在某个 q 阶元素 $b \in G$, 矛盾.

问题 5.1.33 *存在无限群 G 中的元素的阶都是 p 的幂吗?*

是的. Prüfer 群 G 是无限群, 并且 G 中的元素的阶都是 p 的幂.

问题 5.1.34 *若 p 是素数, G 是无限交换群, 任意 $a \in G, a$ 的阶都是 p 的幂, 则对于每个 $n \geqslant 1, G$ 都有阶为 p^n 的子群或者存在某个正整数 m, 使得 G 的每个有限子群的阶都小于等于 p^m 吗?*

是的. 假如存在某个 $n \geqslant 1$, G 没有 p^n 阶的子群, 记 m 为使得 G 没有阶为 p^{m+1} 的最小正整数, 则 G 一定没有阶大于 p^m 的有限子群. 否则的话, 设 H 是 G 中阶大于 p^m 的有限子群, 则必有某个正整数 $k > m$, 使得 $|H| = p^k$. 由于 H 是交换群, 故 H 一定有阶为 p^{m+1} 的子群, 但这与 m 是最小的整数矛盾. 所以, 对于每个 $n \geqslant 1, G$ 都有阶为 p^n 的子群或者存在某个正整数 m, 使得 G 的每个有限子群的阶都小于等于 p^m.

问题 5.1.35 *任意 p 群的中心一定含有不止一个元素吗?*

是的. 由于 G 的阶等于 p^m, $[G:C(x_i)]$ 都是 p^m 的因子, 由群的类方程

$$|G|=|C|+\sum_{i=1}^{n}[G:C(x_i)]$$

可知, $|G|$ 和 $\sum_{i=1}^{n}[G:G(x_i)]$ 都能被 p 整除. 如果该群中心 C 只含有一个元素, 则 $|C|+\sum_{i=1}^{n}[G:G(x_i)]$ 将不能被 p 整除, 但这与 $|G|$ 被 p 整除矛盾, 所以中心 C 不止含有一个元素.

问题 5.1.36　*任意 p 群 G 的中心 C 一定是一个 p 群吗?*

是的. 由于中心 C 不止含有一个元素, 故 $|C|\neq 1$, 因此, 由 $|C|$ 整除 $|G|$ 可知 C 一定是 p 群.

问题 5.1.37　*设 G 是有限群, 若 G 的中心是 p 群, 则 G 一定是 p 群吗?*

不一定. 考虑对称群 S_3 与 2 阶循环群 Z_2 的直积 $S_3\times Z_2$, 它是一个 12 阶的群. 由于 S_3 的中心是 $\{e\}, Z_2$ 的中心是 Z_2, 故 $S_3\times Z_2$ 的中心 $C(S_3\times Z_2)$ 与 Z_2 同构, 因此它的阶为 2, 因而 $C(S_3\times Z_2)$ 是一个 p 群, 但 $S_3\times Z_2$ 是 12 阶群, 不是 p 群.

问题 5.1.38　*设 p 是素数, 群 G 的阶为 p^2, 则 G 的 p 阶正规子群都一定包含在 G 的中心 $Z(G)$ 吗?*

是的. 设 H 是 G 的 p 阶正规子群, 则由 Lagrange 定理容易证明 H 是循环群, 若 g 为 H 的一个生成元, 则 $H=<g>$. 对于任意 $x\in G$, 由于 H 是 G 的正规子群, 故 $xgx^{-1}=g^k$ 对某个 $0<k<p$ 成立. 因此, $xg^tx^{-1}=g^{tk}$ 对所有整数 t 都成立. 因而, $x^2gx^{-2}=x(xgx^{-1})x^{-1}=xg^kx^{-1}=(g^k)^k=g^{k^2}$, 由 Lagrange 定理可知 $x^{|G|}=x^{p^2}=e$, 因此, $g=ege^{-1}=x^{p^2}g(x^{p^2})^{-1}=g^{k^{p^2}}$. 因为 g 的阶为 p, 因此, $1\equiv k^{p^2} \pmod p$. 由 Fermat 小定理可知

$$k\equiv k^p\equiv k^{p^2}\equiv 1 \pmod p.$$

由于 $0<k<p$, 因此, $k=1$, 故 $xg=gx$, 因而, x 与 g 的幂都是交换的, 故 x 与 H 中的所有元都是可以交换的, 由于 x 是 G 中的任意元, 所以, G 的中心 $Z(G)$ 一定包含 H.

问题 5.1.39　*设 p 是素数, G 是有限的 p 群, 若 H 是 G 的真子群, 则 H 的正规化子群 $N(H)$ 一定严格大于 H 吗?*

是的. 设 $|G|=p^n$, 用归纳法来证明. 当 $n=1$ 时, G 一定是循环群, 故 G 的真子群只有 $H=\{e\}$, 因此, $N(H)=G$, 结论成立. 当 $n>1$ 时, 假设结论对于小

于等于 $n-1$ 都成立, 下面证明结论对于 n 成立. 假如 $N(H)=H$, 则 G 的中心 $Z(G)\subseteq H$, 故在 $G/Z(G)$ 中, 有 $N(H/Z(G))=N(H)/Z(G)=H/Z(G)$. 另外, 由于 $Z(G)\neq\{e\}$, 并且 $Z(G)$ 是 G 的正规子群, 故商群 $G/Z(G)$ 是阶比 $|G|$ 小的 p 群. 由归纳假设可知 $N(H/Z(G))$ 严格大于 $H/Z(G)$, 矛盾. 所以, $N(H)$ 严格大于 H.

问题 5.1.40 若 p 是素数, 则 p^2 阶群一定是 Abel 群吗?

是的. 反证法. 假设 G 是非交换群, 并且 $|G|=p^2$, 则由前面定理可知 G 的中心一定含有不止一个元素, 根据 Lagrange 定理可知 C 为 p 阶群. 由于中心 C 一定是正规子群, 故商群 G/C 有定义, 并且它的阶为素数 p, 从而 G/C 是循环群. 若 bC 是 G/C 的生成元, 则 G 的全体为 $\{ab^i\,|\,a\in C, 0\leqslant i<p\}$, 明显地, G 中的元都是可交换的, 但这与 G 是非交换群矛盾, 所以由反证法原理可知 p^2 阶群 G 一定是 Abel 群.

问题 5.1.41 若 p 是素数, 则 p^2 阶的群一定是交换群, 问 p^3 阶的群也一定是交换群吗?

不一定. 多面体群 D_4 是 2^3 阶群, 但 D_4 不是交换群.

问题 5.1.42 设 H 是有限 p 群 G 的真子群, 则 H 是 G 的极大子群的充要条件是 H 在 G 中的指数 $[G:H]=p$ 吗? 每个这样的子群都一定是 G 的正规子群吗?

若 H 在 G 中的指数 $[G:H]=p$, 则容易知道包含 H 的更大的子群在 G 中的指数一定整除 p, 因此, H 一定是 G 的极大子群. 反过来, 若 H 是 G 的极大子群, 则 H 是 H 在 G 的正规化子 $N_G(H)$ 的真子群, 故由 H 是极大子群可知 $N_G(H)=G$. 所以, H 是 G 的正规子群.

考虑商群 G/H, 设 K 是 G/H 的非平凡真子群, 由群的同构定理可知 K 在 G 的原像一定是真包含 H 的子群, 但 H 是极大子群, 矛盾. 故 G/H 没有任何真的非平凡子群, 所以, $|G/H|=[G:H]=p$.

问题 5.1.43 设 N 是有限群 G 的正规子群, 若 N 和 G/N 都是 p 群, 则 G 一定是 p 群吗?

是的. 设 $x\in G$, 由于 G/N 是 p 群, 因此存在某个正整数 k 使得 $o(xN)=p^k$. 故 $(xN)^{p^k}=x^{p^k}N=N$. 故 $x^{p^k}\in N$. 由 N 是 p 群可知 N 中的每个元的阶都是 p 的幂. 故 $o(x^{p^k})=p^j$, 即 $(x^{p^k})^{p^j}=xp^{k+j}=e$. 因此 x 的阶 $o(x)$ 整除 p^{k+j}, 故存在某个正整数 i 使得 $o(x)=p^i$. 既然 x 是任意的, G 中任意元的阶都是 p 的幂, 所以, G 是 p 群.

问题 5.1.44 设 p 是素数, 则 p 群 G 一定不是单群吗?

是的. 若 $|G|=p^n$, 则 G 的中心 C 一定是 p 群, 含有不止一个元. 由于中心 C

是 G 的正规子群, 故 G 一定不是单群.

5.2 Sylow 定理

5.2.1 p-Sylow 子群的定义

问题 5.2.1 *p-Sylow 子群的定义是什么?*

设 G 是一个有限群, p 是一个素数, 若 $p^m \mid |G|$, 并且 p^{m+1} 不能整除 $|G|$, 则 G 的 p^m 阶子群称为 G 的 p-Sylow 子群.

问题 5.2.2 *对称群 S_3 和 S_4 有哪些 2-Sylow 子群和 3-Sylow 子群?*

S_3 有 3 个 2-Sylow 子群和 1 个 3-Sylow 子群, 3 个 2-Sylow 子群分别由 $\{(12)\}$, $\{(13)\}$ 或 $\{(23)\}$ 生成. 3-Sylow 子群由 $\{(123)\}$ 生成.

S_4 有 3 个 2-Sylow 子群和 4 个 3-Sylow 子群, 3 个 2-Sylow 子群分别由 $\{(1234), (12)(34)\}, \{(1234), (12)(43)\}, \{(1324), (13)(24)\}$ 生成.

4 个 3-Sylow 子群分别由 $\{(123)\}, \{(124)\}, \{(134)\}, \{(234)\}$ 生成.

问题 5.2.3 *交错群 A_4 的 Sylow 子群有哪些?*

由于 $|A_4| = 12 = 2^2 \cdot 3$, 故 A_4 有 2-Sylow 子群和 3-Sylow 子群.

容易知道 $K_4 = \{(1), (12)(34), (13)(24), (14)(23)\}$ 是 A_4 的 2-Sylow 子群, 由于 K_4 是对称群 S_4 的正规子群, 因此, 对称群 A_4 的正规子群, 因而, K_4 是 A_4 唯一的 2-Sylow 子群.

另外, A_4 的所有 3- 轮换生成的循环群都是A_4的 3-Sylow 子群, 有 $<(123)>$, $<(124)>, <(134)>, <(234)>$ 一共 4 个.

问题 5.2.4 *设 G 是有限群,H 是 G 的 p-Sylow 子群, N 是 G 的正规子群, 则 $H \bigcap N$ 一定是 N 的正规子群吗?*

是的. 明显地, $H \bigcap N$ 的阶一定是 p 的幂, 因此, 只需证明 $H \bigcap N$ 在 N 中的指数不能被 p 整除即可. 由于 $[N : H \bigcap N] = [HN : H]$ 和 $[G : H] = [G : HN][HN : H]$, H 是 G 的 p-Sylow 子群意味着 p 不能整除 $[G : H]$, 故由 $[G : H] = [G : HN][HN : H]$ 可知 p 不能整除 $[HN : H]$, 因而由 $[N : H \bigcap N] = [HN : H]$ 可知 p 不能整除 $[N : H \bigcap N]$, 所以, $H \bigcap N$ 一定是 N 的正规子群.

问题 5.2.5 *设 G 是有限群, H 是 G 的 p-Sylow 子群, $N_G(H)$ 是 H 在 G 的正规化子群, 则 H 是 $N_G(H)$ 唯一的 p-Sylow 子群吗?*

是的. 明显地, H 是 $N_G(H)$ 的 p-Sylow 子群. 假设 K 是 $N_G(H)$ 的另一个 p-Sylow 子群, 则由 Sylow 定理可知, K 与 H 是共轭的, 因此, 存在 $a \in N_G(H)$, 使

得 $K = aHa^{-1}$. 由于 $N_G(H) = \{g \in G \mid gH = Hg\}$, 故 $aHa^{-1} = H$, 因此, $K = H$, 所以, H 是 $N_G(H)$ 唯一的 p-Sylow 子群.

问题 5.2.6 设 G 是有限群, p 是素数, P 是 G 的 p-Sylow 子群, 若 f 是 G 到群 H 的满同态, 则 $f(P)$ 一定是 H 的 p-Sylow 子群吗?

是的. 设 $|G| = p^a m, p$ 不整除 m, 则对于 $K = \mathrm{Ker}(f)$, 有 $|K| = p^b n$, p 不整除 n. 既然 K 是 G 的子群, 因此, $|K|$ 一定整除 $|G|$, 故 $b \leqslant a$ 并且 n 整除 m. 由群的同构定理可知 H 与 G/K 同构, 故 $|H| = p^{a-b}\dfrac{m}{n}$. 同样由群的同构定理可知 $f(P)$ 与 $P/(P\bigcap K)$ 同构, 既然 $P\bigcap K$ 是 K 的 p-Sylow 子群, 因此存在 $c \leqslant b$, 使得 $|P\bigcap K| = p^c$, 故 $|f(P)| = p^{a-c}$. 另外, $p^{a-b} = |f(P)| \cdot |H|$, 故 $a-c \leqslant a-b$, 因而 $c \geqslant b$, 所以, $c = b$ 并且 $|f(P)| = p^{a-b}$, 即 $f(P)$ 是 H 的 p-Sylow 子群.

问题 5.2.7 给出 p-Sylow 子群都是循环群的有限单群的刻画.

这是 M. V. D. Mazurov 提出的问题. 该问题已经被 Aschbacher 解决了, 参见：Aschbacher M. Thin finite simple groups. J. Algebra, 1978, 54: 50-152.

问题 5.2.8 每个有限单群都一定有交换的 Sylow 子群吗?

这是 L. I. Shidov 提出的公开问题.

问题 5.2.9 什么是 Cauchy 引理?

设 G 是一个有限 Abel 群, p 是素数, 若 p 整除 $|G|$, 则 G 有一个阶为 p 的元素.

问题 5.2.10 Cauchy 引理对于非交换的有限群 G 也是成立的吗?

是的. 即设 G 是一个有限群, p 是素数, 若 p 整除 $|G|$, 则 G 有一个阶为 p 的元素.

5.2.2 Sylow 定理

问题 5.2.11 什么是 Sylow 第一定理?

设 G 是一个有限群, p 是一个素数, 若 p^k 整除 $|G|$, 则 G 有一个阶为 p^k 的子群.

问题 5.2.12 什么是 Sylow 第二定理?

Sylow 第二定理 设 G 是有限群, p 为素数, 则 G 的任意两个 p-Sylow 子群都共轭.

问题 5.2.13 什么是 Sylow 第三定理?

Sylow 第三定理 设 G 是一个 $p^n m$ 阶的有限群 (p 和 m 互素, $n \geqslant 1$), 则 G 的 p-Sylow 子群的个数为 $kp+1$, $k \geqslant 0$, 并且 $kp+1$ 整除 m.

问题 5.2.14 有限群 G 只有唯一的 p-Sylow 子群的充要条件为群 G 有一个 p-Sylow 正规子群吗?

是的. 容易验证.

问题 5.2.15 设有限群 $|G| = pq$, p 和 q 是不相同的素数, 并且 q 关于 p 的模不等于 1, 则 G 一定有一个正规的 p-Sylow 子群吗?

是的. 若 G 的 p-Sylow 子群的个数为 k, 则 $k \equiv 1 \bmod p$. 由于 k 整除 $|G| = pq$, 因此, k 只能是 $1, p, q$ 或者 pq, 但由于 q 关于 p 的模不等于 1, 故 $k = 1$, 即 G 的 p-Sylow 子群唯一的, 所以, G 的 p-Sylow 子群是正规的.

问题 5.2.16 设 G 是有限群, H 是 G 的正规子群, p 是一个素数, S 是 G 的 p-Sylow 子群, 则 $H \bigcap S$ 一定是 H 的 p-Sylow 子群?

是的. 容易知道存在 $g \in G$ 使得 $H \bigcap gSg^{-1}$ 是 H 的 p-Sylow 子群. 由于 H 是 G 的正规子群, 故 $H = gHg^{-1}$, 因此, $H \bigcap gSg^{-1} = g(H \bigcap S)g^{-1}$ 与 $H \bigcap S$ 同构, 所以, $H \bigcap S$ 是 H 的 p-Sylow 子群.

问题 5.2.17 设 G 是有限群, H 是 G 的子群, p 是一个素数, S 是 G 的 p-Sylow 子群, 则 $H \bigcap S$ 一定是 H 的 p-Sylow 子群吗?

当 H 不是 G 的正规子群时, 结论不一定成立. 设 $G = S_3, H = <(12)>, S = <(13)>$. 则 S 是 G 的 2-Sylow 子群, H 是 H 的 2-Sylow 子群, 但 $H \bigcap S = \{e\}$ 不是 H 的 2-Sylow 子群.

问题 5.2.18 设 G 是有限群, p 是一个素数, H 是 G 的 p-Sylow 子群, $N_G(H)$ 是 H 的正规化子群, 则 $[N_G(H) : H] \equiv [G : H] \pmod p$ 吗?

是的. 设 X 是 H 在 G 的左陪集全体, H 用左变换作用在 X 上, 故 $h(xH) = (hx)H$, 则 H 是 X 上的群作用, 并且 $|X| = [G : H]$. 记 X_H 为在 H 作用下不变的所有左陪集, 则对于任意 $xH \in X_H$, 有 $xH = h(xH)$, 这当且仅当 $x^{-1}hx \in H$, 故 $xH = h(xH)$ 对所有 $h \in H$ 成立当且仅当 $x^{-1}hx = x^{-1}h(x^{-1})^{-1} \in H$ 对所有 $h \in H$ 成立, 从而当且仅当 $x^{-1} \in N_G(H)$, 因此, 当且仅当 $x \in N_G(H)$, 故 X_H 中的元素个数就是 $[N_G(H) : H]$, 所以, $|X_H| = [N_G(H) : H]$. 既然 H 是 p-Sylow 子群, H 的阶是 p 的幂, 故 $|X| \equiv |X_H| \pmod p$, 所以, $[G : H] \equiv [N_G(H) : H] \pmod p$.

问题 5.2.19 设 G 是有限群, p 是一个素数, H 是 G 的 p-Sylow 子群, $N_G(H)$ 是 H 的正规化子群, 若 p 整除 $[G : H]$, 则 $N_G(H) \neq H$ 吗?

是的. 由于 $[N_G(H) : H] \equiv [G : H] \pmod p$, 故若 p 整除 $[G : H]$, 则 p 一定整除 $[N_G(H) : H]$, 因而 $[N_G(H) : H] > 1$, 所以, $N_G(H) \neq H$.

问题 5.2.20 设 G 是有限群, p 是一个素数, K 是 G 的 p-Sylow 子群, H 是

G 的一个正规化子群, 若 p 不整除 $[G:H]$, 则 $K \subseteq H$ 吗?

是的. 设 $|G| = p^n m$, 并且 p 不整除 m, 由于 $|G| = |H|[G:H]$, 故 p^n 整除 $|H|$, 因此, H 的 p-Sylow 子群 K' 也是 G 的一个 p-Sylow 子群, 因而, K' 与 K 是共轭的, 从而存在 $a \in G$, 使得 $aK'a^{-1} = K$. 由 K 是 G 的正规子群可知, $K = aK'a^{-1} \subseteq aHa^{-1} = H$, 所以, $K \subseteq H$.

5.2.3 Sylow 定理的应用

问题 5.2.21 若 p 和 q 是不同的素数, 则有限群 G 的 p-Sylow 子群和 q-Sylow 子群有不是单位元的相同元素吗?

没有. 如果 a 是 G 的 p-Sylow 子群和 q-Sylow 子群的共同元素, 那么 a 的阶一定整除 p 和 q, 因此 a 一定是单位元.

问题 5.2.22 若 p 是某个固定的素数, 群 G 的 p-Sylow 子群的阶是 p 阶的, 则 G 的任意两个不同的 p-Sylow 子群 H_p 和 K_p, 都有 $H_p \bigcap K_p = \{e\}$ 吗?

是的. 一般来说, G 的任意两个不同的 p-Sylow 子群 H_p 和 K_p, 不一定有 $H_p \bigcap K_p = \{e\}$. 当 $|H_p| = p, |K_p| = p$ 时, 容易知道 H_p 和 K_p 是循环群, 故存在 $a, b \in G$, 使得 $H_p =< a >, K_p =< b >$, 假如 $H_p \bigcap K_p \neq \{e\}$, 则存在正整数 $1 \leqslant m, n < p$, 使得 $a^m = b^n$. 由于 m 与 p 互素, 故存在整数 s, t, 使得 $sm + tp = 1$, 因此, $a = a^{sm+tp} = a^{sm}a^{tp} = (a^m)^s(a^p)^t = (b^n)^s = b^{sn}$. 因而, $H_p =< a > \subseteq < b >= K_p$, 由它们的阶相等可知 $H_p = K_p$, 但这与 H_p 和 K_p 是不同的子群矛盾. 所以, $H_p \bigcap K_p = \{e\}$.

问题 5.2.23 若 p 是素数, 则有限群 G 不同的 p-Sylow 子群的交集只含单位元吗?

不一定. 如在 S_4 中, 由于 $|S_4| = 24 = 2^3 \cdot 3$, 则有

$$H = \{(1), (12)(34), (13)(24), (14)(23), (12), (34), (1423), (1324)\},$$

$$K = \{(1), (12)(34), (13)(24), (14)(23), (13), (24), (1432), (1234)\}$$

都是 2-Sylow 子群, 但它们的交集为

$$H \bigcap K = \{(1), (12)(34), (13)(24), (14)(23)\}.$$

问题 5.2.24 设 G 是有限群, H_p 是 G 的一个 p-Sylow 子群, 则有可能存在阶为 p 的幂的元 $a \in G, a \notin H_p$, 使得 $a^{-1}H_pa = H_p$ 吗?

不可能. 若 $a^{-1}H_pa = H_p$, 则容易知道 a 在 H_p 的正规化子群 $N_G(H_p)$ 中, 故 aH_p 生成的循环群 $< aH_p > \subseteq N_G(H_p)/H_p$. 由 a 的阶为 p, 的幂可知 aH_p

的阶也是 p 的幂. 由群的同构定理可知存在 $N_G(H_p)$ 中包含 a 的子群 H, 使得 $H/H_p =< aH_p >$, 因此由 $|H| = |H_p| \cdot |< aH_p >|$ 可知 H 的阶也是 p 的幂, 并且 $|H| \geqslant |H_p|$. 既然 H_p 是 G 的 p-Sylow 子群, 因此, H_p 的阶为 p^k, 这里 k 是使得 p^k 能整除 $|G|$ 的最高幂, 因而, $H = H_p$, 故 H/H_p 只有一个单位元, 因此, 由 $a \in H$ 可知 $aH_p = H_p$, 所以, $a \in H_p$.

问题 5.2.25 12 阶群 G 是不是单群?

不是. 由于 $|G| = 12 = 2^2 \cdot 3$, 由 Sylow 第三定理可知 G 有 1 个或者 4 个 3-Sylow 子群. 若 G 只有 1 个 3-Sylow 子群, 则它就是 G 的正规子群, 因此,G 不是单群. 若 G 有 4 个 3-Sylow 子群, 则 G 包含 8 个 3 阶元, 因此, 剩下的 4 个构成 G 的正规 2-Sylow 子群, 所以, G 不是单群.

问题 5.2.26 28 阶群 G 是不是单群?

不是. 由于 $|G| = 28 = 2^2 \cdot 7$, 由 Sylow 第三定理可知 G 有 1 个 7-Sylow 子群, 故它就是 G 的正规子群, 所以,G 不是单群.

问题 5.2.27 30 阶群 G 是不是单群?

不是. 由于 $30 = 2 \cdot 3 \cdot 5$, 故 G 有 5-Sylow 子群, 并且 5-Sylow 子群的个数 N_5 为 $5k+1$, 并且整除 6, 因此, $k = 0$ 或 1. 同样可知 G 有 3-Sylow 子群, 并且 3-Sylow 子群的个数 N_3 为 $3k+1$, 并且整除 10, 故 $k = 0$ 或 3. 若 G 有 6 个不同 5-Sylow 子群和 10 个不同的 3-Sylow 子群, 则任意 2 个不同 5-Sylow 子群的交只能包含 1 个元素 $\{e\}$, 这是由于 2 个不同 5-Sylow 子群的交中的元素的阶一定整除 5, 因此只能是 1. 故 6 个不同 5-Sylow 子群一定有 24 个不同的非单位元. 同理可知 10 个不同的 3-Sylow 子群一定有 20 个不同的非单位元. 因此 G 一共有 24 个 5 阶元素和 20 个 2 阶元素, 但这与 G 的阶为 30 矛盾, 因此, G 只有唯一一个 5-Sylow 子群, 或者只有唯一一个 3-Sylow 子群, 从而, G 一定有正规子群, 所以, G 不是单群.

问题 5.2.28 若有限群 G 的阶为 35, 则 G 一定是循环群吗?

是的. 由于 $35 = 5 \cdot 7$, 故 G 有 5-Sylow 子群和 7-Sylow 子群. 若用 H 和 K 分别记 G 的 5-Sylow 子群和 7-Sylow 子群, 则 $|H| = 5$, $|K| = 7$, 因此 H 和 K 都是循环群. 由于 5-Sylow 子群的个数被 5 除余数为 1, 故 5-Sylow 子群只有 1 个. 同样可知 7-Sylow 子群也只有 1 个. 因而它们都是 G 的正规子群. 又由于 $H \bigcap K = \{e\}$, 故对任意 $h \in H, k \in K$, 有 $hk = kh$. 设 $H = \langle a \rangle, K = \langle b \rangle$, 则 $HK = \langle ab \rangle$, 容易知道 $o(ab) = 35$, 所以 $G = \langle ab \rangle$ 是循环群.

问题 5.2.29 36 阶群 G 是不是单群?

不是. 由于 $36 = 2^2 \cdot 3^2$, 故 G 有 3-Sylow 子群, 并且 3-Sylow 子群的个数 N_3 为 $3k+1$, 并且整除 4, 因此, $k = 0$ 或 1. 若 $k = 0$, 则 G 只有唯一的 3-Sylow 子群,

故结论成立.

若 $k=1$, 则 G 有 4 个 9 阶的 3-Sylow 子群 H_1, H_2, H_3 和 H_4. 由于 $H_1 \bigcap H_2$ 的阶一定整除 9, 故如果 $H_1 \bigcap H_2$ 的阶为 1, 则 H_1H_2 的阶为 9 乘 9 除以 1, 这与 G 的阶为 36 矛盾, 因此, $H_1 \bigcap H_2$ 的阶一定是 3 或 9, 故 $H_1 \bigcap H_2$ 是 H_1 和 H_2 的正规子群. 由于 $[G:H \bigcap K]=36/3=12$ 或 $[G:H \bigcap K]=36/9=4$, 并且对于 $H \bigcap K$ 的正规化子群 $N(H \bigcap K)$, 有 $[N(H \bigcap K):H \bigcap K]$ 关于 3 与 $[G:H \bigcap K]$ 同模, 故 $[N(H \bigcap K):H \bigcap K]$ 一定大于 1, 因此, $H_1 \bigcap H_2$ 的正规化子群 $N(H \bigcap K)$ 的阶一定是 9 的倍数, 并且整除 G 的阶 36, 因而, $H_1 \bigcap H_2$ 的正规化子群一定是 18 或者 36. 如果 $H_1 \bigcap H_2$ 的正规化子群 $N(H \bigcap K)$ 是 18, 那么 $[G:N(H \bigcap K)]=2$, 因此, $H_1 \bigcap H_2$ 是 G 的正规子群. 如果 $H_1 \bigcap H_2$ 的正规化子群 $N(H \bigcap K)$ 是 36, 那么 $H_1 \bigcap H_2$ 是 G 的正规子群, 所以, G 不是单群.

问题 5.2.30 45 阶群 G 是不是单群?

不是. 由于 $45=3^2 \cdot 5$, 故 3-Sylow 子群有 $1+3k$ 个, 并且 $1+3k$ 整除 5, 因此 $k=0$, 因而, 3-Sylow 子群一定是正规的, 所以, G 不是单群.

问题 5.2.31 48 阶群 G 是不是单群?

不是. 由于 $48=2^4 \cdot 3$, 故 G 有 2-Sylow 子群, 并且 2-Sylow 子群的个数 N_2 为 $2k+1$, 并且整除 3, 因此, $k=0$ 或 1. 若 $k=0$, 则 G 只有唯一的 2-Sylow 子群, 故结论成立.

若 $k=1$, 则 G 有 3 个 16 阶的 2-Sylow 子群 H_1, H_2 和 H_3. 由于 $H_1 \bigcap H_2$ 的阶一定整除 16, 故如果 $H_1 \bigcap H_2$ 的阶为 2 或者 4, 则 H_1H_2 的阶为 16 乘 16 除以 2 或者 4, 这与 G 的阶为 48 矛盾, 因此, $H_1 \bigcap H_2$ 的阶一定是 8, 由此可知 $H_1 \bigcap H_2$ 是 H_1 和 H_2 的正规子群. 由于 $[G:H_1 \bigcap H_2]=48/8=6$, 并且对于 $H_1 \bigcap H_2$ 的正规化子群 $N(H_1 \bigcap H_2)$, 有 $[N(H_1 \bigcap H_2):H_1 \bigcap H_2]$ 关于 2 与 $[G:H_1 \bigcap H_2]$ 同模, 故 $[N(H_1 \bigcap H_2):H_1 \bigcap H_2]$ 大于 1, 因此, $H_1 \bigcap H_2$ 的正规化子群 $N(H_1 \bigcap H_2)$ 的阶一定是 16 的倍数, 并且整除 G 的阶 48, 因而, $H_1 \bigcap H_2$ 的正规化子群一定是 48, 所以, $H_1 \bigcap H_2$ 是 G 的正规子群, 即 G 不是单群.

问题 5.2.32 56 阶群 G 是不是单群?

不是. 由于 7-Sylow 子群有 $1+7k$ 个, 并且 $1+7k$ 整除 8, 故 $k=0$ 或者 $k=1$. 如果 $k=0$, 则 7-Sylow 子群一定是正规的, 从而 G 不是单群.

若 $k=1$, 则 G 有 8 个 7-Sylow 子群, 由于 7 阶是循环群, 故任意两个不同 7-Sylow 子群的交为单位元, 因此 7 阶元共 $6 \times 8=48$ 个非单位元, $56-48=8$. 但 G 含有 2-Sylow 子群, 其阶为 $2^3=8$. 因此剩下的 8 个元构成 G 的唯一的一个 2-Sylow 子群, 由此可知, G 有一个正规的 2-Sylow 子群, 所以 G 不是单群.

问题 5.2.33 *88 阶群 G 是单群吗?*

由于 $88 = 2^3 \cdot 11$, 故 G 的 11-Sylow 子群的个数 N_{11} 整除 8, 并且 $n_{11} \equiv 1 \pmod{11}$, 因此, $n_{11} = 1$, 因而 11-Sylow 子群 H_{11} 是 G 的正规子群, 所以, G 不是单群.

问题 5.2.34 *96 阶群 G 是不是单群?*

不是. 由于 $96 = 2^5 \cdot 3$, 故 G 有 2-Sylow 子群, 并且 2-Sylow 子群的个数 N_2 为 $2k+1$, 并且整除 3, 因此, $k = 0$ 或 1. 若 $k = 0$, 则 G 只有唯一的 2-Sylow 子群, 故结论成立.

若 $k = 1$, 则 G 有 3 个 32 阶的 2-Sylow 子群 H_1, H_2 和 H_3. 由于 $H_1 \bigcap H_2$ 的阶一定整除 32, 故如果 $H_1 \bigcap H_2$ 的阶为 2, 4 或者 16, 则 $H_1 H_2$ 的阶为 32 乘 32 除以 2 或者 4, 这与 G 的阶为 96 矛盾, 因此, $H_1 \bigcap H_2$ 的阶一定是 16, 由此可知 $H_1 \bigcap H_2$ 是 H_1 和 H_2 的正规子群. 由于 $[G : H_1 \bigcap H_2] = 96/16 = 6$, 并且对于 $H \bigcap K$ 的正规化子群 $N(H_1 \bigcap H_2)$, 有 $[N(H_1 \bigcap H_2) : H_1 \bigcap H_2]$ 关于 2 与 $[G : H_1 \bigcap H_2]$ 同模, 故 $[N(H_1 \bigcap H_2) : H_1 \bigcap H_2]$ 大于 1, 因此, $H_1 \bigcap H_2$ 的正规化子群 $N(H_1 \bigcap H_2)$ 的阶一定是 32 的倍数, 并且整除 G 的阶 96, 因而, $H_1 \bigcap H_2$ 的正规化子群一定是 48, 所以,$H_1 \bigcap H_2$ 是 G 的正规子群, 即 G 不是单群.

问题 5.2.35 *160 阶群 G 是不是单群?*

不是. 由于 $160 = 2^5 \cdot 5$, 故由 Sylow 定理可知 2-Sylow 子群的个数 N_2 为 1 或者 5. 若 $N_2 = 1$, 则 G 有唯一的 2-Sylow 子群, 因而, G 有正规子群.

若 $N_2 = 5$, 记 $H_1, H_2, \cdots, H_5$ 为 G 的 2-Sylow 子群. 对某些满足 $1 \leqslant i < j \leqslant 5$ 的 i, j, 设 $N = H_i \bigcap H_j$. 由 Lagrange 定理, $|N|$ 一定是 $|H_i| = 32$ 的因子. 既然

$$160 = |G| \geqslant |H_i H_j| = \frac{|H_i| \cdot |H_j|}{|N|} = \frac{1024}{|N|}.$$

那么 $|N|$ 是 8 或者 16.

下面分开两种情形来讨论:

情形一. 假设对某两个满足 $1 \leqslant i < j \leqslant 5$ 的 i, j, 有 $|N| = |H_i \bigcap H_j| = 16$. 不妨设 $i = 1, j = 2$, 则由于 $[H_1 : N] = 2$, 故 N 是 H_1 的正规子群, 因此 $H_1 \subseteq N_G(N)$. 类似地, 可以证明 $H_2 \subseteq N_G(N)$, 并且

$$160 \geqslant |N_G(N)| \geqslant |H_1 H_2| = \frac{|H_1| \cdot |H_2|}{|N|} = \frac{1024}{8} = 128.$$

由于 $N_G(N)$ 是 G 的子群, 故 $|N_G(N)|$ 一定整除 $|G| = 160$, 因此 $N_G(N) = 160$, 从而 $G = N_G(N)$. 因而 N 是 G 的正规子群, 所以, G 不是单群.

情形二. 假设对某两个满足 $1 \leqslant i < j \leqslant 5$ 的 i, j, 有 $|N| = |H_i \bigcap H_j| = 8$. 由 Sylow 定理, 存在 2-Sylow 子群 K_1 和 K_2, 使得 N 是 K_1 的子群, K_1 是 H_1 的子群和 N 是 K_2 的子群, K_2 是 H_2 的子群, 并且 $|K_1| = |K_2| = 16$. 因此, $[K_1 : N] = 2$, N 是 K_1 的正规子群, 故 $K_1 \subseteq N_G(N)$. 类似地, 有 $K_2 \subseteq N_G(N)$. 由于

$$160 \geqslant |N_G(N)| \geqslant |K_1K_2| = \frac{|K_1| \cdot |K_2|}{|N|} = \frac{256}{8} = 32.$$

故 $|N_G(N)|$ 整除 160, 并且是 16 的倍数, 因此, $|N_G(N)|$ 是 32 或者 160.

若 $|N_G(N)| = 160$, 则 $N_G(N) = G$, 因此, N 是 G 的正规子群. 假如 $|N_G(N)| = 32$, 则它是 G 的一个 2-Sylow 子群, 不妨假设它就是 H_3. 既然 K_1 是 H_3 的子群, 因此 $[H_3 : K_1] = 2$, 故 K_1 是 H_3 的正规子群, 因而, $H_3 \subseteq N_G(K_1)$. 类似地, 有 $H_1 \subseteq N_G(K_1)$. 故

$$160 \geqslant |N_G(K_1)| \geqslant |H_1H_3| = \frac{|H_1| \cdot |H_3|}{|N_1 \bigcap H_3|} = \frac{1024}{8} = 128.$$

既然 $|N_G(K_1)|$ 整除 $|G| = 160$, 因此, $|N_G(K_1)| = 160$, 故 $G = N_G(K_1)$, 因而, K_1 是 G 的正规子群, 所以, G 不是单群.

问题 5.2.36 *若 G 是 105 阶的群, 则 G 是单群吗?*

不是. 由于 $105 = 3 \cdot 5 \cdot 7$, 故 G 的 3-Sylow 子群的个数 $n_3 = 1$ 或 7, G 的 5-Sylow 子群的个数 $n_5 = 1$ 或 21, G 的 7-Sylow 子群的个数 $n_7 = 1$ 或 15, 下面证明 $n_3 = 7, n_5 = 21$ 和 $n_7 = 15$ 同时成立是不可能的, 从而 G 有唯一的某个 Sylow 子群, 因此, 它是正规子群, 故 G 不是单群. 假如 $n_3 = 7, n_5 = 21$ 和 $n_7 = 15$ 同时成立, 由于每个 3-Sylow 子群的阶是 3, 并且任意两个 3-Sylow 子群的交集是 $\{e\}$, 因此, 每个 3-Sylow 子群有 2 个 3 阶元, 并且不属于其他的 3-Sylow 子群, 故 G 包含 14 个不同的 3 阶元. 类似地, 每个 5-Sylow 子群有 4 个 5 阶元, 并且不属于其他的 5-Sylow 子群, 故 G 包含 84 个不同的 5 阶元. 最后, 每个 7-Sylow 子群有 6 个 7 阶元, 并且不属于其他的 7-Sylow 子群, 故 G 包含 90 个不同的 7 阶元. 因此, G 有 $14 + 84 + 90$ 个元, 但这与 $|G| = 105$ 矛盾, 因而, G 一定有唯一的正规 Sylow 子群, 所以, G 不是单群.

问题 5.2.37 *若 G 是 168 阶的单群, 则 G 中有多少个 7 阶的元?*

由于 $168 = 2^3 \cdot 3 \cdot 7$, 故由 Sylow 定理可知 7-Sylow 子群的个数 n_7 一定整除 $2^3 \cdot 3$, 并且 $n_7 \equiv 1 \pmod 7$, 因此, $n_7 = 1$ 或 8. 由于 G 是单群, 故 $n_7 \neq 1$, 因此, $n_7 = 8$, 所以 G 一定包含 $6 \cdot 7 = 48$ 个不同的 7 阶元.

问题 5.2.38 196 阶群 *G 是不是单群?*

不是. 由于 $196 = 2^2 \cdot 7^2$, 故 7-Sylow 子群有 $1 + 7k$ 个, 并且 $1 + 7k$ 整除 4, 故 $k = 0$, 因此, G 的 7-Sylow 子群一定是正规的, 所以, G 不是单群.

问题 5.2.39　*200 阶群 G 是不是单群?*

不是. 由于 $200 = 2^3 \cdot 5^2$, 故 5-Sylow 子群有 $1 + 5k$ 个, 并且 $1 + 5k$ 整除 8, 故 $k = 0$, 因此, G 的 5-Sylow 子群一定是正规的, 所以, G 不是单群.

问题 5.2.40　*255 阶群 G 是不是单群?*

不是. 由于 $255 = 3 \cdot 5 \cdot 17$, 故 17-Sylow 子群有 $1 + 17k$ 个, 并且 $1 + 17k$ 整除 15, 因此, $k = 0$, 故 17-Sylow 子群一定是正规的, 所以, G 不是单群.

问题 5.2.41　*255 阶群 G 一定是循环群吗?*

是的. 既然 $255 = 3 \cdot 5 \cdot 17$, 明显地, 只需证明 G 是交换群, 则由有限生成的交换群的基本定理可知 G 是循环群.

(1) 由 Sylow 定理可知, G 有 17-Sylow 子群, 个数 $N_{17} = 17k + 1$, 并且 N_{17} 整除 15, 因此, $N_{17} = 1$, 故 G 只有唯一的 17-Sylow 子群 H, 故 G/H 的阶为 15, 不难验证 15 阶群都是交换群, 因而, G/H 是交换群.

(2) G 的换位子群 C 是所有 $aba^{-1}b^{-1}, a, b \in G$ 生成的子群, 由于 G/H 是交换群当且仅当 H 包含 G 的换位子群 C, 因此, H 一定包含 G 的换位子群 C. 由拉格朗日定理可知 C 的阶一定是 1 或 17.

(3) 由 Sylow 定理可知 G 有 1 个或者 85 个 3 阶 3-Sylow 子群, 还有 1 个或者 51 个 5 阶的 5-Sylow 子群. 但 85 个 3 阶 3-Sylow 子群有 170 个不同的 3 阶元素, 而 51 个 5 阶 5-Sylow 子群有 204 个不同的 5 阶元素, 这样 G 就会有 375 个不同元素, 这与 G 的阶为 255 矛盾, 因此, G 只有唯一的 3 阶 3-Sylow 子群或者只有唯一的 5 阶 5-Sylow 子群, 因而, G 有 3 阶正规子群或者 5 阶正规子群.

(4) 记 G 的 3 阶正规子群或者 5 阶正规子群为 K, 则 G/K 的阶为 $5 \cdot 17$ 或者 $3 \cdot 17$, 故 G/K 一定是交换群, 故 K 一定包含 G 的换位子群 C.

(5) 由于 K 的阶是 3 或者 5, 故 G 的换位子群 C 的阶只能是 3, 5 或者 1, 又由于 C 的阶只能是 1 或者 17, 因而, C 的阶一定是 1, 故 $C = \{e\}$.

(6) 由 $C = \{e\}$ 可知 $G/C \cong G$ 是交换群.

所以, G 一定是循环群.

问题 5.2.42　*设 G 是 231 阶群, 则 G 的唯一 11-Sylow 子群 H_{11} 一定在 G 的中心内?*

由于 $231 = 3 \cdot 7 \cdot 11$, 故由 Sylow 定理不难证明 G 有唯一的 11-Sylow 子群 H_{11} 和唯一的 7-Sylow 子群 H_7, 因而, H_7 和 H_{11} 都是 G 的正规子群. 故 H_7H_{11} 和 $H_{11}H_7$ 都是 G 的子群. 既然 H_7 是 G 的正规子群, 因此, H_7 是 $H_{11}H_7$ 的正规

子群.

设 H_3 是 G 的 3-Sylow 子群, 则由 H_7 是 G 的正规子群可知 $H_{11}H_3$ 是 G 的子群, 并且 H_3 是 $H_{11}H_3$ 的子群.

既然 $H_{11}H_3$ 中的 3-Sylow 子群的个数 n_3 整除 $|H_{11}H_3| = \dfrac{H_{11}H_3}{H_{11}\bigcap H_3} = \dfrac{11\cdot 3}{1} = 11\cdot 3$, 并且 $n_3 \equiv 1 \pmod 3$, 故 $n_3 = 0$, 因此, H_3 是 $H_{11}H_3$ 的正规子群.

由 Lagrange 定理可证 $H_7\bigcap H_{11} = \{e\}, H_{11}\bigcap H_3 = \{e\}$, 既然 H_{11} 和 H_7 都是循环群, 故 $H_{11}H_7$ 和 $H_{11}H_3$ 都是交换群.

考虑集合 $H_{11}H_7H_3$, 类似上面的讨论, 不难验证 $|H_{11}H_7H_3| = |G|$, 因此, $G = H_{11}H_7H_3$. 由于 $H_{11}H_7$ 和 H_7H_3 都是交换群, 并且 H_{11}, H_7 和 H_3 都是循环群, 故任意 $a \in H_{11}$ 都与 H_{11}, H_7, H_3 中的元素可以交换, 所以, H_{11} 一定在 G 的中心内.

问题 5.2.43 *若群 G 的阶为 351, 则 G 一定是单群吗?*

是的. 由于 $351 = 3^3\cdot 13$, 故 G 的 13-Sylow 子群的个数 n_{13} 一定整除 3^2, 并且 $n_{13} \equiv 1 \pmod{13}$, 因此, $n_{13} = 1$ 或者 $n_{13} = 27$.

如果 $n_{13} = 1$, 则 G 有唯一的 13-Sylow 子群, 因此, 它是正规子群.

如果 $n_{13} = 27$, 记 $P_1, P_2, \cdots, P_{27}$ 为 G 的不同的 27 个 13-Sylows 子群, 则对不同的 i 和 j, 有 $P_i\bigcap P_j = \{e\}$. 另外, P_i 中的非单位元的阶都是 13, 因此, 27 个 13-Sylows 子群一共有 $27\times 12 = 324$ 个 13 阶元素, 剩下的 $351 - 324 = 27$ 个元素构成唯一的 3-Sylow 子群, 故 G 有一个正规子群. 所以, G 一定不是单群.

问题 5.2.44 *455 阶群 G 一定是循环群吗?*

是的. 由于 $455 = 5\cdot 7\cdot 13$, 故 G 有唯一的 7-Sylow 子群 H_7 和唯一的 13-Sylow 子群 H_{13}. 由 H_7 和 H_{13} 是 G 的正规子群可知 H_7H_{13} 是 G 的 91 阶的正规子群. 由 Sylow 定理可知, G 有 1 个或者 91 个 5-Sylow 子群. 假如 G 有 91 个 5-Sylow 子群, 那么 G 就有 364 个 5 阶元素, 但 H_7H_{13} 中的 91 个元素的阶都与 5 互素, 因此, 这些元素全部有 455 个, 这些元素全体就是 G. 设 H_5 是 G 的一个 5-Sylow 子群, 则 $H = H_5H_7$ 是 G 的 35 阶子群, 由于 H_5 和 H_7 都是 H 的正规子群, 并且它们的交集只含单位元, 因此 H 是一个 35 阶循环群, 故 G 一定包含一个 35 阶的元素, 但前面已经证明 G 的 455 个元素的阶都不是 35, 矛盾. 因此, G 只有 1 个 5-Sylow 子群, 所以, $G = H_5H_7H_{13}$ 是一个循环群.

问题 5.2.45 *若 G 是 1645 阶的群, 则 G 一定是循环群吗?*

是的. 由于 $1645 = 5\cdot 7\cdot 47$, 故 G 的 5-Sylow 子群的个数 n_5 整除 $7\cdot 47$, 并且 $n_5 \equiv 1 \pmod 5$. 因此, $n_5 = 1$, 故 G 只有唯一的 5-Sylow 子群, 记为 H_5, 则 H_5 是 G 的正规子群.

由于 G 的 7-Sylow 子群的个数 n_7 整除 $5\cdot 47$, 并且 $n_7 \equiv 1 \pmod 7$, 故 $n_7 = 1$,

从而 G 有唯一的正规 7-Sylow 子群, 记为 H_7. 类似地, G 的 47-Sylow 子群的个数 $n_{47}=1$, 因而 G 有唯一的正规 47-Sylow 子群 H_{47}. 不难验证子群 H_5, H_7, H_{47} 两两的交集都是 $\{e\}$, 因此, $H_5H_7H_{47}$ 是交换群, 并且 $|H_5H_7H_{47}|=1645$, 故 $H_5H_7H_{47}=G$, 因而由有限生成的交换群基本定理可知 G 一定与 $Z_5\times Z_7\times Z_{47}=Z_{1645}$ 同构, 所以, G 是循环群.

问题 5.2.46　*对称群 S_5 有多少个 5 阶子群和多少个 3 阶子群呢?*

由于 S_5 中的奇数阶元都是偶置换, 故容易理解只要在 A_5 中考虑 5 阶子群和 3 阶子群的问题.

由于 $|A_5|=60=2^2\cdot 3\cdot 5$, 故由 Sylow 定理 A_5 一定有 n_3 个 3-Sylow 子群和 n_5 个 5-Sylow 子群, 并且 n_3 整除 20, $n_3\equiv 1 \pmod 3$, 因此, $n_3=1,4$ 或者 10. 由于 A_5 中 3 循环有 20 个, 每个 3 循环与它的逆和单位元构成一个子群, 因此, A_5 有 10 个 3 阶子群. 对于 5-Sylow 子群, 由 Sylow 定理可知其个数 n_5 一定整除 12, 并且 $n_5\equiv 1 \pmod 5$, 故 $n_5=1$ 或者 $n_5=6$, 既然 A_5 至少有两个 5 阶元 (12345) 和 (21345), 并且 (12345) 不是 (21345) 的逆元, 故 $H_5=<(12345)>$ 和 $K_5=<(21345)>$ 是 S_5 的两个不同的 5-Sylow 子群, 因此, $n_5\geqslant 2$, 所以, $n_5=6$. 即 S_5 有 10 个 3 阶子群和 6 个 5 阶子群.

问题 5.2.47　*设 p 是素数, n 为大于零的整数, 若 $1<m<p$, G 是一个 p^nm 阶群, 则群 G 是不是单群?*

不是. 设 r 是 G 的 p-Sylow 子群的个数, 则根据 Sylow 定理, 有 r 被 p 除余数为 1, 并且 r 整除 m. 由 $1<m<p$ 可知 $r=1$, 因而 G 的 p-Sylow 子群只有一个, 从而它是 G 的非平凡正规子群, 所以 G 不是单群.

问题 5.2.48　*设 G 是一个有限群, 若 $|G|=pq$(这里 p,q 是素数), 则 G 是不是单群?*

不是. 若 $p=q$, 则 G 的阶为 p^2, 因此, G 是交换群, 从而, G 有 p 阶元素 a, 故 G 有非平凡的正规子群 $<a>$, 所以, G 不是单群.

若 $p\neq q$, 不妨设 $p>q$, 则 pq 关于 p 的模等于 1 的因子只能是 1, 因此, G 只有唯一一个 p-Sylow 子群, 从而, 该 p-Sylow 子群是 G 的正规子群, 所以, G 不是单群.

问题 5.2.49　*设 G 是一个有限群, 若 $|G|=pq$, p,q 是不同的素数, 并且 p 不整除 $q-1$, q 不整除 $p-1$, 则 G 是不是循环群?*

是的. 由 Sylow 定理可知, G 的 p-Sylow 子群的个数 k 一定整除 $|G|=pq$, 并且 p 整除 $k-1$, 因此, k 与 p 互素, 因而, k 一定整除 q, 故 $k=1$ 或 q. 由于 p 不整除 $q-1$, 但 p 整除 $k-1$, 故 $k\neq q$, 因而 k 一定等于 1, 故 G 只有唯一的 p-Sylow

子群, 记为 P, 则 P 为 G 的正规子群.

同理可以证明, G 只有唯一一个 q-Sylow 子群 Q, 因此, Q 是 G 的正规子群. 由于子群 P 和 Q 都是素数阶的群, 故 P 和 Q 都是循环群, 设 $P=<a>, Q=<b>$, 则由 Lagrange 定理可知, $P\bigcap Q=\{e\}$. 由于 $(aba^{-1})b^{-1}\in Q, a(ba^{-1}b^{-1}\in P$, 故 $aba^{-1}b^{-1}\in P\bigcap Q$, 因此, $aba^{-1}b^{-1}=e$, 即 $ab=ba$, 因而, ab 的阶为 pq, 所以, $G=<ab>$ 是循环群.

问题 5.2.50 设 G 是循环群, 若 $|G|=pq, p,q$ 是不同的素数, 则一定有 p 不整除 $q-1$, 并且 q 不整除 $p-1$ 吗?

不一定. 对于 6 阶循环群 G, 有 $|G|=2\cdot 3$, 但 2 可以整除 3 减 1.

问题 5.2.51 若 p 和 q 是不同的素数, 群 G 的阶为 pq 时, G 一定是循环群吗?

不一定. 如 $|S_3|=2\cdot 3$, 但它不是循环群.

问题 5.2.52 设 G 是一个有限群, 若 $|G|=pqr$(这里 p,q,r 是不同的素数), 则 G 是不是单群吗?

不是. 不妨设 $p>q>r$, G 有 k_p 个 p-Sylow 子群, k_q 个 q-Sylow 子群, k_r 个 r-Sylow 子群. 用反证法. 假设 $k_p>1, k_q>1, k_r>1$, 由于任意两个不同的 p-Sylow 子群的交都是 $\{e\}$, 因此, k_p 个 p-Sylow 共有 $k_p(p-1)$ 个 p 阶元素. 同理可证, G 一共有 $k_q(q-1)$ 个 q 阶元素和 $k_r(r-1)$ 个 r 阶元素, 故

$$|G|=pqr\geqslant 1+k_p(p-1)+k_q(q-1)+k_r(r-1).$$

由 Sylow 定理可知 k_p 一定整除 qr, 由于 p,q,r 是不同的素数, 并且 $k_p>1$, 故 k_p 只能是 q,r 或者 qr.

假如 $k_p=q$, 由于 p 整除 k_p-1, 故 p 整除 $q-1$, 但这与 $p>q$ 矛盾; 假如 $k_p=r$, 则同样可证 p 一定整除 $r-1$, 这与 $p>r$ 矛盾. 故 k_p 一定只能等于 qr. 又由于 k_p 整除 pr, q 整除 k_q-1, $k_q>1, q>r$, 故 $k_q\geqslant p$. 同理可证 $k_r\geqslant q$, 因此

$$pqr\geqslant 1+qr(p-1)+p(q-1)+q(r-1),$$

故 $0\geqslant(p-1)(q-1)$, 矛盾. 故 k_p, k_q, 和 k_r 中至少有一个一定是 1, 因此, G 一定有一个非平凡的正规子群, 所以, G 不是单群.

问题 5.2.53 非交换单群的最小阶是多少?

非交换单群的最小阶是 60. 实际上, 不难验证下面的结论:

(1) 若 p 是素数, $n\geqslant 2$, 则 p^n 阶的群不是单群, 这是由于 p^n 阶群有非平凡中心 Z, 而 Z 就是该群的正规子群.

(2) 若 p 和 q 都是素数, 则 pq, p^2q 阶的群都不是单群.

(3) 若 m 为奇数, $m \geqslant 3$, 则 $2m$ 阶的群都不是单群.

(4) 奇数阶的循环群都不是单群.

除了上面的情况, 59 阶以下的群有可能是单群的只剩下, $|G| = 24, 36, 40, 48, 56$. 容易验证 56 阶群不是单群. 由于 40 阶群只有唯一的 5-Sylow 子群, 故它不是单群.

情形一. 设 $|G| = 48 = 3 \cdot 2^4$, 容易验证 G 的 2-Sylow 子群的个数为 1 或 3. 若 G 中 16 阶子群只有 1 个, 则 G 不是单群; 若 G 的 16 阶子群有 3 个, 令 H_1, H_2, H_3 为 G 的 3 个 2-Sylow 子群, G 在 $\{H_1, H_2, H_3\}$ 上的共轭作用给出同态 $\rho: G \to S_3$. 取 $N = \mathrm{Ker}(\rho)$, 则 N 是 G 的正规子群. 由于 $|G| = 48 > |S_3| = 6$, 故 $N \neq \{e\}$. 又由于 H_1, H_2, H_3 相互共轭, $N \neq G$, 故 N 是 G 的非平凡子群, 因此, 48 阶群不是单群.

情形二. 类似地, 可以证明 24 阶群也不是单群.

情形三. 设 $|G| = 36 = 2^2 \cdot 3^2$, 则 G 的 3-Sylow 子群的个数为 1 或 4. 若 3-Sylow 子群的个数为 1, 则它一定是正规子群, 因此, G 不是单群. 若 3-Sylow 子群的个数为 4, 则 G 在 3-Sylow 子群 $\{H_1, H_2, H_3, H_4\}$ 的集合上的共轭作用给出了同态 $\rho: G \to S_4$. 用上面的同样方法可以证明 G 有非平凡正规子群, 所以, G 不是单群.

问题 5.2.54　60 阶的单群一定与 A_4 同构吗?

是的. (1) 设群 G 的阶为 60, 先证明 G 一定有 12 阶子群 H. 由于 $60 = 2^2 \cdot 3 \cdot 5$, 故容易知道 G 的 5-Sylow 子群的个数 N_5 一定整除 20, 并且 $N_5 = 5k + 1$, 故 G 的 5-Sylow 子群有 6 个. G 的 2-Sylow 子群的个数 N_2 一定整除 15, 并且 $N_2 = 2k + 1$, 故 G 的 2-Sylow 子群有 5 个或 15 个.

若 $N_2 = 5$, 则 G 的 2-Sylow 子群 H 的正规化子群 $N_G(H)$ 是 12 阶子群.

若 $N_2 = 15$, 则 G 的任意两个 2-Sylow 子群的交不可能都是 $\{e\}$, 否则的话, G 就有 45 个 2 阶元素, 从而 $45 + 24 > |G|$ 矛盾. 设 H_1 和 H_2 是 G 的两个不同的 2-Sylow 子群, 并且 $H_1 \bigcap H_2 = K \neq \{e\}$, 则由 4 阶群一定是交换群可知 $H_i \subseteq C(K) = \{a \mid a \in G, ax = xa$ 对任意 $x \in K$ 成立 $\} \subseteq G$, 因此 4 整除 $C(K)$, 并且 $|C(K)| \neq 4$, 不然的话, 就一定有 $H_1 = H_2$, 与 H_1 和 H_2 是不同的 2-Sylow 子群矛盾, 因而 $|C(K)| = 60, 20$ 或者 12. 由于 K 是 $C(K)$ 的正规子群, 并且 G 不是单群, 故 $G \neq C(K)$, 因此 $|C(K)| \neq 60$, 并且 $|C(K)| \neq 20$, 故 $|C(K)| = 12$, 因而, G 有 12 阶子群.

(2) 设群 G 的阶为 60, 若 H 是 G 的 12 阶真子群, 则 $[G : H] = 5$, $G =$

$x_1H\bigcup x_2H\bigcup\cdots\bigcup x_5H$ 是 G 的一个左陪集划分, 并且

$$\varphi : a\mapsto \begin{bmatrix} x_1H1 & \cdots & x_5H \\ ax_1H & \cdots & ax_5H \end{bmatrix}$$

是群 G 到 $\{x_1H,\cdots,x_5H\}$ 上 n 次对称群 S_5 的一个群同态, 故 $\mathrm{Ker}(\varphi)$ 是 G 的正规子群. 由于 G 是单群, 因此, $\mathrm{Ker}\ (\varphi)=G$ 或者 $\mathrm{Ker}(\varphi)=\{e\}$.

若 $\mathrm{Ker}(\varphi)=G$, 则对于任意 $a\in G$, τ_a 一定是恒等置换, 因此, $ax_iH=x_iH$ 对任意 $a\in H$ 和 $i=1,2,\cdots,5$ 都成立, 故 $H\supseteq G$, 这与 H 是 G 的真子群矛盾. 因此, $\mathrm{Ker}(\varphi)$ 一定是 $\{e\}$, 故 φ 一定是单同态. 因而 $G\cong\widetilde{G}=\{\tau_a\mid a\in G\}$ 是 S_5 的子群. 由于 $|G|=60$, S_5 只有唯一的 60 子群 A_5, 故 G 与 A_4 同构.

问题 5.2.55 16 阶以下的群有哪些同构类?

(1) 阶 $n=1$ 时, 同构类为 $<e>$;

(2) 阶 $n=2$ 时, 同构类为 Z_2;

(3) 阶 $n=3$ 时, 同构类为 Z_3;

(4) 阶 $n=4$ 时, 同构类为 $Z_2\bigoplus Z_2, Z_4$;

(5) 阶 $n=5$ 时, 同构类为 Z_5;

(6) 阶 $n=6$ 时, 同构类为 Z_6 和正多边形群 D_3;

(7) 阶 $n=7$ 时, 同构类为 Z_7;

(8) 阶 $n=8$ 时, 同构类为 $Z_2\bigoplus Z_2\bigoplus Z_2, Z_2\bigoplus Z_4, Z_8$, 四元数群 Q_8 和正多边形群 D_4;

(9) 阶 $n=9$ 时, 同构类为 $Z_3\bigoplus Z_3$ 和 Z_9;

(10) 阶 $n=10$ 时, 同构类为 Z_{10} 和正多边形群 D_5;

(11) 阶 $n=11$ 时, 同构类为 Z_{11};

(12) 阶 $n=12$ 时, 同构类为 $Z_2\bigoplus Z_6, Z_{12}, A_4$, 正多边形群 D_6 和 T, 这里 $T=\{<a,b>\mid |a|=6, b^2=a^3, ba=a^{-1}b\}$;

(13) 阶 $n=13$ 时, 同构类为 Z_{13};

(14) 阶 $n=14$ 时, 同构类为 Z_{14} 和正多边形群 D_7;

(15) 阶 $n=15$ 时, 同构类为 Z_{15}.

5.3 可 解 群

5.3.1 合成群列的定义

问题 5.3.1 合成群列的定义是什么?

设 G 是一个群, 称 $\{e\} = G_0 \lhd G_1 \lhd \cdots \lhd G_{n-1} \lhd G_n = G$ 为 G 的一个正规群列, $G_i/G_{i-1}(1 \leqslant i \leqslant n)$ 称为商因子. 如果每个商因子都是单群, 则该正规群列称为 G 的合成群列 (composition series).

问题 5.3.2 *若 G 的正规群列一定是合成群列吗?*

不一定. 整数加法群 Z 是交换群, 故任意子群都是正规子群, 因此, Z 有正规群列, 如 $\{0\} = G_0 \lhd <2> \lhd Z$, 它不是 Z 的合成群列. 实际上, 容易知道 Z 没有任何合成群列. G 的正规群列是合成群列当且仅当它有最大的长度, 即没有其他的正规子群可以"插入"到该正规群列中.

问题 5.3.3 *$\{e\} = G_0 \lhd G_1 \lhd \cdots \lhd G_{n-1} \lhd G_n = G$ 是 G 的合成群列的充要条件为 $\{e\} = G_0 \lhd G_1 \lhd \cdots \lhd G_{n-1} \lhd G_n = G$ 是 G 的一个正规群列, 并且 G_i 是 G_{i+1} 的极大正规子群吗?*

是的. 这是由于 H 是 G 的一个极大正规子群当且仅当 G/H 是单群.

问题 5.3.4 *任意的有限群是否一定有一个合成群列?*

是的. 任何一个有限群 G 都一定有合成群列. 实际上. 可以对群的阶 n 用归纳法来证明.

(1) 当 $n = 1$ 时, 若 G 的阶为 1, 则结论明显成立.

(2) 假设命题对于阶小于 n 的群都成立.

(3) 当 $|G| = n$ 时, 任取 G 的一个极大正规子群 G_{n-1}. 由于 G_{n-1} 是 G 的极大正规子群, $G_{n-1} \neq G$, G_{n-1} 和 G 之间没有其他正规子群, 因此 G/G_{n-1} 是单群. 明显地, $|G_{n-1}| < |G| = n$, 故由归纳假设 G_{n-1} 存在合成群列

$$\{e\} = G_0 \lhd G_1 \lhd \cdots \lhd G_{n-2} \lhd G_{n-1}.$$

所以, $\{e\} = G_0 \lhd G_1 \lhd \cdots \lhd G_{n-1} \lhd G_n = G$ 是 G 的合成群列.

问题 5.3.5 *任意的无限群是否一定有一个合成群列?*

不一定. 整数加法群 Z 没有合成群列, 实际上, Z 的任何一个非平凡子群都与 Z 同构. 若 $\{0\} = G_0 \lhd G_1 \lhd \cdots \lhd G_{n-2} \lhd G_{n-1} \lhd G = Z$ 是 Z 的合成群列, 则 G_1 是 Z 的正规子群, 因此一定有整数 k_1, 使得 $G_1 = \{k_1 m | m \in Z\}$, 从而 G_1 有正规子群 $H = \{2k_1 m \mid m \in Z\}$, 但这与 $\{0\} = G_0 \lhd G_1 \lhd \cdots \lhd G_{n-2} \lhd G_{n-1} \lhd G = Z$ 是 Z 的合成群列意味着 $G_0 = \{0\}$ 一定是 G_1 极大正规子群矛盾, 所以整数加法群 Z 没有合成群列.

问题 5.3.6 *任意的群如果有合成群列, 则它是否一定唯一呢?*

不一定. 在四元数可除环中取 $\pm 1, \pm i, \pm j, \pm k$, 则它们在乘法下构成 8 阶非交换群 G.

令 $G_0=\{1\},G_1=\{\pm 1\},G_2=\{\pm 1,\pm i\},G_3=G$, 则 $G_0\triangleleft G_1\triangleleft G_2\triangleleft G_3$ 是 G 的合成群列. 另外, 取 $H_0=\{1\},H_1=\{\pm 1\},H_2=\{\pm 1,\pm j\},H_3=G$ 时, $H_0\triangleleft H_1\triangleleft H_2\triangleleft H_3$ 也是 G 的一个合成群列.

问题 5.3.7 能给出 Z_{60} 的合成群列吗?

由于 $\{\overline{0}\}\triangleleft<\overline{30}>\triangleleft<\overline{15}>\triangleleft<\overline{3}>\triangleleft Z_{60}$, 并且

$$Z_{60}/<\overline{3}>\cong Z_3,<\overline{3}>/<\overline{15}>\cong Z_5,<\overline{15}>/<\overline{30}>\cong Z_2,<\overline{30}>/\{\overline{0}\}\cong Z_2,$$

因此, 这是 Z_{60} 的一个合成群列. 另外, 不难验证 $\{\overline{0}\}\triangleleft<\overline{20}>\triangleleft<\overline{4}>\triangleleft<\overline{2}>\triangleleft Z_{60}$ 也是一个合成群列.

问题 5.3.8 $Z_4\times Z_9$ 有合成群列吗?

有. 不难验证

$$\{(\overline{0},\overline{0})\}\triangleleft<(\overline{0},\overline{3})>\triangleleft<(\overline{0},\overline{1})>\triangleleft<\overline{2}>\times<\overline{1}>\triangleleft<\overline{1}>\times<\overline{1}>=Z_4\times Z_9$$

是 $Z_4\times Z_9$ 的合成群列.

问题 5.3.9 若 $n\geqslant 5$, 则对称群 S_n 有合成群列吗?

当 $n\geqslant 5$ 时, 由于 $S_n/A_n\cong Z_2$ 和 A_n 是单群, 故对称群 S_n 有合成群列 $\{(1)\}\triangleleft A_n\triangleleft S_n$.

5.3.2 合成群列的性质

问题 5.3.10 什么是 Jordan-Hölder 定理?

Jordan-Hölder 定理 设 G 是有限群, 下面两个群列都是 G 的合成群列:

(1) $\{e\}=G_0\triangleleft G_1\triangleleft G_2\triangleleft\cdots\triangleleft G_r=G$.

(2) $\{e\}=H_0\triangleleft H_1\triangleleft H_2\triangleleft\cdots\triangleleft H_s=G$.

则 $r=s$, 并且存在 $(1, 2, \cdots, r)$ 上的一个置换 σ, 使得

$$G_i/G_{i-1}\ \cong\ H_{\sigma(i)}/H_{\sigma(i)-1}.$$

5.3.3 可解群的定义

问题 5.3.11 可解群的定义是什么?

设 G 是一个群, 如果 G 具有一个正规群列, 其所有的商因子都是 Abel 群, 则 G 称为一个可解群 (solvable group).

问题 5.3.12 所有的 Abel 群都一定是可解群吗?

是的. 明显地, $\{e\}$ 是交换群 G 的正规子群, 因此, $\{e\}\lhd G$ 是正规群列, 并且所有的商因子都是交换群, 所以, G 是可解群.

问题 5.3.13 *G 是可解群当且仅当存在合成群列*

$$\{e\}=G_0\lhd G_1\lhd G_2\lhd\cdots G_{n-1}\lhd G_n=G,$$

并且 G_i/G_{i-1} 是交换群吗?

不一定. 若 G 是有限群, 则 G 是可解群当且仅当存在合成群列

$$\{e\}=G_0\lhd G_1\lhd G_2\lhd\cdots G_{n-1}\lhd G_n=G,$$

并且 G_i/G_{i-1} 是交换群. 但对于无限群, 该结论就不一定成立, 如整数群 Z 是可解群, 但 Z 没有合成群列.

问题 5.3.14 *对称群 S_4 是可解群吗?*

是的. 实际上, $\{(1)\}\lhd\{(12)(34),(13)(24),(14)(23)\}\lhd A_4\lhd S_4$ 是交换的商因子群. 因此, S_4 是可解群.

问题 5.3.15 *$S_3\times S_3$ 是可解群吗?*

是的. 容易验证 $\{(1)\}\times\{(1)\}\lhd A_3\times\{(1)\}\lhd S_3\times\{(1)\}\lhd S_3\times A_3\lhd S_3\times S_3$, 并且商因子是 2 或者 3, 因此, 商因子都是交换群, 所以, $S_3\times S_3$ 是可解群.

问题 5.3.16 *若 $n\geqslant 5$, 则对称群 S_n 是可解群吗?*

不是. 由于 A_n 是非交换的单群, 故 $A_n'=A_n$. 因此, 对于任意正整数 m, 都有 $A_n^{(m)}=A_n\neq\{e\}$, 因此 A_n 不是可解群, 所以, S_n 也不是可解群.

问题 5.3.17 *若 $n\geqslant 1$, 则二面体群 D_n 一定是可解群吗?*

是的. 设 $D_n=<a,b\mid a^n=e,b^2=e,bab=a^{-1}>$. 当 $n=1$ 时, 有 $D_2\cong Z_2$, 因此, D_2 是可解群. 若 $n>1$, 则由于 $D_n/<a>\cong Z_2$ 和 $<a>\cong Z_n$, 并且 Z_n 和 Z_2 都是可解群, 所以, D_n 是可解群.

问题 5.3.18 *能举出一个非交换的无限可解群吗?*

由于 S_3 和 Z 都是可解群, 故 $S_3\times Z$ 也是可解群, 明显地, $S_3\times Z$ 是非交换的无限群. 实际上, 容易验证 $\{(1)\}\times Z\lhd A_3\times Z\lhd S_3\times Z$ 是正规群列, 并且商因子的阶是 2 或 3, 所以, $S_3\times Z$ 非交换的无限可解群.

问题 5.3.19 (a) *若 G 有循环子群 A 和 B, 使得 $G=ABA$, 则 G 一定是可解群吗?*

(b) *在 (a) 的条件下, 加上 A 和 B 共轭, 则 G 一定是可解群吗?*

不知道. (a) 是 Rhemtulla 和 Sidki 给出的公开问题. 已经知道若 G 是有限群, 则结论成立.

(b) 是 Amberg 给出的公开问题.

5.3.4 可解群的性质

问题 5.3.20 G 是可解群当且仅当 $G^{(n)}=\{e\}$ 吗?

是的. 这是可解群的一个判别法. 假如存在 n, 使得 $G^{(n)}=\{e\}$, 则

$$\{e\}=G^{(n)}\lhd G^{(n-1)}\lhd\cdots\lhd G^{(1)}\lhd G,$$

故 G 是可解群.

反过来, 若 G 是可解群, 则存在子群列

$$\{e\}=H_n\lhd H_{n-1}\lhd\cdots\lhd H_0=G,$$

使得对所有 m, H_{m+1} 是 H_m 的正规子群, 并且 H_m/M_{m+1} 是交换群. 故 G/H_1 是交换群, 因此, $G'=G^{(1)}\subseteq H_1$, 从而, $(G^{(1)})'\subseteq H_1'$. 由于 H_1/H_2 是交换群, $H_1'\subseteq H_2$, 因此, $G^{(2)}=(G^{(1)})'\subseteq H_2$. 从而, $G^{(n)}\subseteq H_n=\{e\}$, 所以, $G^{(n)}=\{e\}$.

问题 5.3.21 可解群的子群和同态像都是可解群吗?

是的. 设 G 是可解群, H 是 G 的子群, 由于 H 是 G 的子群, 故 $H^{(i)}$ 是 $G^{(i)}$ 的子群, 因而 $G^{(k)}=\{e\}$ 时有 $H^{(k)}=\{e\}$, 所以 H 是可解群.

设 φ 是群 G 到 K 上的同态, 则 $\varphi(G')=K'$, 因而 $\varphi(G^{(k)})=K^{(k)}$. 由于 $G^{(k)}=\{e\}$, 故 $K^{(k)}=\{e\}$, 所以 K 也是可解群.

问题 5.3.22 若 N 是群 G 的正规子群, 则 G 是可解群当且仅当 N 和 G/N 是可解群吗?

是的. 明显地, 有 $N^{(m)}\subseteq G^{(m)}$ 和 $(G/N)^{(m)}=(G^{(m)}N)/N$ 对任意正整数 m 都成立.

若 G 是可解群, 则存在 n, 使得 $G^{(n)}=\{e\}$. 故 $N^{(n)}=\{e\}$, 因此, N 和 G/N 都是可解群.

反过来, 假如 N 和 G/N 是可解群, 则存在正整数 m, 满足 $(G/N)^{(m)}=\{e\}$, 故 $G^{(m)}\subseteq N$. 并存在正整数 n, 满足 $N^{(n)}=\{e\}$, 故 $G^{(n+m)}=(G^{(m)})^{(n)}\subseteq N^{(n)}=\{e\}$. 所以, $G^{(n+m)}=\{e\}$, 故 G 是可解群.

问题 5.3.23 若 M 和 N 都是群 G 的可解子群, 并且 N 是 G 的正规子群, 则 NM 一定是可解群吗?

是的. 由于 N 是 G 的正规子群, 故 $N \lhd NM$, 并且 $N \bigcap M \lhd M$. 既然 M 是可解群, 因此, 商群 $M/(N \bigcap M)$ 是可解群. 由于 $NM/N \cong M/(N \bigcap M)$, 故 NM/N 是可解群. 因此由 N 和 NM/N 都是可解群可知 NM 是可解群.

问题 5.3.24　设 G 是一个有限群, 则下列性质都成立吗?

(1) 若 M 和 N 都是 G 的正规子群, 并且 G/M 和 G/N 都是可解群, 则 $G/(M \bigcap N)$ 也是可解群.

(2) 若 M 和 N 都是 G 的可解正规子群, 则 MN 也是 G 的可解正规子群.

(3) 可解的单群一定是素数阶的循环群.

是的.

问题 5.3.25　素数阶的循环群一定是可解的单群吗?

不知道.

问题 5.3.26　当 n 小于等于 4 时, S_n 是可解的吗?

是的.

问题 5.3.27　当 n 大于等于 5 时, S_n 是不可解群吗?

是的. 这是著名的结果.

问题 5.3.28　$S_3 \times S_3$ 是可解群吗?

是的. 这是由于 $S_3 \times S_3$ 有合成群列 $\{(1)\} \times \{(1)\} \lhd A_3 \times \{(1)\} \lhd S_3 \times \{(1)\} \lhd S_3 \times A_3 \lhd S_3 \times S_3$, 并且系列中的商群的阶是 2 或者 3, 故所有商群都是交换群, 所以, $S_3 \times S_3$ 是可解群.

问题 5.3.29　二面体群 D_4 是可解群吗?

是的. 这是由于 D_4 有合成群列 $\{(1)\} \times \{(1), (13)(24)\} \lhd \{(1), (1234), (13)(24), (1432)\} \lhd D_4$, 并且系列中的商群的阶是 2, 故所有商群都是交换群, 所以, D_4 是可解群.

问题 5.3.30　当 n 小于 60 时, G 一定是可解的吗?

是的.

问题 5.3.31　若 p 是素数, 则 p 群一定是可解群吗?

是的. 明显地, 若群 G 的阶为 p, 则 G 是可解群. 假设对于小于 p^n 的 p 群 G, G 都一定是可解群, 则对于 p^n 阶群 G, 它的中心 Z 也是 p 群, 因此, 由假设可知 Z 和 G/Z 都是可解群, 因此, G 是可解群. 所以, p 群一定是可解群.

问题 5.3.32　设 f 是群 G 到群 H 的同态, 则 $f(G') = f(G)'$ 是 H' 的子群吗?

是的. 由于 $f(aba^{-1}b^{-1}) = f(a)f(b)(a)^{-1}f(b)^{-1}$, 故 $f(G') = f(G)'$. 容易验证

$f(G')$ 是 H 的子群.

特别地, 若 f 是群 G 的自同构, 则 $f(G')=G'$.

问题 5.3.33 *设 G 是可解群, H 是 G 的正规子群, 则 G/H 一定是可解群吗?*

是的. 由于 G 是可解群, 故存在 m, 使得 $G^{(m)}=\{e\}$. 令 f 为 G 到 G/H 的自然同态, 则 $(G/H)^{(m)}=f(G^{(m)})=f(\{e\})=\{e\}$, 所以, G/H 是可解群.

问题 5.3.34 *设 G 是有限群, 若 G 是可解群, p 是素数, 并且 p 整除 G 的阶 $|G|$, 则 G 至少有多少个共轭类?*

Héthelyi 和 Külshammer 在 2000 年证明了, 若 G 是可解群, p 是素数, 并且 p 整除 G 的阶 $|G|$, 则 G 的共轭类个数 $k(G)\geqslant 2\sqrt{p-1}$. 参见: Héthelyi L and Külshammer B. On the number of conjugacy classes of a finite solvable group. Bull. London Math. Soc., 2000, 32: 668-672.

Héthelyi 和 Külshammer 在 2003 年证明了, 若 G 是可解群, p 是素数, 并且 p^2 整除 G 的阶 $|G|$, 则 G 的共轭类个数 $k(G)\geqslant(49p+1)/60$. 参见: Héthelyi L and Külshammer B. On the number of conjugacy classes of a finite solvable group II. J. Algbra, 2003, 270(2): 660-669.

问题 5.3.35 *有限群为可解群有什么判别方法?*

设 G 是一个有限群, 则 G 是可解群的充分必要条件是 G 有一个合成群列:

$$\{e\}=G_0\lhd G_1\lhd G_2\lhd\cdots\lhd G_r=G,$$

其商因子 $G_i/G_{i-1}(1\leqslant i\leqslant r)$ 皆为素数阶循环群.

实际上, 设 G 是可解群, 则它的任意一个合成群列的商因子一定是 Abel 群, 并且是单群, 从而必是素数阶循环群. 反过来, 如果 G 有一个合成群列其商因子为素数阶循环群, 则 G 明显地是可解群.

问题 5.3.36 *对任意的素数 $p,q(p>q)$, 任意一个阶为 p^3q 的群都是可解群吗? 这样的群的阶一定是多少?*

是的. 设 G 有 n_p 个 p-Sylow 子群和 n_q 个 q-Sylow 子群, 则由 Sylow 定理可知 $n_p=q>p$, 并且 n_q 等于 p,p^2 或者 p^3. 由于 $q>p$, 故 $n_q\neq p$; $n_q=p^3$ 也不可能成立, 否则的话, 就有 $p^3(q-1)$ 个 q 阶元, 只剩 p^3 个元素, 从而只有唯一的 p-Sylow 子群. 故一定有 $n_q=p^2$. 因此 q 整除 p^2-1, 从而一定有 q 整除 $p+1$, 由 $q>p$ 可知 $q=p+1$, 但 p 和 q 是互素的, 因此, $q=3,p=2$, $|G|=24$.

问题 5.3.37 *对任意的素数 p,q, 任意一个阶为 p^aq^b 的群都是可解群吗?*

是的. 这是 Burnside 证明的著名结果.

问题 5.3.38　*对任意的素数 p, q 和 r, 任意一个阶为 $p^aq^br^c$ 的群都是可解群吗?*

不一定. 交错群 A_5 是 60 阶群, 并且 $60 = 2^2 \cdot 3 \cdot 5$, 但 A_5 不是可解群.

问题 5.3.39　*若 G 是非交换的单群, 并且 G 的阶小于 200, 则 $|G| = 60$ 或者 $|G| = 168$ 吗?*

是的. 可以用上面 Burnside 的著名结果来证明, 不过证明比较长.

问题 5.3.40　*每一个奇数阶的有限群都是可解群吗?*

是的. 这是 Feit 和 Thompson 在 1963 解决了 Burnside 猜想时, 证明的奇阶定理, 一般称为 Feit-Thompson 定理.

问题 5.3.41　*设 p, q 是不同素数, $p > q > 1$, 则 p^2q 群 G 一定是可解群吗?*

是的. 设 n 是 G 的 p-Sylow 子群的个数, 根据 Sylow 定理可知, n 被 p 除余数为 1, 并且 n 整除 p^2q. 由于 $n = pk + 1$, 故 $n + (-pk) = 1$, 因此 p 和 n 互素, 从而 n 整除 q. 由 $p > q > 1$ 可知 n=1, 因而 G 的 p-Sylow 子群只有一个 H, 从而 H 是 G 的非平凡正规子群, 故 G 有一个正规群列 $\{e\} \lhd H \lhd G$, 并且 G/H 是 Abel 群, 所以 G 一定是可解群.

问题 5.3.42　*设 G 是一个有限群, 若 $|G| = pqr$(这里 $p < q < r$ 是不同的素数), 则 G 是可解群吗?*

是的. 既然 r-Sylow 子群的个数 N_r 一定整除 $|G|$, 并且 $N_r = 1 \pmod r$, 故 N_r 只能是 1 或者 pq.

情形一. 若 $N_r = 1$, 则 G 只有一个 r-Sylow 子群 H, H 是正规循环 r 阶子群, 因而 H 是可解群. 由于 $|G/H| = pq$, 故 G/H 是可解群, 所以, G 一定是可解群.

情形二. 若 $N_r = pq$, 下面证明这会导致矛盾.

设 q-Sylow 子群的个数为 N_q, 则 N_q 整除 $|G|$, 并且 $N_q = 1 \pmod q$, 故 N_q 是 1, 或者 pr, 或者 r.

(1) 若 $N_q = pr$, 则在 pr 个不同的 q-Sylow 子群中有 $rp(q-1)$ 个阶为 q 的元素, 在 pq 个不同的 r-Sylow 子群中有 $pq(r-1)$ 个阶为 p 的元素, 因此, G 有 $pqr - pr + pqr - rp = pqr + p(rq - q - r)$ 个元素. 既然 $p \geqslant 2$, 因此, $q > 2$, 由于 $r > q$, 故 $rq - q - r = (q-1)r - q > r - q > 0$, 因此, $pqr - pq + rpq - rq = pqr + p(rq - q - r) > pqr = |G|$, 矛盾.

(2) 若 $N_q = r$, 则 G 一定包含在 r 个不同的 q-Sylow 子群的 $r(q-1)$ 格 q 阶元素. 同样可知在 pq 个不同的 r-Sylow 子群中有 $pq(r-1)$ 个 r 阶元素. 故 G 有 $r(q-1) + pq(r-1) = pqr - pq + rq - r$ 个元素. 但 $q > p$, 故 $q - 1 \geqslant p$, 因此, $(q-1)r \geqslant pr > pq$, 因而, $(q-1)r > pq$, 故 $qr - r - pq > 0$, 因此, $pqr - pq + rq - r > pqr = |G|$,

矛盾.

(3) 若 $N_q = 1$, 设 Q 是 G 唯一的 q-Sylow 正规子群. 由于 G/Q 的阶是 pr, 有 $pq(r-1)$ 个 r 阶元素分布在 G 的 Q 陪集中. 既然, 每个陪集有 q 个元素, 故最少有 $p(r-1)$ 个陪集才能覆盖 G 的所有 r 阶元素.

下面证明 G/Q 的每个陪集的阶都是 r. 既然 a 是 G 中的 r 阶元素, 因此, a 必然属于某个陪集, 因此, 这个陪集是 aQ. 由于 aQ 的阶一定整除 G/Q 的阶, 故 aQ 的阶只能是 r, p 或者 pr. 如果 a 的阶是 r, 那么结论成立. 如果 a 的阶是 rp, 那么由 $(aQ)^r = a^r Q = eQ$ 可知 aQ 的阶一定小于等于 r, 矛盾.

a 的阶也不可能是 p, 这是由于 $(aQ)^p = eQ$ 时, 有 $a^p Q = eQ$, 故 $a^q \in Q$. 但 a^q 属于某个 r-Sylow 子群, 故 $a^p \in R \bigcap Q$, 这里 R 是 r-Sylow 子群. 由于 $g \in R \bigcap Q$ 时, 一定有 $o(g) \mid |R|$ 和 $o(g) \mid |Q|$, 故 $o(g) \mid q$ 和 $o(g) \mid r$. 由于 q 和 r 是不同的素数, 故 $g = e$. 因此, $a^p = e$, 但这与 $o(a) = r$ 矛盾.

因此, G/Q 中至少有 $p(q-1)$ 个 r 阶元素, 但 G/Q 的阶为 pr, 因此 G/Q 中的 r-Sylow 子群的个数一定整除 pr, 并且关于 r 的模为 1. 明显地, 这意味着 G/Q 只有唯一的 r-Sylow 子群, 故在这个 r-Sylow 子群中最多有 $r-1$ 个阶为 r 的元素. 故 $p(r-1) \leqslant r-1$, 因而, $p \leqslant 1$, 矛盾. 因此, 若 $N_r = pq$, 则会导致矛盾.

综合上述, G 只能有一个正规循环 r-Sylow 子群, 所以, G 一定是可解群.

第6章 域的扩张

域扩张主要来源代数方程可用根式求解条件的研究，代数元和超越元与域扩张的性质有着密切的联系.

6.1 子域和扩域

6.1.1 子域和扩域

问题 6.1.1 什么叫域扩张?

设 K 是域, F 是 K 的至少有两个元素的子集, 如果 F 关于 K 中的加法与乘法也构成一个域, 则称 F 是 K 的子域 (subfield), 此时也称 K 为 F 的扩域 (extension field). 用记号 K/F 表示 K 是 F 的域扩张.

问题 6.1.2 设 F 是域, $K_i(i=1,2,\cdots,n,\cdots)$ 是 F 中的子域, 则 $K=\bigcap K_i$ 是 F 的一个子域吗?

是的. 容易按定义验证.

问题 6.1.3 设 F 是域, $K_i(i=1,2,\cdots,n,\cdots)$ 是 F 中的子域, 则 $K=\bigcup K_i$ 是 F 的一个子域吗?

不一定. 对于域 $Q(\sqrt{2},\sqrt{3})$ 的子域 $Q(\sqrt{2})$ 和 $Q(\sqrt{3})$, 它们的并集不是 $Q(\sqrt{2},\sqrt{3})$ 的子域.

6.1.2 域的素子域和特征

问题 6.1.4 什么叫素域?

设 F 是域, 则 F 的所有子域的交为 F 的最小的子域, 称为 F 的素子域 (prime subfield). 没有真子域的域一般称为素域 (prime field).

问题 6.1.5 从同构的观点来看, 任何域都不过是有理数域 Q 或 Z_p(p 为素数) 的扩域吗?

是的. 设 F 是域, F_0 是 F 的素子域, 则当 F 的特征为素数 p 时, F_0 同构于有限域 Z_p; 当 F 的特征为零时, F_0 同构于有理数域 Q.

问题 6.1.6 有理数域 Q 是最小的数域吗?

是的. 这是由于复数域 $\mathbf{C}$ 的特征是 0, 故它的素子域是有理数域 Q.

6.1.3 集合 S 在 F 上生成的子域

问题 6.1.7 什么是集合 S 在域 F 上生成的子域?

设 K/F 是域扩张, S 是 K 中的非空子集, 则

$$F(S)=\bigcap\{L\mid L \text{ 是 } K \text{ 的子域, 并且 } S\subseteq L, F\subseteq L\}$$

是 K 中包含 F 与 S 的最小的子域, 称为集合 S 在 F 上生成的子域 (subfield generated by S over F), 也称为添加集合 S 到 F 得到的子域. 当 $S=\{\alpha_1,\alpha_2,\cdots,\alpha_m\}$ 是有限集时, 就记为 $F(\alpha_1,\alpha_2,\cdots,\alpha_m)$.

6.1.4 单扩域

问题 6.1.8 什么是单扩域?

设 K/F 是域扩张, 如果有 $\alpha\in K$, 使得 $K=F(\alpha)$, 那么 K 称为 F 的单扩域 (simple extension field).

当 F 为环时, 记号 $F[\alpha]$ 为包含 F 和 α 的最小的环, 因此要注意单扩张 $F(\alpha)$ 与 $F[\alpha]$ 的区别.

问题 6.1.9 设 α 是域 F 的代数元, 则 F 的单扩域 $F(\alpha)=F[\alpha]$ 吗?

是的. 若 α 的极小多项式的次数为 n, 则 F 的单扩域 $F(\alpha)=F[\alpha]=\{a_0+a_1\alpha+\cdots+a_{n-1}\alpha^{n-1}\mid a_i\in F\}$.

问题 6.1.10 a 是 F 上的代数元的充要条件为 $F[a]=F(a)$ 吗?

是的. 由于 $F[a]$ 为包含 F 和 a 的最小的环, $F(a)$ 为包含 F 和 a 的最小的域, 因此, 明显地有 $F[a]\subseteq F(a)$.

若 a 为 F 上的代数元, 设 $f(x)$ 为 a 的极小多项式, 则 $f(x)$ 是不可约多项式. 由于 $g(a)\neq 0$, 故 $f(x)$ 在 $F[x]$ 中不整除 $g(x)$, 因此, $f(x)$ 与 $g(x)$ 互素, 从而存在 $m(x),n(x)\in F[x]$, 满足 $m(x)f(x)+n(x)g(x)=1$, 故 $m(a)f(a)+n(a)g(a)=1$. 由于 $f(a)=0$, 故 $n(a)g(a)=1$. 因此, $\dfrac{1}{g(a)}=n(a)$, 从而, 对任意 $g(x)\in F[x],g(a)\neq 0$ 有 $\dfrac{1}{g(a)}\in F[a]$, 所以, $F[a]$ 是域, 故 $F(a)\subseteq F[a]$, 因而, $F[a]=F(a)$.

反过来, 若 $F[a]=F(a)$, 则 a 是 $F[a]$ 中的可逆元, 故存在某个 $b=c_0+c_1a+\cdots+c_ma^m\in F[a]$, 使得 $ba=1$, 因此, $a(c_0+c_1a+\cdots+c_ma^m)-1=0$, 故 a 是多项式 $f(x)=-1+c_0x+c_1x^2+\cdots+c_mx^{m+1}$ 的根, 所以, a 是 F 上的代数元.

问题 6.1.11 设 K/F 是域扩张, S_1,S_2 是 K 中的非空子集, $S=S_1\bigcup S_2$, 则

(1) 若 $S_1\subseteq S_2$, 则 $F(S_1)\subseteq F(S_2)$,

(2) $F(S) = F(S_1)(S_2)$

都成立吗?

是的. 记 $H = F(S_1)(S_2)$. 由于 $F, S_1, S_2 \subseteq H$, 故 $F, S \subseteq H$, 从而有 $F(S) \subseteq H$. 另外, 由于 $F, S_1 \subseteq F(S)$, 因而有 $F(S_1) \subseteq F(S)$. 由 $S_2 \subseteq F(S)$ 可知 $H = F(S_1)(S_2) \subseteq F(S)$, 所以 $H = F(S)$.

问题 6.1.12　设 $p(x) = x^3 + 9x + 6 \in Q[x]$, 若 θ 是 $p(x)$ 的一个根, 则 $1+\theta$ 在有理数域 Q 的单扩张 $Q(\theta)$ 的逆是什么?

根据 Eisenstein 判别法, 容易知道 $p(x)$ 是 Q 上的不可约多项式. 由于 $\theta^3 + 9\theta + 6 = 0$ 并且 $1+\theta$ 的逆在 $Q(\theta)$ 中, 故一定存在 $a, b, c \in Q$, 使得

$$\frac{1}{1+\theta} = a + b\theta + c\theta^2$$

故

$$a + (a+b)\theta + (b+c)\theta^2 + c\theta^3 = 1,$$

由 $\theta^3 + 9\theta + 6 = 0$ 可知 $\theta^3 = -9\theta - 6$, 因此

$$(a - 6c) + (a + b - 9c)\theta + (b+c)\theta^2 = 1.$$

解之, 得 $a = \dfrac{5}{2}, b = -\dfrac{1}{4}$ 和 $c = \dfrac{1}{4}$, 所以,

$$\frac{1}{1+\theta} = \frac{5}{2} - \frac{\theta}{4} + \frac{\theta^2}{4}.$$

6.1.5　域扩张的次数

问题 6.1.13　什么是域扩张的次数吗?

设 K/F 是域扩张, 则 F 上的向量空间 K 的维数称为域扩张 K/F 的次数, 记为 $[K:F]$.

问题 6.1.14　设 K 是 F 的扩域, 则 $[K:F] = 1$ 当且仅当 $K = F$ 吗?

是的. 这是明显的.

问题 6.1.15　什么是有限扩域或有限扩张?

设 K/F 是域扩张, 若 $[K:F] < \infty$, 则 K 称为 F 的有限扩域或有限扩张 (finite extension field of F).

问题 6.1.16　若 E 是实数域 R 的有限扩张, 则 E 一定是复数域 C 或者实数域 R 吗?

是的. 由于 E 是实数域 R 的有限扩张, 故 E 是 R 的代数扩张, 即 E 中的每个元都是 R 的代数数, 因此, 由 C 是代数闭域可知 $E \subseteq C$. 既然 $[C:R]=2$ 并且 $[C:R]=[C:E]\cdot[E:R]$, 因此, $[C:E]=1$ 或者 $[E:R]=1$, 所以, E 一定是复数域 C 或者实数域 R.

6.1.6 域扩张的次数公式

问题 6.1.17 *什么是域扩张的次数公式?*

次数公式 设 L 是 F 的扩域, K 是 L 的扩域, 则 K 是 F 的有限扩域当且仅当 L 是 F 的有限扩域, 且 K 是 L 的有限扩域. 此时有 $[K:F]=[K:L][L:F]$.

设 $n=[K:F]$, 则 K 中任何 $n+1$ 个元素在 F 上线性相关, 从而在 L 上也是线性相关的, 故 $[K:L]<\infty$. 同理可证 $[L:F]<\infty$.

反过来, 若 $[K:L]<\infty$ 且 $[L:F]<\infty$. 取 L 上的向量空间 K 中的基 $u_1,u_2,\cdots,u_s$ 及 F 上的向量空间 L 的基 $v_1,v_2,\cdots,v_m$. 对任何 $\alpha\in K$, 有

$$\alpha=\sum_{i=1}^{s}c_iu_i,\quad c_i\in L,\quad i=1,2,\cdots,s,$$

及

$$c_i=\sum_{j=1}^{m}a_{ij}v_j,\quad a_{ij}\in F,\quad i=1,2,\cdots,s;\quad j=1,2,\cdots,m.$$

于是有 $\alpha=\sum\limits_{i=1}^{s}\sum\limits_{j=1}^{m}a_{ij}u_iv_j$, 即 K 中任何元素可由集合

$$S=\{u_iv_j\,|\,i=1,2,\cdots,s;j=1,2,\cdots,m\}$$

线性表示.

若

$$\sum_{i=1}^{s}\sum_{j=1}^{m}a_{ij}u_iv_j=\sum_{i=1}^{s}\left(\sum_{j=1}^{m}a_{ij}v_j\right)u_i=0,\quad a_{ij}\in F,$$

由于 $u_1,u_2,\cdots,u_s$ 是 K/F 的基, 因而

$$\sum_{j=1}^{m}a_{ij}v_j=0,\quad i=1,2,\cdots,s.$$

因此对所有的 i 与 j, 有 $a_{ij}=0$. 于是 S 在 F 上是线性无关的, 从而 S 是 F 上的向量空间 K 的基, 所以 $[K:F]=sm$.

问题 6.1.18　设 K 是域 F 的扩域, 若 $[K:F]=p$, p 是素数, 则对于任意 $a\in K$, 一定有 $F(a)=F$ 或 $F(a)=K$ 吗?

是的. 对于任意 $a\in K$, 有 $F\subseteq F(a)\subseteq K$, 故 $[K:F]=[K:F(a)][F(a):F]$, 因此, $[K:F(a)]$ 整除素数 p, 所以, $[K:F(a)]=1$ 或 p, 即 $F(a)=F$ 或 $F(a)=K$. 也就是说, 若 $[K:F]$ 是素数, 则 F 与 K 之间再无其他的中间域.

问题 6.1.19　设 K 是 F 的扩域, 若 $a,b\in K$, 则一定有 $[F(a,b):F(a)]\leqslant[F(b):F]$ 吗?

是的. 设 $[F(b):F]=n$, 则存在不可约多项式 $f(x)\in F[x]$, 使得 $f(b)=0$. 既然 $F[x]\subseteq F(a)[x]$, 因此 $f(x)\in F(a)[x]$, 所以, $[F(a,b):F(a)]\leqslant\deg f(x)=n$.

问题 6.1.20　设 K 是 F 的扩域, $a,b\in K$, 若 $[F(a):F]=m,[F(b):F]=n$, 并且 m 和 n 是互素的, 则一定有 $[F(a,b):F]=mn$ 吗?

是的. 设 f 是 $F[x]$ 中以 a 为零点的不可约多项式, 则 $\deg(f)=m$. 既然 $f\in F[x]$, 因此, $f\in F(b)[x]$. 故 f 是 $F(b)[x]$ 中以 a 为零点的多项式, 因此, 存在不可约多项式 $g\in F(b)[x]$, 使得 $g(a)=0$, 并且 g 整除 f, 从而, $\deg(g)\leqslant\deg(f)$. 由 g 是 $F(b)[x]$ 中满足 $g(a)=0$ 的不可约多项式, 因此, $[F(a,b):F(b)]=\deg(g)$. 故 $[F(a,b):F(b)]\leqslant m$, 所以, $[F(a,b):F]=[F(a,b):F(b)][F(b):F]\leqslant mn$.

由于 $[F(a,b):F]=[F(a,b):F(b)][F(b):F]$, 故 n 整除 $[F(a,b):F]$, 另外, $[F(a,b):F]=[F(a,b):F(a)][F(a):F]$, 故 m 整除 $[F(a,b):F]$, 既然 m 和 n 是互素的, 因此, mn 一定整除 $[F(a,b):F]$, 从而, $mn\leqslant[F(a,b):F]$, 所以, $[F(a,b):F]=mn$.

问题 6.1.21　设 E 和 K 是 F 的有限扩域, 若 $[EK:F]=[E:F][K:F]$, 则一定有 $K\bigcap E=F$ 吗?

是的. 设 $L=K\bigcap E$, 则

$$\begin{aligned}[EK:F]&=[E:F][K:F]=[E:L][L:F][K:L][L:F]\\&=[E:L][K:L][L:F]^2\\&\geqslant[EK:L][L:F]^2\\&=[EK:F][L:F].\end{aligned}$$

因此, $[L:F]=1$, 所以, $L=F$.

问题 6.1.22　设 K 是 F 的扩域, 若 $a\in K$, $[F(a):F]$ 是奇数, 则一定有 $F(a)=F(a^2)$ 吗?

是的. 假设 a 不属于 $F(a^2)$, 则 $F(a^2)$ 是 $F(a)$ 的真子域. 由于 a 为多项式 $f(x)=x^2-a^2\in F(a^2)[x]$ 的零点, 故 $[F(a);F(a^2)]=2$, 但 $[F(a):F]=[F(a):$

$F(a^2)][F(a^2):F]$, 因此, 2 整除 $[F(a):F]$, 这与 $[F(a):F]$ 是奇数矛盾, 所以, 一定有 $F(a)=F(a^2)$.

问题 6.1.23 域扩张 $Q(\sqrt{3},\sqrt{7})/Q$ 的次数是多少?

由于 $[Q(\sqrt{3},\sqrt{7}):Q]=[Q(\sqrt{3},\sqrt{7}):Q(\sqrt{7})][Q(\sqrt{7}):Q]$, 另外, 由 x^2-7 是 $\sqrt{7}$ 在 Q 上的极小多项式可知 $[Q(\sqrt{7}):Q]=2$. 既然 x^2-3 是 $\sqrt{3}$ 在 $Q(\sqrt{7})$ 上的极小多项式 (因为 $\sqrt{3}\notin Q(\sqrt{7})$), 因而, $[Q(\sqrt{3},\sqrt{7}):Q(\sqrt{7})]=2$, 所以, $[Q(\sqrt{3},\sqrt{7}):Q]=4$, 并且 $\{1,\sqrt{3},\sqrt{7},\sqrt{21}\}$ 是域扩张的一个基.

问题 6.1.24 域扩张 $Q(\sqrt{3}+\sqrt{7})/Q(\sqrt{7})$ 的次数是多少?

明显地, $Q(\sqrt{3}+\sqrt{7})\subseteq Q(\sqrt{3},\sqrt{7})$. 由于 $(\sqrt{3}+\sqrt{7})^{-1}=(\sqrt{7}-\sqrt{3})/4\in Q(\sqrt{3}+\sqrt{7})$. 故 $\sqrt{7}\in Q(\sqrt{3}+\sqrt{7})$, 因而, $\sqrt{3}\in Q(\sqrt{3}+\sqrt{7})$, 故 $Q(\sqrt{3}+\sqrt{7})=Q(\sqrt{3},\sqrt{7})$. 所以, $[Q(\sqrt{3}+\sqrt{7}):Q(\sqrt{7})]=2$.

问题 6.1.25 扩域 $Q(\sqrt{3}+\sqrt{5})$ 关于 $Q(\sqrt{15})$ 的次数是多少?

由于 $\sqrt{3}+\sqrt{5}\in Q(\sqrt{3}+\sqrt{5})$, 并且 $Q(\sqrt{3}+\sqrt{5})$ 是域, 故 $(\sqrt{3}+\sqrt{5})^2\in Q(\sqrt{3}+\sqrt{5})$, 因此, $8+\sqrt{15}\in Q(\sqrt{3}+\sqrt{5})$, 因而, $\sqrt{15}\in Q(\sqrt{3}+\sqrt{5})$, 从而, $Q(\sqrt{15})\subseteq Q(\sqrt{3}+\sqrt{5})$. 由于 $[Q(\sqrt{15}):Q]=2, [Q(\sqrt{3}+\sqrt{5}):Q]=[Q(\sqrt{3},\sqrt{5}):Q]=4$, 故由

$$[Q(\sqrt{3}+\sqrt{5}):Q]=[Q(\sqrt{3}+\sqrt{5}):Q(\sqrt{15})]\cdot[Q(\sqrt{15}):Q],$$

所以, $[Q(\sqrt{3}+\sqrt{5}):Q(\sqrt{15})]=2$. 实际上, $\{1,\sqrt{3}\}$ 和 $\{1,\sqrt{5}\}$ 都是 $Q(\sqrt{3}+\sqrt{5})$ 关于 $Q(\sqrt{15})$ 的基.

问题 6.1.26 对于实数域 R 和有理数域 Q, R 一定是 Q 的无限扩域吗?

是的. 反证法. 假设 $[R:Q]$ 有限, 则由实数 $\sqrt[n]{3}$ 在 Q 上是多项式 x^n-3 的根, 容易验证

$$[R:Q]=[R:Q(\sqrt[n]{3})][Q(\sqrt[n]{3}):Q]=[R:Q(\sqrt[n]{3})]n,$$

故任意的 n 都整除 $[R:Q]$, 但这与 $[R:Q]$ 有限矛盾, 从而 $[R:Q]$ 一定是无穷, 所以 R 是 Q 的无限扩域.

问题 6.1.27 设 Q 是有理数域, 则 $[Q(\sqrt{2}+\sqrt{5}):Q]$ 等于多少?

不难验证 $Q(\sqrt{2}+\sqrt{5})=Q(\sqrt{2},\sqrt{5})$, 故

$$[Q(\sqrt{2}+\sqrt{5}):Q]=[Q(\sqrt{2},\sqrt{5}):Q(\sqrt{5})][Q(\sqrt{5}):Q]=4.$$

问题 6.1.28 设 Q 是有理数域, 则 $[Q(\sqrt{2}+\sqrt{5}):Q(\sqrt{10})]$ 等于多少?

由于 $[Q(\sqrt{2}+\sqrt{5}):Q]=4, [Q(\sqrt{10}):Q]=2$ 故由 $[Q(\sqrt{2}+\sqrt{5}):Q]=[Q(\sqrt{2}+\sqrt{5}):Q(\sqrt{10})][Q(\sqrt{10}):Q]=[Q(\sqrt{2}+\sqrt{5}):Q(\sqrt{10})]\cdot 2$, 所以, $[Q(\sqrt{2}+\sqrt{5}):Q(\sqrt{10})]=2$.

问题 6.1.29 设 $f(x)$ 是 $K[x]$ 中的不可约多项式, 若 F 是 K 的域扩张, 并且 $\deg(f)$ 与 $[F:K]$ 互素, 则 $f(x)$ 一定是 $F[x]$ 的不可约多项式吗?

是的. 设 u 是 $f(x)$ 在 F 的某个扩域的根, 由于 $[F(u):F][F:K]=[F(u):K]=[F(u):K(u)][K(u):K]$, 既然 u 是 $K[x]$ 上的不可约多项式 $f(x)$ 的根, 因此, $[K(u):K]=\deg(f)$. 由于 $[K(u):K]$ 整除 $[F(u):F][F:K]$, 并且 $([K(u):K],[F:K])=1$, 故 $[K(u):K]$ 整除 $[F(u):F]$. 但是 u 在 F 的次数最大就是 u 在 K 上的次数, 即 $[F(u):F]\leqslant[K(u):K]$. 故 $[F(u):F]=[K(u):K]$, 所以, $f(x)$ 在 F 上是不可约多项式.

问题 6.1.30 设 F 是 K 的域扩张, R 是环, 并且 $K\subseteq R\subseteq F$, 若 F 是 K 的代数扩张, 则 R 一定是域吗? 如果 F 不是 K 的代数扩张, 则 R 一定是域吗?

若 F 是 K 的代数扩张, 则 R 一定是域. 设 $u\neq 0, u\in R$, 既然任意 $u\in F$ 是 K 上的代数元, 因此, $K(u)/K$ 是有限的, 并且 $B=\{1,u,u^2,\cdots,u^k\}$ 是一个基. 由于 R 是包含 K 的环, 因此 $K(u)\subseteq R$. 由于 $K(u)$ 是一个域, 故 $u^{-1}\in K(u)\subseteq R$, 故 R 中的非零元都是乘法可逆元, 所以, R 一定是域.

如果 F 不是 K 的代数扩张, 那么 R 就不一定是域. 例如设 F 为域 $Q(x)$, R 为有理数多项式环 $Q[x]$ 和 $K=Q$, 则扩张 F/K 不是代数扩张, 并且 R 不是域.

6.2 代数扩张

6.2.1 代数元和超越元

问题 6.2.1 什么是代数元吗?

设 K/F 是域扩张, $\alpha\in K$, 若 α 满足 F 上的一个代数方程

$$a_0+a_1\alpha+a_2\alpha^2+\cdots+a_n\alpha^n=0,$$

这里 a_i 不全为零, 则 α 称为 F 上的代数元 (algebraic element). 若 α 不是 F 上的代数元, 则 α 称为 F 上的超越元 (transcendental element).

问题 6.2.2 设 K/F 是域扩张, $\alpha,\beta\in K$, α 和 β 都是 F 上的代数元, 则 $\alpha+\beta$ 和 $\alpha\beta$ 一定是 F 上的代数元吗?

是的. 由于 $[F(\alpha,\beta):F]=[F(\alpha,\beta):F(\alpha)][F(\alpha):F]$, 并且, $[F(\alpha,\beta):F(\alpha)]$ 和 $[F(\alpha):F]$ 都是有限的, 故 $[F(\alpha,\beta):F]$ 也是有限的, 因此, $F(\alpha,\beta)$ 是 F 的代数扩张, 所以, $\alpha+\beta$ 和 $\alpha\beta$ 一定是 F 上的代数元.

问题 6.2.3 设 K/F 是域扩张, $\alpha,\beta\in K$, 若 $\alpha+\beta$ 和 $\alpha\beta$ 是 F 上的代数元, 则 α 和 β 一定都是 F 上的代数元吗?

是的. 若 $\alpha+\beta$ 和 $\alpha\beta$ 是 F 上的代数元, 则 α 和 β 是多项式 $f(x)\in F[\alpha+\beta,\alpha\beta),f(x)=x^2-(\alpha+\beta)x+\alpha\beta$ 的根, 因此, $[F[\alpha,\beta]:F(\alpha+\beta),\alpha\beta)]\leqslant 2$, 故

$$[F(\alpha,\beta):F]=[F(\alpha,\beta):F(\alpha+\beta,\alpha\beta)][F(\alpha+\beta,\alpha\beta):F]\leqslant 2[F(\alpha+\beta,\alpha\beta):F].$$

既然 $F(\alpha+\beta,\alpha\beta)]$ 是有限的, 因此, $[F(\alpha,\beta):F]$ 也是有限的, 因而, $[F(\alpha,\beta)$ 是 F 的代数扩张, 所以, α 和 β 都是 F 上的代数元.

问题 6.2.4 域 F 中的元素都是 F 上的代数元吗?

是的. 对任意 $a\in F$, 只需取 $f(x)=x-a$, 则容易知道 a 是 F 上的代数元.

问题 6.2.5 若 u 是域 K 上的代数元, $a\in K$, 则 $u+a$ 是 K 上的代数元吗?

是的. 由于 u 是域 K 上的代数元, 记 $f(x)$ 为 u 在 K 上的极小多项式, 令 $g(x)=f(x-a)$, 则由 $f(x)$ 是 $K[x]$ 首 1 的不可约多项式可知 $g(x)$ 是 $K[x]$ 首 1 的不可约多项式. 由于 $g(u+a)=f(u)=0$, 故 $u+a$ 为 K 上的代数元, 并且 $g(x)$ 为 $u+a$ 的极小多项式. 容易知道 $g(x)$ 的次数与 $f(x)$ 的次数一样, 因此, $u+a$ 在 K 上的次数与 u 的次数是一样的.

问题 6.2.6 设 F 是域 K 的扩张, 若 $u\in F$ 是 K 上的超越元, 则任意 $v\in K(u),v\notin K$ 一定是 K 上的超越元吗?

是的. 实际上, 只需证明若 $v\in K(u)$ 是 K 上的代数元, 则 v 一定属于 K. 既然 $K(u)$ 与 $K(x)$ 是同构的, 因此, 可以将 $K(u)$ 和 $K(x)$ 看作一样.

若 $v=0$, 则明显地, 有 $v\in K$. 设 $v\neq 0$, 若 $v=\dfrac{f(x)}{g(x)}\in K(x)$(这里 $f(x)\neq 0,g(x)\neq 0$, 并且 $f(x)$ 与 $g(x)$ 互素), v 是 K 上的代数元, 则存在极小多项式 $p(x)=a_0+a_1+\cdots+a_nx^n\in K[x]$. 既然 $p(x)$ 是不可约的, 因此, $a_0\neq 0,a_n\neq 0$. 由于 $p(v)=0$, 故 $a_0g(x)^n+a_1f(x)g(x)^{n-1}+\cdots+a_nf(x)^n=g(x)^np(v)=0$, 因此, $f(x)$ 整除 $a_0g(x)^n$, 并且 $g(x)$ 整除 $a_nf(x)^n$, 故由 $f(x)$ 与 $g(x)$ 互素可知 $f(x)$ 整除 a_0, 并且 $g(x)$ 整除 a_n. 既然 a_0 和 a_n 是非零的, 因而 $f(x)\in K$ 和 $g(x)\in K$, 所以, $v=\dfrac{f(x)}{g(x)}\in K$.

问题 6.2.7 什么是代数数和超越数?

有理数域 Q 上的代数元称为代数数 (algebraic number), 有理数域 Q 上的超越元称为超越数 (transcendental number).

问题 6.2.8 设 K/F 是域扩张, $\alpha,\beta\in K$, α 是 F 上的代数元, β 是 F 上的代数元, 则 $\alpha+\beta$ 一定是 F 上的超越元吗?

是的. 假设 $\gamma=\alpha+\beta$ 是 F 上的代数元, 由于 F 上的代数元全体是一个域, 因

此, $\beta = \gamma - \alpha$ 是 F 上的代数元, 矛盾, 所以, $\alpha + \beta$ 一定是 F 上的超越元.

问题 6.2.9　*若 α 为 F 上的超越元, 则域扩张 $F(\alpha)/F$ 的次数有可能是有限吗?*

不可能. 设 α 为 F 上的超越元, 则单扩域 $F(\alpha)$ 是 F 的无限扩域. 反证法. 设 α 是域 F 的超越元, 假设 $F(\alpha)$ 是 F 的 n 次扩域, 则 $F(\alpha)$ 中任意 $n+1$ 个元一定是线性相关的, 因此 $1, \alpha, \alpha^2, \cdots, \alpha^n$ 线性相关, 故存在不全为零的元素 $b_0, b_1, b_2, \cdots, b_n$, 使得

$$b_0 + b_1\alpha + b_2\alpha^2 + \cdots + b_n\alpha^n = 0.$$

从而 α 是多项式

$$b_0 + b_1x + b_2x^2 + \cdots + b_nx^n = 0$$

的根, 故 α 是 F 的代数元, 但这与 α 是域 F 的超越元矛盾. 所以, 由反证法原理可知单扩域 $F(\alpha)$ 是 F 的无限扩域.

问题 6.2.10　*设 F 是 K 的域扩张, 若 $u \in F$, v 是 $K(u)$ 的代数元, 并且 v 是 K 的超越元, 则 u 一定是 $K(v)$ 的代数元吗?*

是的. 设 $\eta \in K(u)[x]$ 是使得 $\eta(v) = 0$ 的非零多项式, 则

$$0 = \eta(v) = \frac{f_0(u)}{g_0(u)} + \frac{f_1(u)}{g_1(u)}v + \frac{f_2(u)}{g_2(u)}v^2 + \cdots + \frac{f_n(u)}{g_n(u)}v^n,$$

这里 $f_i, g_i \in K[x]$, 并且 $g_i(u) \neq 0$ 对所有 i 成立.

将上面式子两边同时乘以 $\Pi_{i=0}^{n} g_i(u)$, 得

$$0 = h_0(u) + h_1(u)v + h_2(u)v^2 + \cdots + h_n(u)v^n,$$

这里 $h_i(x) = f_i(x)\Pi_{k=0,k\neq i}^{n} g_k(u)$.

由于 $K[x]$ 是环, 故对于所有的 i, 有 $h_i \in K[x]$. 令 $d = \max_{0\leqslant i\leqslant n}\{\deg(h_i)\}$, 则 $h_i(x) = \Sigma_{k=0}^{d} a_{i,k}x^k$, 这里 $k > \deg(h_i)$ 时, $a_{i,k} = 0$.

将 h_i 代入前面式子, 有

$$\begin{aligned} 0 &= \sum_{k=0}^{d} a_{0,k}u^k + \sum_{k=0}^{d} a_{1,k}u^k v + \sum_{k=0}^{d} a_{2,k}u^k v^2 + \cdots + \sum_{k=0}^{d} a_{n,k}u^k v^n \\ &= \sum_{i=0}^{n}\sum_{k=0}^{d} a_{i,k}u^k v^i \\ &= \sum_{i=0}^{n}\left(\sum_{k=0}^{d} a_{i,k}v^i\right)u^k. \end{aligned}$$

令 $\psi(x)=\Sigma_{i=0}^{n}(\Sigma_{k=0}^{d}a_{i,k}v^i)x^k$, 则 $\psi(x)\in K(v)[x]$, 并且 $\psi(u)=0$.

要证明 u 是 $K(v)$ 上的代数元, 只需证明 $\psi(x)$ 不是常数多项式. 实际上, 假如 $\psi(x)$ 是常数多项式, 则对于所有的 $k>0$, 有 $\Sigma_{k=0}^{d}a_{i,k}v^i=0$. 既然 v 是 K 上的超越元, 因此, $1,v,v^2,\cdots$ 在 K 上线性无关, 故对于所有的 $k>0$, 有 $a_{i,k}=0$. 故 $h_i(x)=a_{i,0}$ 是常数多项式, 即 $h_i(x)\in K$, 但这样的话, 由 $0=h_0(u)+h_1(u)v+h_2(u)v^2+\cdots+h_n(u)v^n$ 可知 v 是 K 的代数元, 因此, 除非所有的 $a_{i,0}=0$, 否则矛盾. 但是所有的 i,k, 都有 $a_{i,k}=0$ 意味着 η 是一个零多项式, 矛盾. 因而, $\psi(x)$ 不是常数多项式. 所以, $\psi(x)\in K(v)[x]$ 是非常数多项式, 并且 $\psi(u)=0$, 故 u 是 $K(v)$ 的代数元.

问题 6.2.11 若 F 是特征为素数 p 的有限域, 则任意 $a\in F$ 都是 F 的素子域 Z_p 的代数元吗?

是的. 实际上, 对于任意 $a\in F$, 由于 F 是有限的, 故对于任意不同的正整数 $i\neq j$, a^i 和 a^j 不可能都是不同的, 因而一定存在某个正整数 n, 使得 $a^n=1$, 故 a 是 Z_p 上的多项式 $f(x)=x^n-1$ 的根, 所以, a 是 Z_p 的代数元.

6.2.2 极小多项式

问题 6.2.12 什么是极小多项式?

设 K/F 是域扩张, $\alpha\in K$ 是 F 上的代数元, 则有一个次数最低的首一多项式 $f(x)\in F[x]$, 使得 $f(\alpha)=0$, 这个 $f(x)$ 称为 α 的极小多项式 (minimal polynomial).

问题 6.2.13 Q 上 $\sqrt[3]{2}+\sqrt[3]{4}$ 的极小多项式是什么?

令 $x=\sqrt[3]{2}+\sqrt[3]{4}$, 则

$$
\begin{aligned}
x^3&=6+3(\sqrt[3]{2})^2(\sqrt[3]{4})+3(\sqrt[3]{2})(\sqrt[3]{4})^2\\
&=6+3(\sqrt[3]{16}+\sqrt[3]{32})\\
&=6+3(2\sqrt[3]{2}+2\sqrt[3]{4})\\
&=6+6(\sqrt[3]{2}+\sqrt[3]{4})\\
&=6+6x.
\end{aligned}
$$

故 $x^3-6x-6=0$, 所以, $\sqrt[3]{2}+\sqrt[3]{4}$ 的极小多项式是 x^3-6x-6.

6.2.3 极小多项式的性质

问题 6.2.14 极小多项式是不是唯一的?

设 K/F 是域扩张, $\alpha\in K$. 若 α 是 F 上的代数元, 其极小多项式是 $f(x)$, 则 α 的极小多项式是唯一确定的.

实际上, 设 $g(x)$ 也是 α 的极小多项式, 则 $f(x)$ 整除 $g(x)$, 并且 $g(x)$ 整除 $f(x)$, 由于极小多项式都是首一的, 故 $f(x)$ 等于 $g(x)$, 所以 α 的极小多项式是唯一确定的.

问题 6.2.15 极小多项式一定是不可约多项式吗?

是的.

问题 6.2.16 设 K/F 是域扩张, $\alpha \in K$. α 是 F 上的代数元, 其极小多项式是 $f(x)$, 若 $g(x) \in F[x]$, 使得 $g(\alpha) = 0$, 则 $f(x)$ 一定整除 $g(x)$ 吗?

是的.

问题 6.2.17 设 u 和 v 是 F 上的代数元, 若 u 的极小多项式次数为 m, v 的极小多项式次数为 n, 则 $u+v$ 的极小多项式的次数一定小于 $m+n$ 吗?

不一定. 实数域 R 是有理数域 Q 的域扩张, $u = \sqrt{2}, v = \sqrt[3]{2}$ 为 Q 上的代数数, 并且 u 的极小多项式次数为 2, v 的极小多项式次数为 3, 但 $u + v = \sqrt{2} + \sqrt[3]{2}$ 的极小多项式次数为 6.

实际上, 由于 $[F(u,v):F] = [F(u,v):F(u)]\cdot[F(u):F] \leqslant [F(v):F]\cdot[F(u):F]$, 并且 $F(u+v) \subseteq F(u,v)$, 故 $[F(u+v):F] \leqslant [F(u):F]\cdot[F(v):F] = mn$.

问题 6.2.18 设 u 和 v 分别是 F 上次数为 m 和 n 的代数元, 若 m 与 n 互素, 则 uv 的极小多项式的次数一定是 mn 吗?

不一定. 令 $u = \sqrt[3]{2}, v = e^{\frac{2\pi i}{3}}$, 则 u 为有理数域 Q 上次数是 3 的代数数, 极小多项式为 $f(x) = x^3 - 2$. v 为有理数域 Q 上次数是 2 的代数数, 极小多项式为 $g(x) = x^2 + x + 1$, 但 uv 的极小多项式 $h(x) = x^3 - 2$, 所以, uv 为 Q 上次数为 3 的代数数.

问题 6.2.19 设 $F(\alpha)$ 是域 F 的单代数扩张, $p(x)$ 是 α 的极小多项式, 若 β 是 $p(x)$ 的一个零点, 则 $F(\alpha)$ 一定与 $F(\beta)$ 同构吗?

是的. 由于 $F(\alpha) = \{f(\alpha) \mid f(x) \in F[x]\}, F(\beta) = \{f(\beta) \mid f(x) \in F[x]\}$, 故定义 $\varphi: f(\alpha) \mapsto f(\beta)$ 时, 当 $f(x), g(x) \in F[x], f(\alpha) = g(\beta)$ 时, $h(x) = f(x) - g(x)$ 有零点 α, 故 $p(x)$ 一定整除 $h(x)$, 因此, $h(\beta) = 0$, 因而, $f(\beta) = g(\beta)$, 所以, φ 的定义是合理的. 容易验证 φ 是域同构, 所以, $F(\alpha)$ 一定与 $F(\beta)$ 同构.

问题 6.2.20 设 $F(\alpha)$ 和 $F(\beta)$ 是域 F 的单代数扩张, 若 $F(\alpha)$ 与 $F(\beta)$ 同构, 则 α 和 β 的极小多项式一定一样吗?

不一定. 容易知道 $Q(i)$ 和 $Q\left(\frac{1}{2} - \frac{3}{2}i\right)$ 都是有理数域 Q 的单代数扩张, 并且 $Q(i)$ 和 $Q\left(\frac{1}{2} - \frac{3}{2}i\right)$ 相等, 但 i 的极小多项式为 $x^2+1, \frac{1}{2} - \frac{3}{2}i$ 的极小多项式为

$x^2-x+\frac{5}{2}$, 所以, α 和 β 的极小多项式不一样.

问题 6.2.21 域 F 的超越元存在极小多项式吗?

不存在. 这是由于它不是 F 中任何非零多项式的根.

问题 6.2.22 设 K 是 F 的域扩张, $\alpha \in K$, 若 $F(\alpha)=F(\alpha^2)$, 则 α 是 F 上的代数元吗?

是的. 由于 $\alpha \in F(\alpha^2)$, 而 $F(\alpha^2)$ 中的元都一定可以表示成系数在 F 的两个多项式的商在 α^2 的值, 故存在多项式 $f(x), g(x) \in F[x]$, 使得 $\alpha=\frac{f(\alpha^2)}{g(\alpha^2)}$, 并且 $g(x)$ 不恒等于 0. 由于多项式 $xg(x^2)$ 的次数为奇数, 但多项式 $f(x^2)$ 的次数为偶数, 故多项式 $h(x)=xg(x^2)-f(x^2) \in F[x]$ 不恒等于 0, 因为 α 是多项式 $h(x)$ 的根, 所以, α 是 F 上的代数元.

问题 6.2.23 设 E 是 F 的扩域, 若 α 是 F 上的超越元, 则任意属于 $F(\alpha)$, 但不属于 F 的元都是 F 上的超越元吗?

是的. 设 $\beta \in F(\alpha)$, 则 $\beta=\frac{r(\alpha)}{s(\alpha)}$, 这里 $r(x)$ 和 $s(x)$ 都是系数在 F 的多项式. 假如 β 是 F 上的代数元, 则存在多项式 $f(x) \in F[x]$, 使得 $f(\beta)=0$, 记 $f(x)$ 的次数为 n. 在 $f(\beta)=0$ 两边同时乘以 $s(\alpha)^n$, 有 $f(\beta)s(\alpha)^n=0$, 故多项式 $f(x)s(x)^n$ 满足 $f(\alpha)s(\alpha)^n=0$, 因此, α 为 F 上的代数元, 但这与 α 是 F 上的超越元矛盾, 所以, β 是 F 上的超越元.

6.2.4 域的代数扩张

问题 6.2.24 什么是代数扩张?

设 K/F 是域扩张, 若 K 中任何元素都是 F 上的代数元, 则称 K/F 为代数扩张 (algebraic extension).

问题 6.2.25 若 K/F 是有限扩张, 则 K 中任何元素都是 F 上的代数元吗?

是的. 设 $[K:F]=n$, 则对任意的 $\alpha \in K$, $1, \alpha, \alpha^2, \cdots, \alpha^n$ 是线性相关的, 因而存在不全为零的 $a_0, a_1, a_2, \cdots, a_n \in F$, 使得

$$a_0+a_1\alpha+a_2\alpha^2+\cdots+a_n\alpha^n=0.$$

所以 α 是 F 上的代数元.

由此可见, 若 K/F 是有限扩张, 则 K/F 一定是代数扩张.

问题 6.2.26 如果 K/F 是代数扩张, 那么 K/F 一定是有限扩张吗?

不一定. 如在有理数域 Q 上添加所有方程 $x^n-2=0(n=2,3,\cdots)$ 的全体复数根所得到的扩域是代数扩张, 但不是有限扩张.

问题 6.2.27　如果 K/F 是代数扩张, R 是一个环, 并且 $F\subseteq R\subseteq K$, 那么 R 一定是域吗?

是的. 不妨设 $F\neq R$, 则对 $r\in R\backslash F$, 有 $r\neq 0$. 既然 $r\in R\subseteq K$, r 是 F 上的代数元, 故存在极小多项式 $f(x)=x^n+a_{n-1}x^{n-1}+\cdots+a_1x+a_0\in F[x]$. 既然 $f(x)$ 是不可约的, 因此, $a_0\neq 0$. 由 $f(r)=0$ 可知

$$r\left(\left(\frac{-1}{a_0}\right)r^{n-1}+\cdots+\left(\frac{-1}{a_0}\right)\right)=1.$$

问题 6.2.28　域扩张 E/F 是有限扩张当且仅当它是有限生成的代数扩张吗?

是的. 若 E/F 是有限生成的代数扩张, 则存在代数元 $\alpha_1,\alpha_2,\cdots,\alpha_n\in E$, 使得 $E=F(\alpha_1,\alpha_2,\cdots,\alpha_n)$. 记 $E_i=F(\alpha_1,\alpha_2,\cdots,\alpha_i)$, 则对 $i>1$, E_i 中的元是 E_{i-1} 上的代数元, 故

$$[E_i:E_{i-1}]<\infty,$$

从而

$$[E:F]=[E_n:E_{n-1}]\cdots[E_2:E_1][E_1:F]<\infty.$$

所以域扩张 E/F 是有限扩张.

若 E/F 是有限扩张, 则 E 中任何元素都是 F 上的代数元, 故 E/F 是代数扩张. 令 $\beta_1,\beta_2,\cdots,\beta_n$ 是域 F 的向量空间 E 的一组基, 则 $E=F(\beta_1,\beta_2,\cdots,\beta_n)$, 所以 E/F 是有限生成的代数扩张.

问题 6.2.29　若 F 是无限域, 则对 F 的任意真扩张 E, 商群 E^*/F^* 是有限生成的吗? 这里 E^* 和 F^* 分别是 E 和 F 的乘法群.

Brandis 在 1965 年证明了上面问题的答案是否定的 ①.

问题 6.2.30　设 $F(\alpha)$ 是 F 的单扩域, 若 β 属于 $F(\alpha)$, 但不属于 F, 则 $F(\alpha)$ 一定是 $F(\beta)$ 的代数扩张吗?

是的. 实际上, 容易知道 $F\subseteq F(\beta)\subseteq F(\alpha)$. 既然 $\beta\in F(\alpha)$, 因此, $\beta=\dfrac{f(\alpha)}{g(\alpha)}$, 这里 $f(x),g(x)\in F[x]$, 并且 $g(x)$ 不恒等于 0, 另外, 由于分子和分母可以约去 α 的幂, 故不妨假定 $f(x)$ 或者 $g(x)$ 一定有非零的常数项. 令 $h(x)=f(x)-\beta g(x)$, 则 $h(x)$ 是 $F(\beta)$ 上的多项式, 并且 α 是 $h(x)$ 的根. 若 $h(x)$ 恒等于 0, 则 $g(0)\beta=f(0)$,

① Brandis A. Über die multiplikative Struktur von Körpererweiterungen. Math. Z., 1965, 87: 71–73.

故 $g(0) \neq 0$, 否则的话必有 $f(0)=0=g(0)$, 但这与 $f(x)$ 或者 $g(x)$ 一定有非零的常数项矛盾. 因此必有 $\beta=\dfrac{f(0)}{g(0)} \in F$, 但这与 β 不属于 F 矛盾. 因而, $h(x)$ 是 $F[x]$ 的非零多项式, 故 α 是 $F(\beta)$ 的代数元. 从而, $F(\alpha)=F(\beta)(\alpha)$ 是代数扩张, 因此, 它是有限扩张, 所以, 由有限扩张都是代数扩张可知 $F(\alpha)$ 是 $F(\beta)$ 上的代数扩张.

6.2.5 代数扩张的传递性

问题 6.2.31 若 E/F 和 L/E 都是代数扩张, 则 L/F 是代数扩张吗?

是的. 对任意的 $\alpha \in L$, 由于 α 是 E 上的代数元, 故存在极小多项式 $f(x)$, 使得 $f(\alpha)=0$.

极小多项式 $f(x)$ 是首 1 多项式, 故可以设

$$f(x)=b_0+b_1x+b_2x^2+\cdots+b_{n-1}x^{n-1}+x^n,$$

其中 $b_0,b_1,b_2,\cdots,b_{n-1} \in E$.

由 $b_0,b_1,b_2,\cdots,b_{n-1}$ 都是 F 上的代数元可知, $F(b_0,b_1,b_2,\cdots,b_{n-1})$ 是 F 的有限扩张.

由于 $f(\alpha)=0$, α 是 $F(b_0,b_1,b_2,\cdots,b_{n-1})$ 上的代数元, 故

$$[F(b_0,b_1,b_2,\cdots,b_{n-1},\alpha):F(b_0,b_1,b_2,\cdots,b_{n-1})]<\infty.$$

由 $[F(b_0,b_1,b_2,\cdots,b_{n-1}):F]<\infty$ 和域扩张的次数公式可知

$$[F(b_0,b_1,b_2,\cdots,b_{n-1},\alpha):F]<\infty,$$

所以, α 是 F 上的代数元.

6.2.6 代数闭域

问题 6.2.32 什么是代数闭域?

设 K 是一个域, 若 K 上的每个非常数的多项式在 K 上有根, 则称 K 是一个代数闭域 (algebraically closed field).

问题 6.2.33 有理数域和实数域是代数闭域吗?

都不是. 由于多项式 x^2-2 在有理数域 Q 上没有根, 故有理数域 Q 不是一个代数闭域. 多项式 x^2+1 在实数域 R 上没有根, 因此, 实数域 R 也不是一个代数闭域.

问题 6.2.34 复数域是代数闭域吗?

是的. 由代数基本定理可知, 任何一个复系数多项式都至少有一个复数根, 因此复数全体 C 是一个代数闭域.

问题 6.2.35 设 C 是复数域, 则 C 是代数闭域. 若 F 是复数域 C 的真子域, 则 F 有可能是代数闭域吗?

不可能. 由于 F 是复数域 C 的真子域, 因此, F 一定包含有理数 Q. 若存在 $a+bi\in C$, 但 $a+bi$ 不属于 F, 则容易知道多项式 $f(x)=\dfrac{(x-a)^2}{b^2}+1$ 的系数都在 $Q\subseteq F$ 中, 并且 $f(x)$ 在 F 中没有根, 所以, F 不是一个代数闭域.

问题 6.2.36 整数域 Z_2 是代数闭域吗?

不是. Z_2 的多项式 $f(x)=x^2+x+1$ 在 Z_2 没有根, 因此, Z_2 不是代数闭域.

问题 6.2.37 对于素数 p, 整数域 Z_p 是代数闭域吗?

不是. 由于任意 $a\in Z_p$, 都有 $a^p-a=0$, 故 Z_p 的多项式 $f(x)=x^p-x+1$ 在 Z_p 没有根, 所以, Z_p 不是代数闭域.

问题 6.2.38 代数闭域的特征一定是 0 吗?

不一定. 设 p 是素数, 则特征是 p 的有限域 F 的一个代数闭域 Ω_p 的特征为 p. 若 F_p 是 F 的素域, $[F:F_p]=n$, 则 F 刚好是多项式 $x^{p^n}-x$ 在 Ω_p 中的 p^n 个根所组成的域, 对于每个 $n\geqslant 1$, 在 Ω_p 中有且只有唯一的 p^n 个元素的域 F_{p^n}, 而且 $\Omega_p=\bigcup_{n\geqslant 1} F_{p^n}$.

问题 6.2.39 任意域 F 的代数闭域一定存在吗?

是的. 考虑 F 的所有代数扩张, 用 Zorn 引理可以证明 F 的代数闭域一定存在.

问题 6.2.40 设 K 是一个域, 则下列命题等价吗?

(1) K 是代数闭域;

(2) K 上的任意一个非常数的多项式 $f(x)$ 都有一次因子;

(3) K 上的任意一个非常数的多项式 $f(x)$ 都可以分解成一次因子的乘积, 即 $f(x)=a(x-a_1)(x-a_2)\cdots(x-a_n)$ 对 $a_i\in K$, 但 a_i 不一定互不相同.

是的. (1)⇒(2) 若 K 是代数闭域, 非常数的多项式 $f(x)\in K[x]$, 则 $f(x)$ 在 K 有根 a, 因此 $x-a$ 是 $f(x)$ 的一次因子.

(2)⇒(3) 非常数的多项式 $f(x)\in K[x]$, 则 $f(x)$ 在 K 有一次因子 $x-a_1$, 因此 $f(x)=(x-a_1)g_1(x)$, 若 $g_1(x)$ 的次数大于 1, 则 $g_1(x)$ 在 K 也有一次因子 $x-a_2$, 使得 $g_1(x)=(x-a_2)g_2(x)$, 因此 $f(x)=(x-a_1)(x-a_2)g_2(x)$. 从而容易知道 $f(x)$ 可以分解成一次因子的乘积.

(3)⇒(1) 这是明显的.

问题 6.2.41 代数闭域是否可能是有限域?

不可能. 若域 F 是有限域, 并且只有 q 个元素, 则 q 次多项式 $f(x)=\Pi_{a\in F}(x-a)+1$ 在 F 上没有根, 因此 F 不是代数闭域, 所以代数闭域一定是无限域.

明显地, 无限域不一定是代数闭域, 如多项式 x^2+1 在实数域 R 上没有根, 因此, 实数域 R 不是一个代数闭域.

问题 6.2.42 设 F 是域, 若 F 上的不可约多项式都是一次多项式, 则 F 一定是代数闭域吗?

是的. 假如 F 不是代数闭域, 则存在多项式 $p(x)\in F[x]$ 和 $\alpha\notin F$ 使得 $p(\alpha)=0$. 由于 F 上的不可约多项式都是一次多项式, 故 $p(x)$ 是一次多项式的乘积, 即

$$p(x)=(a_1x+b_1)(a_2x+b_2)\cdots(a_nx+b_n),$$

这里 $a_i,b_i\in F$. 由于 $p(\alpha)=0$, 故

$$p(\alpha)=(a_1\alpha+b_1)(a_2\alpha+b_2)\cdots(a_n\alpha+b_n)=0,$$

故 $a_1\alpha+b_1=0$, 因而, $\alpha=\dfrac{a_1}{b_1}\in F$, 但这与 $\alpha\notin F$ 矛盾, 所以, F 是代数闭域.

问题 6.2.43 若 E 是 F 的扩域, 则 F 在 E 内的相对代数闭包是什么?

域 F 在 E 内的相对代数闭包 (relative algebraic closure) 是 $\overline{F}_E=\{\alpha\in E\mid\alpha$ 是 F 上的代数元 $\}$.

问题 6.2.44 若 E 是 F 的扩域, 则 F 在 E 内的相对代数闭包一定是代数闭域吗?

不一定. 对于有理数域 Q, 实数域 R 是 Q 的域扩张, Q 在 R 的相对代数闭包 $\overline{Q}_R$ 不是代数闭域. 实际上, 多项式 $f(x)=x^2+1$ 在 R 上没有根, 因此, $f(x)$ 在 $\overline{Q}_R$ 上也没有根, 所以, Q 在 R 的相对代数闭包 $\overline{Q}_R$ 不是代数闭域.

问题 6.2.45 有理数域 Q 在实数域 R 内的相对代数闭包是 Q 的有限扩张吗?

不是. 这是由于对于任意 $n\in Z,n\geqslant 2$, 多项式 x^2-2 在 $Q[x]$ 是不可约多项式, 故对于任意 $n\in Z$, Q 有次数为 n 的有限扩张, 所以, Q 在 R 内的相对代数闭包 $\overline{G}_R$ 不是 Q 的有限扩张.

问题 6.2.46 有理数域 Q 在实数域 R 内的相对代数闭包是 R 吗?

不是. 有理数域 Q 在实数域 C 内的相对代数闭包是 Q 上的所有代数数. 由于 π 属于 R, 但它不是 Q 上的代数数, 所以, 有理数域 Q 在实数域 R 内的相对代数闭包不是 R.

问题 6.2.47　设 E 是 F 的扩域, 则 F 在 E 内的相对代数闭包为 $\overline{F}_E$, 若 α 不属于 $\overline{F}_E$, 则 α 一定是 $\overline{F}_E$ 的超越元吗?

是的. 假如 α 是 $\overline{F}_E$ 的代数元, 则 $\overline{F}_E(\alpha)$ 是 $\overline{F}_E$ 的代数扩张, 由于 $\overline{F}_E$ 是 F 的代数扩张, 故 $\overline{F}_E(\alpha)$ 是 F 的代数扩张, 但这与 α 不属于 $\overline{F}_E$ 矛盾. 所以, α 一定是 $\overline{F}_E$ 的超越元.

问题 6.2.48　设 E 是 F 的扩域, 若 E 是代数闭域, 则 F 在 E 的相对代数闭包一定是代数闭域吗?

是的. 若 $f(x)$ 是 $\overline{F}_E$ 上的非常数多项式, 欲证明 $f(x)$ 在 $\overline{F}_E$ 有根. 明显地, $f(x) \in E[x]$, 由于 E 是代数闭域, 故 $f(x)$ 在 E 一定有根 α. 假如 α 不属于 $\overline{F}_E$, 则 α 是 $\overline{F}_E$ 的超越元, 但 α 是 $f(x) \in \overline{F}_E[x]$ 的根, 矛盾. 因此, α 一定属于 $\overline{F}_E$, 故对于 $\overline{F}_E$ 上的任意非常数多项式 $f(x)$, $f(x)$ 在 $\overline{F}_E$ 一定有根 α, 所以, $\overline{F}_E$ 是代数闭域.

问题 6.2.49　域 F 的代数闭包是什么?

域 F 的代数闭包 (algebraic closure) 是 F 的代数扩张, 并且它是包含 F 的代数闭域.

事实上, 若域 F 的代数闭包 $\overline{F}$ 是 F 的代数扩张, 并且它是代数闭域, 则 $\overline{F}$ 一定是 F 的代数闭的代数扩张中最小的, 这是因为若 $F \subseteq K \subseteq \overline{F}$, 如果有 $\alpha \in \overline{F}$, 但 α 不属于 K, 那么由 α 是 F 的代数元可知 α 是 K 上的代数元, 因而, α 的极小多项式是 $K[x]$ 上的不可约多项式, 所以, K 不是代数闭域.

问题 6.2.50　有理数域 Q 的代数闭包是 R 吗?

不是. 有理数域 Q 的代数闭包是 Q 上的所有代数数.

问题 6.2.51　素域 Z_p 的代数闭包的特征一定是 p 吗?

是的. 实际上, 素域 Z_p 的代数闭包就是所有阶为 p^n 的域的并集.

问题 6.2.52　任意域的代数闭包一定存在吗?

是的. 用 Zorn 引理可以证明任意域的代数闭包一定存在.

问题 6.2.53　域 F 的代数闭包一定是唯一的吗?

在保持 F 的元素不变的域同构下, 域 F 的代数闭包一定是唯一的.

问题 6.2.54　域 F 的代数闭包一定是 F 的最大的代数扩张吗?

是的. 若 E 是 F 的代数扩张, 则 E 的代数闭包也是 F 的代数闭包, 因此, F 的代数闭包一定包含 E.

问题 6.2.55　若 E 是域 F 的代数扩张, K 是 E 的代数闭包, 则 K 一定是 F 的代数闭包吗?

是的. 这是若 E 是 F 的代数扩张, K 是 E 的代数闭包, 则 K 是 E 的代数扩张, 因此, K 是 F 的代数扩张, 所以, K 一定是 F 的代数闭包.

6.3 Galois 域和分裂域

6.3.1 Galois 域的定义

问题 6.3.1 什么是 Galois 域?

元素个数有限的域称为有限域或 Galois 域.

问题 6.3.2 可除环一定是域吗?

不一定. 如四元数可除环就是最简单的非交换可除环, 但它不是域. 可以证明任意有限可除环一定是可交换环, 因此有限可除环一定是域.

6.3.2 Galois 域的元素个数

问题 6.3.3 设有限域 F 的特征为 p, F 的素子域为 F_0, $[F:F_0]=n$, 则有限域 F 中元素个数为 p^n 吗?

是的. 由于有限域 F 的特征为 p, 故 F 含有素子域 $F_0\cong Z_p$, 故 $|F_0|=p$. 由 F 是 F_0 上的向量空间和 $[F:F_0]=n$ 可知, F 中每个元素都可以唯一地表示为

$$a_1u_1+a_2u_2+\cdots+a_nu_n,$$

其中 $a_1,a_2,\cdots,a_n\in F_0$, $u_1,u_2,\cdots,u_n$ 是 F 在 F_0 的一组基, 由于每个 a_i 可以取 F_0 中 p 个不同的元素, 同时 $u_1,u_2,\cdots,u_n$ 线性无关, 所以 F 含有 p^n 个不同的元素.

问题 6.3.4 8 阶的有限域存在 4 阶的子域吗?

不存在. 实际上, 若 F 是 8 阶的域, H 是 F 的 4 阶子域, 则 $H^*=H\setminus\{0\}$ 是 3 阶的乘法群, $F^*=F\setminus\{0\}$ 是 7 阶的乘法群, 由拉格朗日定理可知 H^* 不是 F^* 的乘法子群, 所以, 8 阶的有限域不存在 4 阶的子域.

问题 6.3.5 存在阶为 10 的整环 R 吗?

不存在. 实际上, 整环 R 就是有单位元 $1(1\neq 0)$, 并且没有零因子的交换环. 对于任意 $a\in R, a\neq 0$, 由于有限环 R 没有零因子, 故对于任意 $c,d\in R, c\neq d$, 都有 $ac\neq ad$, 故 $aR=R$. 由 $1\in R$ 可知存在 $b\in R$, 使得 $ab=1$. 由于 R 是交换环, 故 a 是乘法可逆元, 因此, R 的每个非零元都是乘法可逆元, 因而, R 一定是域, 但 10 不是某个素数的幂, 所以, 不存在阶为 10 的整环.

问题 6.3.6 若 F 是有限域, 则对于任意 $u \in F$, 都存在 $x, y \in F$, 使得 $u = x^2 + y^2$ 吗?

是的. 设 F 的特征为 p, 则 $|F| = p^n$. 定义映射 $\tau: F \to F$ 为 $x \mapsto x^2$. 若 $p = 2$, 则不难验证 τ 是同构, 并且 $u = x^2 + 0^2$ 对任意 $u \in F$ 都成立, 因此结论成立.

若 $p > 2$, 则当 $x^2 = y^2$ 时, 有 $x = \pm y$, 故 τ 的像中的元素一定大于等于 $\dfrac{p^2+1}{2}$. 令 $m = \dfrac{p^2+1}{2}$, 并选出 m 个不同的元 $A = \{x_1^2, x_2^2, \cdots, m_m^2\} \subseteq F$. 对于给出的 $u \in F$, 每个 $x_i^2 - u$ 都是不同的, 故 $B = \{x_1^2 - u, x_2^2 - u, \cdots, x_m^2 - u\}$ 有 m 个不同元, 因此, $|A| + |B| = p^n + 1 > p^n = |F|$, 由于 A 和 B 都是加法群, 因而, 一定有 $F = A + B$.

由 $0 \in f$ 可知, $0 = x_i^2 + x_j^2 - u$, 故 $u = x_i^2 + x_j^2$, 既然 u 是任意选的, 所以, 结论成立.

6.3.3 多项式的分裂域的定义

问题 6.3.7 什么是分裂域?

设 F 为域, $f(x)$ 为 F 上的首一多项式, E 为 F 的扩域, 若

(1) $E = F(a_1, a_2, \cdots, a_n)$;

(2) $f(x) = (x - a_1)(x - a_2) \cdots (x - a_n)$.

则 E 称为 $f(x)$ 在 F 上的分裂域 (splitting field) 或根域 (root field).

若 E 为某个多项式 $f(x)$ 在 F 上的分裂域, 也称 E 为 F 上的一个分裂域.

6.3.4 多项式的分裂域的存在性和唯一性

问题 6.3.8 Kronecker 定理是什么?

Kronecker 定理 设 F 为域, $f(x)$ 是 $F[x]$ 中的一个不是常数的多项式, 则一定存在 F 的一个扩域 K, 包含 $f(x)$ 的一个根.

问题 6.3.9 对于给定的域 F 和 $F[x]$ 中的多项式 $f(x)$, 是不是一定存在 F 的扩域 K, 使得 $f(x)$ 在 $K[x]$ 中能够分解成一次因式的乘积呢?

是的. 设 F 为域, $f(x) \in F[x]$, $f(x)$ 在 F 上的分裂域 E 一定存在.

问题 6.3.10 多项式 $f(x)$ 在不同域上的分裂域相同吗?

不一定. 多项式 $f(x)$ 在不同域上的分裂域可能相同, 也可能不相同. 如 $x^2 - 2$ 在有理数域 Q 上的分裂域与在 $Q(\sqrt{2})$ 上的分裂域是相同的, 都是 $Q(\sqrt{2})$.

问题 6.3.11 设 K_1 和 K_2 是 F 在域 K 的有限扩张, 若它们都是 F 上的分裂域, 则 K_1K_2 和 $K_1 \bigcap K_2$ 都是 F 上的分裂域吗?

是的.

若 K_1 是 $f(x) \in F[x]$ 的分裂域, K_2 是 $g(x) \in F[x]$ 的分裂域, 则 K_1K_2 包含了 $f(x)$ 和 $g(x)$ 的所有根, 因此, K_1K_2 是 F 上的分裂域.

设 $g(x) \in F[x]$ 是一个在 $K_1 \bigcap K_2$ 有根的不可约多项式, 则 $g(x)$ 在 K_1 和 K_2 都有根, 故 $g(x)$ 的所有根都在 K_1 和 K_2 中, 因此, $g(x)$ 的所有根都在 $K_1 \bigcap K_2$ 中, 所以, $K_1 \bigcap K_2$ 是 F 上的分裂域.

问题 6.3.12 设有限域 F 的特征为 p, F 的素子域为 F_0, F 含有 p^n 个元素, 则 F 是多项式 $x^{p^n} - x$ 在 F_0 的分裂域吗?

是的.

若 F 是有限域, 则 F 的元素个数一定是某个素数 p 的幂, 那反过来呢?

问题 6.3.13 对任意的素数 p 的幂 p^n, 是否一定存在有限域, 它的元素个数为 p^n ?

是的. Galois 证明了若 p 是素数, n 是正整数, 则存在恰好有 p^n 个元素的域.

实际上. 若 p 是素数, $n \in Z$, $n \geqslant 1$, 则多项式 $x^{p^n} - x$ 在 Z_p 的分裂域是一个恰好有 p^n 个元素的域.

同阶有限群或环不一定同构, 但元素一样多的有限域却是同构的. 或者说, 有限域的性质是由其所含元素的个数唯一决定.

问题 6.3.14 同样多个元素的域一定是同构的吗?

是的. 若域 E 和 F 的元素个数相等, 则由于有限域的特征一定是某个素数 p, 元素个数必为某个素数 p 的幂, 故不妨记为 p^n, 则 E 和 F 的素子域都与 Z_p 同构, 并且 E 和 F 都是它们的素子域上多项式 $x^{p^n} - x$ 的分裂域, 所以 E 和 F 是同构的.

问题 6.3.15 Z_3 上的多项式 $f(x) = x^4 - x^2 - \overline{2}$ 的分裂域是什么?

由于 $f(x) = x^4 - x^2 - \overline{2} = x^4 - 4x^2 + \overline{4} = (x^2 - \overline{2})^2$, 故 $f(x) = x^4 - x^2 - \overline{2}$ 的分裂域为

$$Z_3[x]/(x^2 - \overline{2}) = \{\overline{0}, \overline{1}, \overline{2}, \alpha, \alpha + \overline{1}, \alpha + \overline{2}, \overline{2}\alpha, \overline{2}\alpha + \overline{1}, \overline{2}\alpha + \overline{2}\},$$

这里 $\alpha = x + (x^2 - \overline{2})$. 由于在 Z_3 上有 $x^2 - \overline{2} = x^2 + \overline{1}$, 故 $f(x) = x^4 - x^2 - \overline{2}$ 的分裂域可以看作 $Z_3(i)$.

问题 6.3.16 Z_2 上的多项式 $f(x) = x^3 + x + \overline{1}$ 的分裂域是什么? 如何将 $f(x)$ 写成一次多项式的乘积?

不难验证 $f(x)$ 为 Z_2 上的不可约多项式, 故 $f(x) = x^3 + x + \overline{1}$ 的分裂域为

$$Z_2[x]/(x^3 + x + \overline{1}) = \{\overline{0}, \overline{1}, \alpha, \alpha + \overline{1}, \alpha^2, \alpha^2 + \overline{1}, \alpha^2 + \alpha, \alpha^2 + \alpha + \overline{1}\},$$

这里 $\alpha = x + (x^3 + x + \bar{1})$.

由于 α 是 $x^3 + x + \bar{1}$ 在 $Z_2[x]/(x^3 + x + \bar{1})$ 的根, 故 $x + \alpha$ 是 $x^3 + x + \bar{1}$ 的因子, 故

$$x^3 + x + \bar{1} = (x + \alpha)(x^2 + \alpha x + \alpha^2 + \bar{1}).$$

不难验证 $f(\alpha^2) = 0$ 和 $f(\alpha^2 + \alpha) = 0$, 故

$$\begin{aligned} x^3 + x + \bar{1} &= (x + \alpha)(x^2 + \alpha x + \alpha^2 + \bar{1}) \\ &= (x + \alpha)(x - \alpha^2)(x - (\alpha^2 + \alpha)) \\ &= (x + \alpha)(x + \alpha^2)(x + \alpha^2 + \alpha). \end{aligned}$$

问题 6.3.17 若 F 是 K 的次数为 2 的域扩张, 则 F 一定是某个 K 上的多项式的分裂域吗?

是的. 设 $u \in F, u \notin K$, 则 $2 = [F : K] = [F : K(u)] \cdot [K(u) : K]$, 故 $[K(u) : K]$ 整除 2. 既然 $u \notin K$, 因此, $[K(u) : K] = 2$, 并且 $[F : K(u)] = 1$, 从而, $F = K(u)$. 设 $f(x)$ 为 u 在 K 上的极小多项式, 则 $f(x)$ 的次数为 2, 记 $f(x)$ 的另外一个根为 v, 则 $f(x) = x^2 + ax + b = (x - u)(x - v)$, 故 $a = -(u + v)$, 因此, $v = -(a + u)$. 既然 $a \in K \subseteq K(u) = F, u \in K(u) = F$, 因此, $v \in K(u) = F$. 所以, $F = K(u)$ 是 $f(x)$ 的分裂域.

6.3.5 Galois 域是其素子域的单扩域

问题 6.3.18 设 F 是域, 若 F 中的非零元构成的乘法群 F^* 是循环群, 则 F 一定是有限域吗?

是的. 设 u 是 F^* 的生成元, 若 F 的特征不是 2, 则 $-1 \neq 1$, 故一定存在某个正整数 $n > 1$, 使得 $u^n = -1$, 因此, $u^{2n} = 1$, 所以, u 的阶是有限的, 并且 $F^* \cong Z_{2n}$.

若 F 的特征是 2, 则 F 的素子域为 Z_2, 并存在某个正整数 n, 使得 $u^n = u + 1$, 故 $F = Z_2(u)$ 是 Z_2 的有限扩张, 并且 $[F : Z_2] = n$, 所以, F 是有限域.

问题 6.3.19 Galois 域是其素子域的单扩域吗?

是的. 这是 Galois 域的一个重要刻画.

6.3.6 正规扩域

问题 6.3.20 什么是正规扩域?

设 E 是 F 的代数扩域, 如果 E 满足以下条件: $F[x]$ 中的任一不可约多项式 $f(x)$, 或者在 E 中无根, 或者每个根都在 E 中, 则称 E 是 F 的正规扩域或正规扩张 (normal extension).

问题 6.3.21 若 E 是 M 的正规扩域, M 是 F 的正规扩域, 则 E 是 F 的正规扩域吗?

不一定. $Q(\sqrt{2})$ 是 Q 的正规扩域, $Q(\sqrt[4]{2})$ 是 $Q(\sqrt{2})$ 的正规扩域, 但 $Q(\sqrt[4]{2})$ 不是 Q 的正规扩域, 这是由于 $f(x)=x^4-2\in Q[x]$ 是 Q 上的不可约多项式, 并且 $f(x)$ 有一个根 $\sqrt[4]{2}$ 属于 $Q(\sqrt[4]{2})$, 但 $f(x)$ 的根 $\sqrt[4]{2}i$ 不属于 $Q(\sqrt[4]{2})$.

问题 6.3.22 设 E 是 F 的扩张, 则 E 是 F 的正规扩张的充要条件为 E 是 $F[x]$ 的一族多项式的分裂域吗?

是的.

问题 6.3.23 设 E 是 F 的有限扩张, 则 E 是 F 的正规扩张的充要条件为 E 是 $F[x]$ 的某个多项式 $f(x)$ 的分裂域吗?

是的.

6.4 方程的根式解

6.4.1 Galois 群

问题 6.4.1 什么是自同构群?

一个域到自身的同构称为自同构, 由于群的自同构必把单位元变为单位元, 故域的自同构必把 $(E,+)$ 的单位元 0 变为 0, $(E^*,\cdot)$ 的单位元 1 变为 1. E 的自同构全体关于变换复合构成群, 称为 E 的自同构群, 记为 Aut E.

问题 6.4.2 设 $\mathrm{Aut}(C)$ 是复数域 C 到 C 的域自同构全体, 若 $a\in C$, 使得 $\{\sigma(a)\mid\sigma\in\mathrm{Aut}(C)\}$ 是有限集合, 则 a 一定是 Q 上的代数数吗?

是的. 若 $a\in C$ 是 Q 上的超越数, 则 $\{a\}$ 可生成 Q 上的一个不可数的基, 因此, $\{\sigma(a)\mid\sigma\in\mathrm{Aut}(C)\}$ 一定是不可数的, 所以, 当 $\{\sigma(a)\mid\sigma\in\mathrm{Aut}(C)\}$ 有限时, a 一定是 Q 上的代数数.

问题 6.4.3 什么是 E/F 的 Galois 群?

若 E 是 F 的扩域, 则自同构集合

$$\mathrm{Gal}(E/F)=\{\sigma|\sigma\in\mathrm{Aut}\ E,\sigma(a)=a\ \text{对任意}\ a\in F\ \text{成立}\}$$

是 Aut E 的子群, 称为 E/F 的 Galois 群.

问题 6.4.4 若 F 是域, 则 Galois 群 $\mathrm{Gal}(E/F)$ 是什么?

若 F 是域, 则 Galois 群 $\mathrm{Gal}(E/F)$ 只包含恒等同构.

问题 6.4.5 若 C 是复数域, R 是实数域, 则 Galois 群 $\mathrm{Gal}(C/R)$ 是什么?

Galois 群 Gal(C/R) 只包含恒等同构和共轭同构两个元素.

问题 6.4.6 什么是 $f(x)$ 在 F 上的 Galois 群?

设 F 是任一域, $f(x) \in F[x]$, $f(x)$ 在 F 上的分裂域是 E, 则称 Gal(E/F) 为 $f(x)$ 在 F 上的 Galois 群, 并记为 G_f.

6.4.2 Galois 群的性质

问题 6.4.7 设 F 是任一域, $f(x) \in F[x]$, E 为 $f(x)$ 在 F 上的分裂域, G_f 为 $f(x)$ 在 F 上的 Galois 群, 则任意 $\sigma \in G_f$ 都将 $f(x)$ 的根映为 $f(x)$ 的根吗?

是的. 这是由某个多项式 $f(x)$ 确定的 Galois 群的一个重要性质.

6.4.3 Galois 群的阶

对于多项式的 Galois 群来说, 群 Gal(E/F) 的阶恰巧就是扩域的次数 $[E:F]$.

问题 6.4.8 设 $f(x) \in F[x]$ 在 F 上的分裂域是 E, 则

$$|\mathrm{Gal}(E/F)| = [E:F]$$

一定成立吗?

是的.

问题 6.4.9 什么是 Galois 扩张?

设 E/F 是一个有限扩张, 若 $[E:F] = |\mathrm{Gal}(E/F)|$, 则称 E/F 为 Galois 扩张.

问题 6.4.10 扩张 $Q(\sqrt[3]{2})/Q$ 是不是 Galois 扩张?

不是. 设 $\sigma \in \mathrm{Gal}(Q(\sqrt[3]{2})/Q)$, $\alpha = \sigma(\sqrt[3]{2})$. 由于 $(\sqrt[3]{2})^3 = 2$, 故

$$\alpha^3 = \sigma(\sqrt[3]{2})^3 = \sigma((\sqrt[3]{2})^3) = \sigma(2) = 2.$$

但 $\sqrt[3]{2}$ 是 $Q(\sqrt[3]{2}) \subset R$ 中唯一满足这个条件的数, 因此 $\alpha = \sqrt[3]{2}$, 从而 σ 是恒等映射, 因而 $|\mathrm{Gal}(Q(\sqrt[3]{2})/Q)| = 1 \neq [Q(\sqrt[3]{2}):Q]$, 所以扩张 $Q[\sqrt[3]{2}]/Q$ 不是 Galois 扩张.

问题 6.4.11 有限域的任何一个有限扩张一定是 Galois 扩张吗?

是的. 设 $F = F_q$ 是含 q 个元素的有限域, E 是 F 的一个 n 次有限扩张, 则 $E \cong F_{q^n}$. 令

$$\varphi: E \to E, \quad a \mapsto a^q.$$

则 $\varphi \in \mathrm{Gal}(E/F)$ 且 φ 生成 Gal(E/F) 的 n 阶循环子群.

因此 $|\mathrm{Gal}(E/F)| = n = [E:F]$, 所以 E/F 是 Galois 扩张.

问题 6.4.12 什么情况下称 $f(x)$ 是可分的?

设 F 是域, $f(x)$ 是 $F[x]$ 中的非常数多项式, 若 $f(x)$ 是不可约的, 并且 $f(x)$ 在 F 的任意一个扩域中都没有重根, 则称 $f(x)$ 是可分的 (separable).

问题 6.4.13 有限扩张 E/F 是 Galois 扩张的充要条件为 E 是系数在 F 的某个可分多项式的分裂域吗?

是的.

问题 6.4.14 Galois 基本定理是什么?

Galois 理论基本定理 若 E 是 F 的有限维 Galois 扩张, 则在该扩张的全部中间域所构成的集合与 Galois 群 $\mathrm{Gal}(E/F)$ 的全部子群所构成的集合之间存在一一对应, 并且

(1) 两个中间域的相对维数等于对应子群的相对指数. 特别地, $|\mathrm{Gal}(E/F)| = [E:F]$.

(2) F 在每个中间域 K 上都是 Galois 扩张, 另外, E 在 K 上是 Galois 扩张的充要条件是对应的子群 $\mathrm{Gal}(E/K)$ 是 $\mathrm{Gal}(E/F)$ 的正规子群, 并且此时,

$$\mathrm{Gal}(E/F)/\mathrm{Gal}(E/K) \text{ 与 } \mathrm{Gal}(K/F) \text{ 同构}.$$

若 K_1, K_2 是 E/F 的中间域, $K_1 \subseteq K_2$, 则定理中的相对维数是指维数 $[K_2 : K_1]$. 对于 Galois 的 H_1, H_2 是 $\mathrm{Gal}(E/F)$ 的子群, $H_1 \subseteq H_2$, 则将指数 $[H_2 : H_1]$ 称为 H_2 和 H_1 的相对维数.

6.4.4 n 次多项式的 Galois 群

问题 6.4.15 多项式 $f(x)=x^4-5$ 的 Galois 群 G_f 一定与二面体群 D_4 同构吗?

是的. 根据 Eisenstein 判别法, 容易知道 $f(x)$ 是不可约多项式, 设 F 为 $f(x)$ 的分裂域, α 为 $f(x)$ 的一个实数根, 则

$$Q \subseteq Q(\alpha) \subseteq Q(\alpha, i) = F,$$

故

$$[F:Q] = [Q(\alpha,i):Q(\alpha)] \cdot [Q(\alpha):Q] = 2 \cdot 4 = 8,$$

因此, Galois 群 G_f 是对称群 S_4 的 8 阶子群. 由 Sylow 定理可知 S_4 的 8 阶子群都是共轭的, 因而它们都是同构的, 因为 D_4 可看作对称群 S_4 的 8 阶子群, 所以, Galois 群 G_f 与 D_4 同构.

问题 6.4.16　多项式 $f(x)=x^4+5x^2+5$ 在 Q 上的 Galois 群 G_f 一定是 4 阶循环群吗?

是的. 根据 Eisenstein 判别法, 容易知道 $f(x)$ 是不可约多项式, $f(x)$ 的根为

$$\alpha_{1,2}=\left(\frac{-5\pm\sqrt{5}}{2}\right)^{\frac{1}{2}},\quad \alpha_{3,4}=-\alpha_{1,2}.$$

由于 $\alpha_1\alpha_2=\sqrt{5}=2\alpha_1^2+5$, 故

$$\alpha_2=2\alpha_1+\frac{5}{\alpha_1}\in Q(\alpha_1),\quad \alpha_3=-\alpha_1\in Q(\alpha_1),\quad \alpha_4=-\alpha_2\in Q(\alpha_1).$$

因此 $f(x)$ 的分裂域在 Q 的次数为 4. 因而, $f(x)$ 的 Galois 群 G_f 是对称群 S_4 的 4 阶子群.

由于存在 $s\in G_f$, 使得 $s(\alpha_1)=\alpha_2$, 故

$$s(\sqrt{5})=2s(\alpha_1)^2+5=2\alpha_2^2+5=-\sqrt{5}.$$

因此

$$s(\alpha_2)=s\left(\frac{\sqrt{5}}{\alpha_1}\right)=\frac{-\sqrt{5}}{\alpha_2}=-\alpha_1=\alpha_3,\quad s(\alpha_3)=s(-\alpha_1)=-\alpha_2=\alpha_4.$$

因此, s 的阶为 4, 所以, G_f 为 4 阶循环群, 与 Z_4 同构.

问题 6.4.17　n 次一般多项式的 Galois 群与对称群 S_n 同构吗?
是的.

问题 6.4.18　次数高于 4 的一般多项式的 Galois 群是可解群吗?
不是.

问题 6.4.19　什么情况下称 $f(x)=0$ 在 F 上可用根式求解?

设 $f(x)$ 是某一首项系数为 1 的多项式, 系数都属于域 F, 称 $f(x)=0$ 在 F 上可用根式求解, 如果存在 F 的某个扩域 K 满足以下条件:

(1) K 包含了 $f(x)$ 在 F 上的分裂域 E;

(2) 扩域 K/F 有如下根塔

$$F=F_1\subseteq F_2\subseteq\cdots\subseteq F_r\subseteq F_{r+1}=K,$$

其中每个 $F_{i+1}=F_i(d_i)$, $d_i^{n_i}=a_i\in F_i$, n_i 为整数, $i=1,2,\cdots,r$. 此时, 单扩张 $F_{i+1}=F_i(d_i)$ 称为根式扩张.

问题 6.4.20　能用根式求解的方程的求根公式有些什么特点呢?

设 F 为域, $F[x]$ 中多项式 $f(x)$ 在 F 上的 Galois 群为 G_f, 则 $f(x)=0$ 可用根式求解的充要条件为 G_f 是可解群.

问题 6.4.21 高于四次的一般代数方程不可能用根式求解吗?

是的. 这是 Abel 在 19 岁时证明的.

问题 6.4.22 设 $f(x)$ 是有理系数的素数 $p(p\geqslant 5)$ 次不可约多项式, 若 $f(x)$ 有且仅有一对共轭非实根, 则代数方程 $f(x)=0$ 不能用根式求解吗?

是的. 这是 Galois 证明的.

参 考 文 献

[1] 伯克霍夫, 麦克莱恩. 近世代数概论 (上). 北京: 人民教育出版社, 1979.

[2] Burn R P. Groups: a path to geometry. Cambridge University Press, 1987.

[3] 冯克勤, 章璞, 近世代数三百题. 北京: 高等教育出版社, 2010.

[4] 韩士安, 林磊. 近世代数. 北京: 科学出版社, 2010.

[5] Hungerford T W. 代数学. 冯克勤, 译. 长沙: 湖南教育出版社, 1985.

[6] Lam T Y. A first course in noncommutative rings. 2ed. GTM 131, Springer, 2001.

[7] 丘维声. 抽象代数基础. 北京: 高等教育出版社, 2003.

[8] Rotman J J. 抽象代数基础教程. 李样明, 冯明军, 译. 北京: 机械工业出版社, 2008.

[9] 腾加俊. 近世代数辅导与习题精解. 大连: 大连理工大学出版社, 2008.

[10] 徐诚浩. 抽象代数 —— 方法导引. 上海: 复旦大学出版社. 1989.

[11] Sahai V, Bist V. Algebra. 北京：机械工业出版社, 2008.

[12] 谢邦杰. 抽象代数学. 上海: 上海科学技术出版社, 1982.

[13] 姚慕生. 抽象代数学. 上海: 复旦大学出版社, 2009.

[14] 杨劲根. 近世代数讲义. 北京: 科学出版社, 2009.

[15] 杨子胥. 近世代数习题解. 济南：山东科学技术版社, 2003.

[16] 杨子胥. 近世代数学习辅导与习题选解. 北京：高等教育出版社, 2004.

[17] Mazurov V D, Khukhro E I. Unsolved problems in group theory. The Kourovka notebook. Thirteenth augmented edition. Russian Academy of Sciences Siberian Division, Institute of Mathematics, Novosibirsk, 1995.

[18] 韩士安, 林磊. 近世代数习题解答. 北京：科学出版社, 2010.

[19] 齐晓梅. 近世代数基础问题探析. 北京：教育科学出版社, 2006.

[20] Lam T Y. Exercises in classical ring theory. Problem Books in Mathematics. New York: Springer-Verlag, 1995.

[21] Călugăreanu G, Hamburg P. Exercises in basic ring theory. Kluwer Texts in the Mathematical Sciences, 20. Dordrecht: Kluwer Academic Publishers Group, 1998.

[22] Dixon J D. Problems in group theory. Waltham, Mass.-Toronto, Ont.-London: Blaisdell Publishing Co. Ginn and Co., 1967.

[23] Benjamin B, Bruce C S. Theory and Problems of Group Theory. Schaum Publishing Co (McGraw-Hill), 1968.

[24] 黎永锦. 抽象代数讲义. 北京：科学出版社, 2012.

索 引

A

Abel 群 (Abel group), 1

B

半群 (semigroup), 1
本原多项式 (primitive polynomial), 123
不可约元 (irreducible element), 115
布尔环 (Boolean ring), 69

C

超越元 (transcendental element), 176

D

单环 (simple ring), 80
单位 (unit), 70
带余除法 (division with remainder), 109
代表元 (representative element), 142
代数闭域 (algebraically closed field), 183
代数扩张 (algebraic extension), 181
代数元 (algebraic element), 176
单扩张 (simple extension), 171
单群 (simple group), 46
第二同构定理 (second isomorphism theorem), 53
第一同构定理 (first isomorphism theorem), 53
多项式 (polynomial), 106

E

二元运算 (binary operator), 1

F

分裂域 (splitting field), 188
分式域 (field of fractions), 95
Fermat 小定理 (Fermat's little theorem), 34

G

根 (root), 107, 125
共轭子群 (conjugate subgroup), 40
轨道 (orbit), 141
Galois 扩张 (Galois extension), 192
Galois 群 (Galois group), 191
Galois 域 (Galois field), 187

H

核 (kernel), 47
合成群列 (composition series of a group), 161
环 (ring), 62
换位子群 (commutator subgroup), 42

J

极大理想 (maximal ideal), 96
极小多项式 (minimal polynomial), 179
交错群 (alternating group), 28

K

可解群 (solvable group), 161
可逆元 (invertible element), 2
可约多项式 (reducible polynomial), 118
可约元 (reducible element), 115
可除环 (dirisible ring), 73

L

Lagrange 定理 (Lagrange theorem), 31
理想 (ideal), 76

零因子 (zero divisor), 70
轮换 (cycle), 25

M

满同态 (epimorphism), 47
模 (module), 135

N

逆元 (inverse element), 2

O

偶置换 (even permutation), 27

P

陪集 (coset), 29

Q

群 (group), 1
群的阶 (order of a group), 7
群作用 (group action), 140

S

商环 (quotient ring), 79
商群 (quotient group), 38
素理想 (prime ideal), 101
素域 (prime field), 170
Sylow 定理 (Sylow theorem), 149
Sylow 子群 (Sylow subgroup), 148

T

特征 (characteristic), 98
特征子群 (characteristic subgroup), 38
拓扑群 (topological group), 58

W

无限群 (infinite group), 7
稳定子群 (stabilizer), 141

X

相伴 (associate), 115
像 (image), 47
循环群 (cyclic group), 17

Y

幺半群 (monoid), 1
有限群 (finite group), 7
有限域 (finite field), 187
有限扩张 (finite extension), 172
域 (field), 92

Z

正规化子群 (normalizer), 44
正规扩张 (normal extension), 190
正规子群 (normal subgroup), 35
中心 (center), 16
中心化子 (centralizer), 16
主理想 (principal ideal), 85
主理想整环 (principal ideal domain), 112
子环 (subring), 74
子群 (subgroup), 12
子域 (subfield), 92
自同构 (automorphism), 49
左陪集 (left coset), 29